# L'INCANDESCENCE PAR LE GAZ & LE PÉTROLE

———

# l'Acétylène

## et ses Applications

———

BIBLIOTHÈQUE DES ACTUALITÉS INDUSTRIELLES. — N° 69.

# L'Incandescence par le Gaz et le Pétrole

# l'Acétylène

ET SES

# Applications

PAR

## F. DOMMER

Professeur à l'École de Physique et de Chimie Industrielles
de la Ville de Paris

PARIS

BERNARD TIGNOL, ÉDITEUR

LIBRAIRIE SCIENTIFIQUE, INDUSTRIELLE ET AGRICOLE

53 bis, QUAI DES GRANDS-AUGUSTINS, 53 bis

# PRÉFACE

*Après l'exposition d'électricité de 1881, qui fut pour le public une véritable révélation, il semblait acquis que la disparition de l'éclairage au gaz ne serait plus qu'une question de temps ; mais une aussi vieille industrie, dirigée par un personnel d'ingénieurs de la plus haute valeur, et dans laquelle se trouvent engagés de si grands capitaux, ne pouvait disparaître sans lutter énergiquement.*

*Dès lors, nous avons vu apparaître de nouveaux et brillants appareils : les lampes à récupération Siemens, Wenham, etc. ; et quelques années après, les becs à incandescence, système Auer, qui ont permis aux gaziers de lutter avantageusement avec l'éclairage électrique ; témoins les essais d'éclairage public de la place de la Concorde et de l'avenue des Champs-Elysées. Puis, la création par la Société Auer du bec intensif de 70 carcels, comparable aux lampes à arc de 10 ampères, et permettant de réaliser une notable économie, a marqué un immense progrès. Enfin, les derniers perfectionnements apportés aux becs à combustion complète, systèmes Bandsept et Denayrouse, ont permis de créer des becs intensifs, dont la dépense par carcel-heure est réduite de 20 à 12 litres de gaz.*

*Nous pouvons indiquer comme le plus récent succès des becs à incandescence, leur application aux phares et aux voitures de chemins de fer*

*Un nouveau concurrent, l'Acétylène, vient de faire son apparition. Quel sera son avenir ? Est-il appelé à supplanter le gaz et l'électricité ? Nous ne le croyons pas.*

*Il nous semble destiné à vivre à côté de ces deux modes d'éclairage, dans des applications spéciales, qui lui permettront néanmoins de jouer un rôle très important, par exemple : pour l'éclairage des petites gares, des phares, maisons de campagne, cafés, dans les petites villes où il n'existe ni gaz ni électricité ; les voitures de chemins de fer, les tramways, les installations provisoires pour fêtes, concours ; les bateaux de pêche, et principalement les voiliers islandais, terreneuviens ; les projecteurs de guerre, la télégraphie optique, les lanternes de projections, la photographie, les machines frigorifiques.*

*L'acétylène est sans doute appelé à jouer un rôle dans les voitures automobiles, en remplacement du pétrole, qui présente de graves inconvénients.*

*Il pourra devenir un adjuvat précieux de l'industrie du gaz d'éclairage. comme agent de carburation ; cela dépendra du prix du carbure de calcium.*

*Quant au rôle de l'acétylène dans les industries chimiques, la fabrication de l'alcool, etc., l'avenir nous dira si c'est là un projet réalisable. Il est certain que l'éclairage au gaz acétylène est appelé à une grande extension : nous n'en voulons pour preuve que l'empressement que mettent les maisons de constructions mécaniques, à étudier et à réaliser des générateurs de gaz acétylène.*

*Enfin, l'acétylène entraînera la création d'une grande industrie: plusieurs industriels, ayant à leur disposition une chute d'eau, ont mis à l'étude l'installation d'usines pour la fabrication du carbure de calcium.*

*Des renseignements très divers ont été donnés sur le prix de revient du carbure : on annonçait récemment le prix de 150 fr. la tonne pour le carbure d'Amérique, mais cela nous paraît impossible.*

*Nous ne pensons pas que les deux usines de Spray et du Niagara soient en état de produire déjà pour l'exportation, et à un prix aussi bas.*

*Les usines françaises seront en mesure de lutter contre les usines américaines. La différence des prix de revient ne peut provenir que du coût de l'énergie mécanique, et elle pourra être compensée par les frais de transport, de douanes, de commission, etc.*

**F. D.**

LES

# NOUVEAUX APPAREILS D'ÉCLAIRAGE

## PAR L'INCANDESCENCE

---

### CHAPITRE I.

Théorie de la lumière. — Spectre des corps incandescents. — Radiations du spectre. — Production des radiations par l'incandescence. — Action physiologique des radiations lumineuses. — Rendement d'un foyer lumineux. — Corps phosphorescents.

### Théorie de la lumière.

Un foyer lumineux est un centre d'activité où s'opère une transformation d'énergie. On considère une source lumineuse comme le centre d'un mouvement vibratoire d'une rapidité extrême, produisant l'ébranlement d'un milieu élastique et sans poids, que l'on suppose exister dans l'intérieur des corps et dans l'espace interstellaire, et auquel les physiciens ont donné le nom d'*éther*.

D'après la théorie des ondulations, une molécule d'éther qui reçoit un mouvement d'un point lumineux effectue une oscillation ; elle communique son mouvement ondulatoire de proche en proche à une file de

1

molécules semblables, situées en ligne droite, et l'on appelle *radiation* ou *rayon* la propagation, suivant une direction quelconque en ligne droite, du mouvement vibratoire d'un point lumineux.

Le temps nécessaire à la molécule d'éther pour effectuer une oscillation est la durée de l'oscillation; et on appelle longueur d'onde la distance à laquelle se transmet le mouvement vibratoire, dans l'intervalle d'une période.

La longueur d'onde caractérise la qualité de la radiation calorifique, lumineuse ou chimique; elle est comprise entre 400 et 700 millionièmes de millimètre. La *fréquence*, c'est-à-dire le nombre de *vibrations* par seconde, est de 394 millions pour les premières radiations visibles.

Les foyers de lumière employés reposent sur la transformation de la chaleur en lumière; il y a cependant quelques exceptions; par exemple dans les tubes de Geissler, il y a production de phénomènes lumineux directement par les vibrations électriques. Mais ces moyens de transformation d'énergie n'ont pas actuellement de valeur industrielle.

## Production des radiations par les corps incandescents.

Si l'on fait passer dans un fil de platine, un courant d'intensité croissante, ce fil émet des radiations. On obtient d'abord un spectre **calorifique** obscur, dont on constate l'existence au moyen de la pile thermo-électrique de Melloni.

A mesure que le fil s'échauffe, le spectre augmente

l'étendue, le fil rougit, et émet des radiations de plus en plus brillantes.

Vers 525°, l'incandescence est bien sensible ; vers 600°, le spectre s'étend jusque dans le voisinage de la raie F (vert) ; enfin à 1100° (fusion de l'or), il s'étend jusqu'à la raie H (violet). C'est-à-dire que le spectre continu contient toutes les radiations lumineuses comprises entre les raies A et H du spectre solaire.

L'élévation de température produit deux effets simultanés : production de radiations de plus en plus réfrangibles, et augmentation d'intensité de chacune des radiations déjà produites. Ce qui revient à dire que la qualité et la quantité de la lumière émise par un corps incandescent, sont en rapport avec la température.

Mais à partir d'une certaine température, l'émission de lumière n'augmente plus ; il se produit des rayons très réfrangibles.

Au-delà de 1100°, on provoque la présence de radiations ultra-violettes nuisibles, mais pour obtenir l'éclat lumineux suffisant, il faut augmenter la température, qui produit un accroissement considérable d'intensité, et permet à un corps lumineux de petite dimension de donner une grande quantité de lumière.

D'après Becquerel, si l'on représente par 1 la quantité de lumière totale émise par l'argent en fusion (916°), on obtient les nombres suivants en augmentant la température.

| | | |
|---|---|---|
| 1000 | | 4,374 |
| 1037 | fusion de l'or | 8,3887 |
| 1157 | fusion du cuivre | 69,264 |
| 1200 | | 146,92 |

## Différentes radiations du spectre.

La fig.1 représente le spectre solaire, obtenu avec un prisme en sel gemme.

AR spectre calorifique obscur.
AH spectre lumineux.
HR chimique obscur.

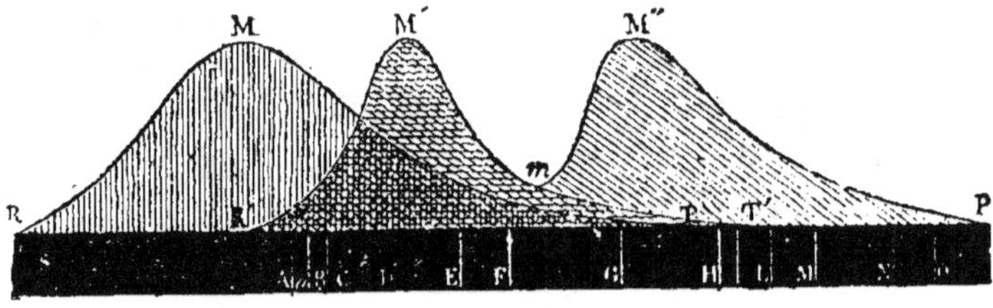

Fig. 1.

1 Le spectre calorifique se compose d'une partie lumineuse et de la partie obscure AR. qui est sensiblement égale à AH ; la répartition de la chaleur dans la partie RH est très inégale ; elle est représentée par la courbe RMT, le maximum M est au commencement de la partie obscure du rouge.

2° Le spectre chimique s'élève à la fois dans les parties lumineuses et obscures jusqu'à la raie R. La courbe m M″P représente la répartition de l'intensité chimique, en expérimentant avec l'iodure d'argent.

3° La courbe R′M′T′ représente les variations d'intensité lumineuse :

Dans les spectres lumineux, il existe trois formes d'énergie : lumière, chaleur, activité chimique. Dans cette partie du spectre, les trois propriétés sont inséparables.

Le spectre lumineux, qui nous intéresse directement, est constitué par une série de radiations produisant sur la rétine des impressions différentes.

L'œil présente la plus grande sensibilité pour les rayons jaunes et verts.

A intensité égale, il existe un rapport entre la valeur éclairante de chaque rayon coloré. Fraunhofer a trouvé que pour un œil moyen, c'est entre les raies D et E, à la limite du jaune et du vert, que se trouve le maximum.

| Couleurs | Intensité lumineuse | Raies correspondantes |
| --- | --- | --- |
| Jaune | 1000 | D″ F |
| Orangé | 640 | D |
| Vert | 480 | E |
| Bleu | 170 | F |
| Rouge | 94 | G |
| Rouge sombre | 32 | B |
| Indigo | 31 | G |
| Extrême violet | 6 | H |
| Extrême rouge. | 0 | A |

Ces résultats sont représentés par la courbe de la fig. 2.

*Courbe des intensités lumineuses des diverses parties du spectre lumineux (Fraunhofer), d'après Langley.*

| Couleurs | Intensités lumineuses |
| --- | --- |
| Rouge sombre | 1 |
| Rouge vif | 1,20 |
| Jaune | 28,00 |
| Vert | 100,00 |
| Violet | 1,60 |

Ces résultats sont différents des précédents, et le ma

ximum d'éclat serait dans le vert. Cela doit provenir d'une cause physiologique, la difficulté de distinguer les différentes couleurs. Il semble probable que c'est dans le commencement du vert qu'existe le maximum

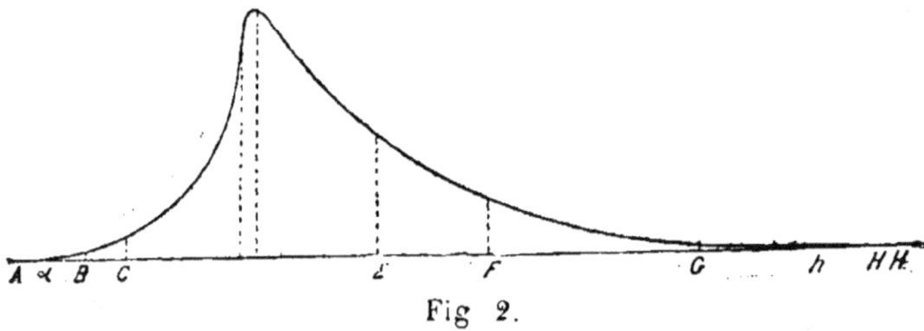
Fig 2.

d'éclat. On pourrait en conclure que, dans la production artificielle de la lumière, on doit chercher a produire des radiations jaune verdâtre ; mais une telle lumière donnerait aux objets une teinte désagréable ; en outre, les visages paraîtraient d'un vert livide. L'œil étant accommodé pour la lumière blanche fournie par le soleil, on devra chercher à produire une lumière se rapprochant, comme composition spectrale, de la lumière solaire.

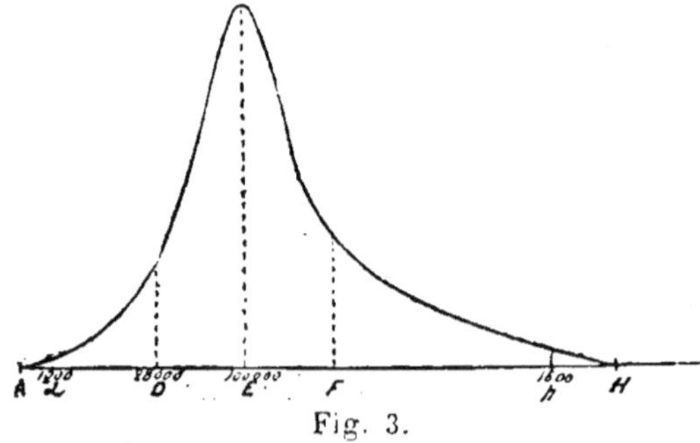
Fig. 3.

Pour obtenir la lumière blanche, il faut que le foyer lumineux émette en même temps, et dans la même proportion que la lumière solaire, des radiations de toutes nuances. Si cette condition n'est pas remplie, la lumière obtenue aura la teinte des radiations qui prédominent.

Helmholtz a donné la composition des nuances dont le mélange produit la lumière blanche.

| Couleurs complémentaires | Intensité des deux couleurs. | |
|---|---|---|
| Violet et jaune verdâtre | 3 | 10 |
| Indigo et jaune | 3 | 4 |
| Bleu et orangé | 1 | 1 |
| Bleu verdâtre et rouge | 0,44 | 0,47 |

Le vert pur est la seule couleur spectrale qui n'ait pas de complémentaire simple ; pour produire du blanc avec du vert, il faut employer un mélange de rouge extrême et de violet extrême.

Nous voyons que pour obtenir la production de la lumière blanche, au moyen de l'incandescence d'oxydes opaques infusibles, on devra, par tâtonnements, grouper les oxydes émettant les lumières de teintes complémentaires.

Voici la composition de certains mélanges d'oxydes.

*Lumière jaune.*

| Oxyde de cérium | 2 0/0 |
|---|---|
| — thorium | 28 0/0 |
| — zirconium | 30 0/0 |
| — lanthane | 40 0/0 |

*Lumière orangée.*

| Oxyde de didyme | 3 0/0 |
|---|---|
| — zirconium | 27 0/0 |
| — thorium | 30 0/0 |
| — lanthane | 40 0/0 |

*Lumière blanche.*

| Oxyde de zirconium | 20 0/0 |
|---|---|
| — lanthane | 40 0/0 |
| — thorium | 40 0/0 |

| Oxyde de zirconium | 40 0/0 |
|---|---|
| — lanthane | 20 0/0 |
| Oxyde d'yttrium | 20 0/0 |
| — de thorium | 80 0/0 |

*Lumière verdâtre.*

| Oxyde de lanthane | 20 0/0 |
|---|---|
| — d'erbium | 30 0/0 |
| — de thorium | 50 0/0 |

Il n'est pas question, dans ces mélanges, du maximum d'incandescence ; nous verrons, dans le chapitre relatif à la fabrication des manchons, que l'un des mélanges actuellement employés se compose de 99 pour 100 d'oxyde de thorium, èt de 1 0/0 d'oxyde de cérium.

### Transformations des radiations du spectre.

Nous avons signalé dans le spectre l'existence de rayons invisibles, calorifiques et chimiques. Serait-il possible de les rendre lumineux ? L'expérience bien connue de Tyndall sur la calorescence démontre que les rayons calorifiques obscurs peuvent élever un corps à l'incandescence. Cette expérience consiste à concentrer à l'aide d'un réflecteur, sur un ballon de verre contenant une dissolution d'iode dans du sulfure de carbone, les radiations émises par un foyer lumineux ; les radiations lumineuses sont arrêtées, tandis que les radiations calorifiques obscures traversent la dissolution, et viennent se concentrer en un foyer pour produire l'incandescence ; mais il faut, pour que ces rayons calorifiques se transforment en rayons lumineux, qu'ils proviennent d'une source à haute température ; on peut donc transformer les radiations calorifiques obscures d'un foyer en radiations lumineuses ; il suffit, pour cela, de concentrer les rayons obscurs intenses, à l'aide de réflecteurs qui jouent le rôle de *transformateurs*.

De même, les rayons chimiques invisibles peuvent se transformer en rayons lumineux ; une dissolution de bisulfate de quinine devient lumineuse, et prend une belle couleur bleuâtre, sous l'influence de la lumière solaire.

Le verre d'urane est un corps très lumineux dans les rayons violets, et donne une émission de lumière verte, d'une manière continue : il est sans action sur les couleurs du spectre comprises entre le commencement du rouge et la limite de l'indigo. On pourrait employer des verres dans la composition desquels entrerait une certaine proportion de silicate d'urane ; un tel verre opérerait la transformation des rayons violets et ultra-violets d'un foyer lumineux. On pourrait alors donner au corps solide incandescent qui produit la lumière une composition telle, que ses radiations propres donnent, avec celles du verre d'urane, de la lumière blanche.

## Production des radiations par l'incandescence.

La température à laquelle les corps deviennent lumineux, où l'œil commence à saisir des traces de lumière, est d'environ 490 à 500°. mais il existe des différences, relativement à la température où commence l'émission lumineuse. La flamme très chaude de l'hydrogène n'émet presque aucune lumière ; il suffit d'y placer un corps solide, pour que ce dernier émette un vif éclat. Le pouvoir d'irradiation des corps solides ou liquides augmente beaucoup, comme nous l'avons déjà déjà indiqué, avec l'accroissement de température, tandis que pour les corps gazeux, le pouvoir n'augmente que très faiblement. Il y a des exceptions ; le sulfure de carbone brûle avec éclat dans l'oxygène, et le résultat de la combustion est un mélange gazeux d'anhydride sulfureux et d'anhydride carbonique.

Il est important de considérer que l'accroissement de pression des gaz que l'on fait brûler, donne une flamme plus blanche.

D'après E. Becquerel, les pouvoirs d'irradiation des corps solides, peuvent varier suivant leur état physique. Les métaux oxydables ont, à une température inférieure à celle de leur point de fusion, un pouvoir d'irradiation moindre que les métaux *inoxydables ou oxydés* infusibles, portés à la même température ; la couche d'oxyde qui les recouvre, ayant sans doute un pouvoir d'irradiation moindre que le métal pur, est la cause de cette infériorité. Car au moment où le métal entre en fusion, son pouvoir d'irradiation est sensiblement égal à celui des autres corps infusibles.

Les métaux inoxydables et infusibles à haute température n'offrent rien de particulier ; la nature de la lumière qu'ils émettent est en relation avec leur température, et est la même pour tous, à température égale. La couleur de la lumière émise par un foyer lumineux, ne dépend pas seulement de la nature de la substance incandescente : elle peut être modifiée par la présence de corps à l'état de vapeur, autour du foyer lumineux.

Un corps solide ou liquide, rendu incandescent par un courant électrique, donne un spectre continu, tandis qu'une matière gazeuse portée à l'incandescence, donne un spectre obscur sillonné de raies transversales brillantes, dont la couleur, la position et le nombre, dépendent de la nature des composés qui constituent la masse gazeuse incandescente.

Enfin une source lumineuse constituée par un corps incandescent, entouré d'une masse incandescente gazeuse, donne deux spectres superposés, l'un continu, provenant du noyau opaque : il en résulte un spectre formé de bandes lumineuses colorées, sillonné de raies obscures, occupant la place des raies brillantes du spectre discontinu de la matière gazeuse. C'est le cas du spectre des flammes éclairantes, dans lesquelles la combustion a pour objet de précipiter des particules solides de carbone ; de la lumière obtenue par le bec Auer, où l'émission se fait par un corps solide non combustible ; c'est aussi le cas des lumières obtenues par l'arc voltaïque.

La coloration de la lumière émise par les matières gazeuses portées à l'incandescence, dépend de la prédominance de certaines raies brillantes colorées dans le spectre de leur lumière. Les sels de strontiane donnent une lumière rouge, lorsqu'on les vaporise dans une flamme ; ceux de baryte, une lumière vert pomme, ceux de cobalt, une lumière bleue ; ceux de potasse une lumière violet pâle.

La lumière émise par un noyau solide opaque et non volatil, entouré de vapeurs incandescentes de ces substances, se trouvera donc modifiée par la présence de ces dernières, dont l'effet est de superposer des radiations spéciales, différemment colorées, à celles émises

par le noyau incandescent. Comme il existe des substances ayant la propriété d'émettre spécialement telles
ou telles radiations colorées, il est toujours possible
d'associer ces substances en proportion convenable,
pour obtenir une lumière ayant sensiblement la même
composition que la lumière solaire. Nous avons vu qu'à
partir d'une certaine température, l'émission de lumière
n'augmente plus ; il n'est donc pas nécessaire de produire des températures extrêmement élevées, pour avoir
de la lumière par incandescence des corps solides. On
peut considérer cette température comme comprise
et 1500 et 2000°. C'est à 1500° qu'on obtient le blanc
éblouissant ; au-delà de 2000°, les rayons violets et ultra-violets prennent une intensité telle, que la lumière
obtenue ne peut plus concourir pour un éclairage normal. On peut cependant arrêter les radiations chimiques
à l'aide d'écrans (verre d'urane, solution de bisulfate
de quinine).

*Composition des nuances.* — On appelle couleurs complémentaires celles qui, par leur combinaison, donnent
de la lumière blanche. Mais la combinaison de deux
couleurs rapprochées dans le spectre, donne une couleur intermédiaire.

Ainsi, le mélange du rouge et du jaune donne l'o-
rangé ; le rouge et le bleu donnent le vert. Celui du
vert et du violet donne le bleu ; le violet et le rouge
donnent le poupre.

Lorsqu'un corps opaque reçoit l'action d'un faisceau
de lumière blanche, il possède la couleur complémentaire de celle qu'il a absorbée.

Cette propriété peut aussi exister pour les corps portés à l'incandescence ; ils peuvent émettre une lumière

d'une teinte donnée, si leur surface possède la propriété de réfléchir certaines radiations, et d'en absorber d'autres.

Par exemple, l'oxyde de zinc devient jaune par élévation de température, et reprend sa couleur par refroidissement. Le spectre de la lumière qu'il donne par incandescence contient les rayons les moins réfrangibles, et très peu de rayons bleus ; sa lumière est jaune rougeâtre : il existe donc une disposition moléculaire spéciale, d'après laquelle certains rayons lumineux sont réfléchis en plus grande proportion, et d'autres, absorbés.

Voici les colorations obtenues avec quelques oxydes métalliques placées dans la flamme d'un chalumeau.

| | | | |
|---|---|---|---|
| Magnésie, lumière teintée | | | violet |
| Chaux | — | — | jaune |
| Zircon | — | — | blanc jaune |
| Oxyde de lanthane | — | — | blanche |
| — de thorium | — | — | bleu pâle |
| — d'yttrium | — | — | jaune pâle |
| — de cérium | — | — | rougeâtre |
| — de zinc | — | — | jaune. |

Le tableau suivant représente le pouvoir éclairant des oxydes terreux, comparé à celui de la magnésie pure prise pour unité, et à consommation égale de gaz.

| | |
|---|---|
| Oxyde de cérium | 3 |
| — de lanthane | 22 |
| — de didyme | 4 |
| — de thorium | 33 |
| — d'yttrium | 19 |
| — d'erbium | 7 |
| — de zirconium | 8-9. |

## Action physiologique des radiations lumineuses.

*Eclairage.* — Les lumières riches en rayons violets et ultra-violets, comme celles du magnésium et de l'arc voltaïque, sont très funestes à la vision. Ce sont ces rayons qui, dans la lumière solaire, déterminent *l'éry-thème, appelé coup de so'eil* ; de plus, les radiations dites encore chimiques ou photographiques, doivent précipi-ter la destruction des fibres du cristallin ; en effet, le cristallin absorbe ces radiations en grande partie invisi-bles, et les transforme en radiations visibles, il est phos-phorescent. Tous ceux qui ont travaillé à cette lumière ont éprouvé, à la longue, une fatigue douloureuse dans les muscles de l'œil On devra donc éviter de produire dans un foyer lumineux artificiel, des radiations violet-tes, en plus grande intensité que dans la lumière vio-lette.

Les sources très riches en radiations jaunes ont l'in-convénient de détruire, plus que les autres, une substance photographique de la rétine, l'érythropsine ; cette subs-tance n'est pas indispensable à la vision, parce qu'elle n'existe pas là où la vision est le plus distincte, dans la tache centrale ; mais sa destruction à la lumière corres-pond à une grande fatigue du nerf, de même que sa régénération dans l'obscurité coïncide avec la restaura-tion du pouvoir visuel. Pour avoir la perception d'une tache lumineuse, avec le minimum de lumière colorée, il faut que cette tache soit vert bleuâtre. Ce sont ces radia-tions qui apparaissent les premières, quand on chauffe un métal : à 417° avec l'or, à 390° avec le platine, à 377° avec le fer. Le vert bleuâtre excite la sensibilité lumi-

neuse ; il y a intérêt, quand on veut protéger l'œil contre des éclats trop forts, à adopter un verre bleuâtre,
plutôt qu'un verre simplement foncé.

Pour percevoir nettement les objets, il faut une source
de coloration jaune.

On pourra établir une comparaison, au point de vue
de la luminosité des différentes couleurs du spectre, en
prenant une lumière rouge et une lumière bleue, et en
cherchant les distances auxquelles chacune d'elles nous
permettra de lire notre journal ; il faut admettre qu'elles
seront égales quand elles nous permettront de lire avec
la même netteté, autrement dit, quand les acuités visuel-
les seront égales. On a comparé les variations de l'acuité
visuelle, pour les différentes portions du spectre, aux
variations de la clarté. Les lois ne sont pas les mêmes ;
les maxima sont bien à peu près au même endroit dans
le jaune ; mais la clarté décroit beaucoup plus vite que
l'acuité visuelle dans le rouge.

*Conséquence pratique :* Si l'on peut dépenser un peu
plus de lumière, et si l'on veut faire distinguer des caractères ou des formes, il faut adopter une lanterne
rouge, plutôt qu'une lanterne jaune. C'est sans doute
à sa teinte rougeâtre que la vieille lampe carcel doit sa
persistante faveur, auprès de vieux lecteurs studieux.

Le foyer idéal de lumière est celui qui n'émettrait ni
radiations calorifiques, si fatigantes parfois dans les
brûleurs à gaz ; ni radiations obscures, totalement inu-
tiles et souvent nuisibles, quand elles favorisent les oxydations des matières colorantes des tentures, etc.

### Effet utile d'un foyer lumineux.

En prenant l'énergie des radiations lumineuses d'une part, et l'énergie de la totalité des radiations d'autre part, et en divisant l'une par l'autre, on obtient le *rendément optique* d'un foyer lumineux.

Une des méthodes les plus rapides pour mesurer ce rendement, consiste à faire traverser aux radiations une couche de sulfure de carbone, qui les laisse toutes passer, puis une couche d'épaisseur égale d'une solution d'alun, qui ne laisse passer que les radiations lumineuses, et à mesurer dans les deux cas les intensités, par la pile thermo-électrique.

La lampe à huile n'a que 3 radiations lumineuses sur 100 ; le brûleur à gaz ordinaire, 4 ; les lampes électriques à incandescence, une moyenne de 6 ; les lampes à arc, une moyenne de 12 ; la lampe au magnésium atteint 15. Enfin, celle du tube de Geissler, qui n'est pas un foyer pratique, présente le rendement optique de 32 environ pour 100. Ces résultats montrent que 90 à 97 0/0 environ de l'énergie des foyers usuels sont dépensés en pure perte, dans la production des radiations lumineuses.

On a pu récemment améliorer le rendement optique du gaz, en portant à l'incandescence un petit treillis, trempé dans la solution d'un mélange d'oxydes terreux calcinés (zircon, oxydes de lanthane, d'yttrium, de thorium, de cérium et de néodymium), et suspendu par une potence métallique au-dessus d'un bec Bunsen. On peut affirmer cependant, que le rendement optique de nos foyers ne dépasse pas 6 pour 100, et que l'avantage revient à l'électricité.

La loi d'incandescence du magnésium semble toute différente, et beaucoup plus favorable aux rendements optiques élevés.

Ces résultats sont encore inférieurs, si l'on tient compte des conditions spéciales de production du courant électrique ; le rendement d'un moteur à vapeur est de 10 pour 100 ; celui d'une machine dynamo-électrique est de 90 pour 100. Il y a perte de 10 pour 100 dans les conducteurs, de sorte que le rendement optique final de l'énergie dépensée dans une lampe électrique, est environ 1 pour 100.

Le problème se trouve résolu d'une manière beaucoup plus brillante, mais non pratique pour nos besoins, dans les corps dits *phosphorescents*. Un corps phosphorescent absorbe les radiations ultra-violettes plus ou moins invisibles du spectre, et les transforme en radiations ou violettes, ou vertes, ou jaunes, ou orangées, sans aucun dégagement de chaleur ; il n'émet que des radiations visibles, d'abord beaucoup, puis de moins en moins, jusqu'à zéro, avec des rapidités différentes, suivant les corps.

Un grand nombre de corps sont phosphorescents, mais leur phosphorescence est souvent d'une durée inférieure à une seconde, et ne peut être décelée que par des appareils spéciaux.

Les corps qui gardent le plus longtemps leur lumière sont les sulfures alcalino-terreux : le sulfure de baryum, les sulfures de calcium, de strontium, et le sulfure de zinc. Cette question est encore bien obscure. Le sulfure de baryum ne donne ni lumière bleue, ni lumière violette. Le sulfure de calcium donne des colorations différentes, suivant la nature de la chaux qui sert à la préparation ; sa phosphorescence est jaune avec le calcaire, verte avec l'aragonite, violette avec l'aragonite fibreuse. Ces diverses colorations semblent dues à des impuretés différentes : la jaune à la présence du peroxyde de manganèse, la bleue à la présence du persulfure de potassium, la violette à des traces de bismuth ; pour le sulfure de zinc phosphorescent, la phosphorescence serait due à la pureté du corps.

L'industrie a utilisé les sulfures de calcium dans des porte-allumettes, des affiches, des cadrans de montre lumineux.

La durée d'émission lumineuse des sulfures de calcium bien préparés est assez grande ; ils brillent encore après six heures de séjour dans l'obscurité.

Il serait peut-être possible d'étudier un dispositif permettant d'emmagasiner la lumière solaire sur de vastes surfaces, de la conserver jusqu'à la nuit, et de la concentrer par des lentilles, en un foyer qui aurait un rendement optique maximum.

C'est aussi le cas de la lumière émise par les lampyres, qui est composée presque uniquement de radiations jaunes et vertes.

# CHAPITRE II

Eclairage au magnésium. — Eclairage oxhydrique. — Lumière Drummond. — Lumière oxycalcique. — Lumière oxyéthérique. — Eclairage public à la lumière oxhydrique. — Procédé Tessié du Mottay. — Bec Sellon. — Bec Clamond.

## Eclairage au magnésium.

En 1864, Bunsen et Roscoé ayant constaté le prodigieux éclat que répand, en brûlant, le magnésium sous forme de fil, eurent l'idée de tirer partie de cette propriété pour l'éclairage ; le magnésium, en brûlant, laisse une traînée de magnésie.

Le magnésium est un métal blanc et brillant, comme l'argent, dont la densité est 4,75. Il fond à 425°, c'est-à-dire à peu près à la même température que le zinc ; chauffé en vase clos, il se réduit en vapeur ; inaltérable dans l'air sec, à la température ordinaire, il se ternit au contact de l'air humide. Un fil d'un tiers de millimètre de diamètre, produit en brûlant la clarté de soixante-quatorze bougies (de 100 gr.). Pour entretenir cette vive lumière pendant une minute, il suffit de brûler un fil de 0 m. 9 de longueur, pesant 12 centigrammes. Cette lumière possède des propriétés actiniques remarquables, qui la font rechercher pour les tirages photographiques, et c'est là, jusqu'à présent, la seule application de cette source de lumière.

La fig. 4 représente un modèle de lampe destinée à brûler le fil de magnésium. Elle se compose d'un cylindre A, garni de fil de magnésium, qui est attiré à l'intérieur de la boîte D, à travers une ouverture B, par un système de deux rouleaux d'appel, garnis de gutta-percha, et mis en mouvement par un système d'horlogerie; le ruban pincé entre ces deux cylindres, avance à mesure que sa combustion se produit. L'appareil est

Fig. 4. — Lampe à magnésium.

muni d'un réflecteur argenté. En E est un récipient, qui reçoit la magnésie formée pendant la combustion; F le bouton d'une crémaillère permettant d'avancer ou de reculer le réflecteur; F′ est une languette servant à mettre le mouvement d'horlogerie en marche, ou à l'arrêter à la fin de l'opération ; G est une clef pour remonter le mouvement d'horlogerie. On a augmenté l'insensité lumineuse en employant un ruban, composé de trois fils de magnésium et d'un fil de zinc tressés ensemble ; le fil de zinc associé au magnésium brûle parfaitement.

L'emploi du magnésium n'est pas pratique pour les projections; le ruban se tord en brûlant, ce qui détermine un déplacement continuel du foyer, et trouble les images projetées. De plus, l'abondante fumée produite par la magnésie, passe continuellement entre le point lumineux et les lentilles, et modifie à chaque instant l'ensemble de la projection ; on est obligé de mettre la lanterne en communication avec une cheminée, ce qui cause une véritable complication.

Différents inventeurs ont cherché à établir des lampes au magnésium pour l'éclairage. Ces essais n'ont pas eu de succès.

Une de ces lampes se compose d'une bobine sur laquelle est enroulé le fil de magnésium, qui passe de là sur une poulie de renvoi, par une ouverture, et entre deux cylindres formant laminoir. L'appareil est surmonté d'un conduit communiquant avec une cheminée. On brûle, dans cette lampe, de 25 à 30 gr. par heure ; l'intensité varierait de 250 à 500 bougies.

Pour les applications photographiques, on emploie généralement des lampes dont le principe consiste à projeter, par un courant d'air, du magnésium en poudre dans la flamme d'une lampe à alcool.

### Procédé Schern pour remplacer les feux à éclipse dans les phares.

L'appareil se compose d'une soufflerie, destinée à produire un mélange combustible d'air et de vapeur de benzine, en faisant passer de l'air à travers une couche de pierre ponce, imbibée de benzine. Ce mélange se charge ensuite de poudre de magnésium, avant de sortir par un tuyau placé à la partie supérieure. Lorsqu'on y met le feu, la combustion est accompagnée d'une flamme de petit volume, mais d'une intensité lumineuse extraordinaire ; d'après l'inventeur, elle est de 400.000 bougies.

La consommation de magnésium serait très faible ; suivant la puissance lumineuse du foyer, elle varierait de 4 à 10 cg. par éclair ; elle serait par heure de 14,4 à 36 gr. de métal en poudre, et par dix heures de service, de 144 à 360 gr. correspondant ainsi à une dépense de fr. 7,50 à 16,25.

### Eclairage oxhydrique.

L'éclairage au gaz oxhydrique consiste à brûler l'hydrogène pur ou le gaz d'éclairage, au moyen d'un courant d'oxygène.

La proportion d'oxygène dans l'air étant de 21 %, il est évident qu'avec l'oxygène pur la combustion sera activée, et l'effet lumineux augmenté dans une grande proportion.

Cette source de chaleur projetée sur un crayon de chaux, le porte à l'incandescence, et l'on obtient une lumière qui, par son intensité, occupe le 3ᵉ rang après la lumière solaire et celle de l'arc électrique.

Cette lumière, connue sous le nom de lumière Drummond, est employée aujourd'hui presque exclusivement pour les projections scientifiques. La lumière oxhydrique est en effet l'éclairage par excellence pour ce genre d'opérations: elle réunit la blancheur, l'intensité et la régularité de la source lumineuse pour un même pouvoir éclairant; elle se présente sous de petites dimensions, un peu plus larges pourtant, que celle de la lumière électrique.

Dans la lumière Drummond, le dard ou la flamme des deux gaz mélangés à leur sortie du chalumeau est d'un bleu clair, n'ayant aucun pouvoir éclairant ; mais la température en est très élevée. A l'origine de la lumière Drummond, de nombreux accidents se sont produits : les deux gaz, hydrogène et oxygène, étaient renfermés dans un réservoir en fer, à parois épaisses ; or, ces deux gaz, comme nous le savons, peuvent produire un mélange détonant, d'une violence extrême, et par suite de circonstances souvent inconnues, ces réservoirs ont éclaté, pulvérisant tout ce qui se trouvait aux alentours.

On est arrivé à supprimer tous ces accidents, en amenant les gaz au contact par des conduits séparés. On se sert généralement de gaz d'éclairage, et d'oxygène contenu dans un sac engagé sous un pressoir.

Ce pressoir se compose de deux fortes planches réunies par des charnières, et présentant une échancrure par laquelle on laisse passer le robinet du sac. Vers l'extrémité supérieure de la planche de dessus, se trouve une traverse, derrière laquelle on met les poids qui doivent comprimer le gaz, et le chasser dans le chalumeau. Sur un sac de 250 litres il est bon de mettre, en moyenne, de 70 à 80 kilos, avec une charge de 80 k.; un sac de 250 litres dure 1 1/2 à 2 h.

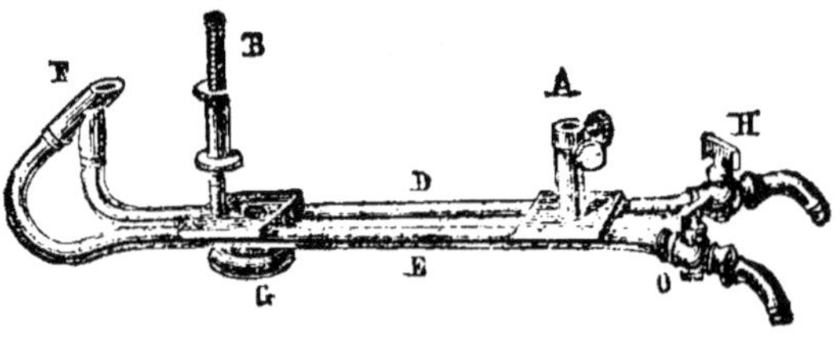

Fig. 5.

Le chalumeau représenté (fig. 5) se compose de deux tuyaux D et E indépendants ; les gaz ne peuvent se réunir qu'à la sortie, en F, c'est-à-dire à l'air libre. Cette disposition permet d'employer les deux gaz avec des pressions très différentes, ce qui est indispensable, puisque le gaz des villes n'arrive à destination qu'avec une pression de 2 à 5 centimètres d'eau, tandis que l'oxygène arrive avec une pression de 12 à 20 centimètres.

Sur la broche B se place le bâton de chaux, percé à l'avance d'un trou, et qui peut s'élever ou s'abaisser au moyen d'une vis ; en dessous de la broche se trouve un bouton G, à vis, qui sert à fixer le porte-chaux dans une position déterminée. Le crayon de chaux doit être d'autant plus éloigné du bec F, que l'on opère sous de plus fortes pressions, et que le chalumeau est à plus larges ouvertures.

O est le robinet d'oxygène, et H celui de gaz. Celui-ci doit arriver en abondance, par un robinet ayant un trou d'un centimètre ; on ouvre d'abord le robinet H, on allume le gaz, et l'on ouvre graduellement le robinet d'o-

xygène. que l'on règle de manière à avoir le maximum
de lumière. en examinant l'intensité du disque lumineux projeté par l'appareil sur l'écran.

Le réglage de l'arrivée des gaz présente une grande
importance dans l'emploi de l'éclairage oxhydrique ;
voici quelques nombres :

| Sac d'oxygène. | Pression d'eau. | Eclairage. |
|---|---|---|
| Chargé de 10 k. | 3 c. | 100 bougies. |
| 20 k. | 5 c. | 196 » |
| 40 k. | 10 c. | 289 » |
| 60 k. | 15 c. | 301 » |
| 60 k. | 18 c. | 400 » |

Ces essais ont été faits avec une pression de gaz d'é-
clairage de 3 c. d'eau.

Dans les conditions ordinaires d'emploi du gaz d'é-
clairage. le sac d'oxygène étant chargé de 60 à 80 kilos,
le côté du bâton de chaux qui est le plus voisin du bec,
doit en être éloigné de 5 mm. environ.

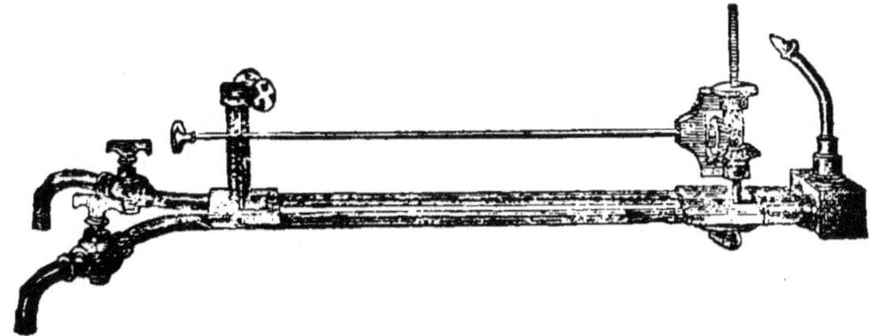

Fig. 6.

La hauteur du bâton de chaux doit être réglée de façon à ce que le foyer lumineux se forme en son milieu ;
il faut le faire tourner tous les quarts d'heure, de manière à ce qu'il présente à la flamme une surface neuve.

La fig. (6) représente un chalumeau à gaz mélangé,

donnant plus de lumière que le précédent, et employé pour produire les effets de théâtre ; les gaz se mélangent avant la sortie, qui s'effectue par une ouverture très petite, mais ces appareils peuvent présenter quelques dangers, que l'on évite en plaçant les deux sacs sous un pressoir double (fig. 7).

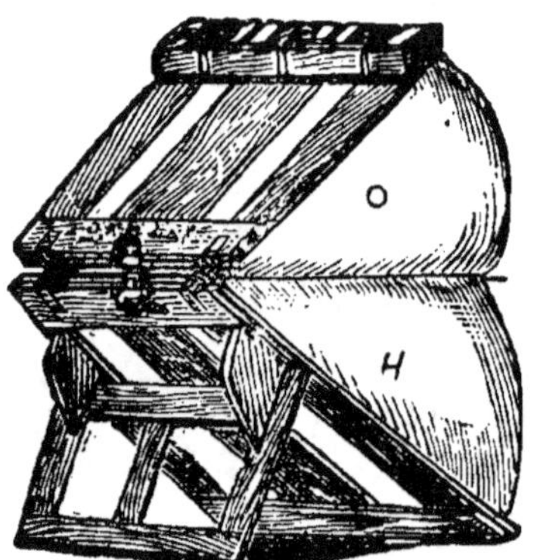

Fig. 7.

*Lumière oxycalcique.* — Lorsqu'on n'a pas à sa disposition le gaz d'éclairage, il faut avoir recours au chalumeau oxycalcique ou oxyéthérique, dans lequel la flamme du gaz est remplacée par celle d'une lampe à alcool ; pour cela, on dirige un jet d'oxygène au travers de la flamme d'une lampe à alcool, et on projette le dard ainsi obtenu sur un bâton de chaux, qui devient immédiatement incandescent.

La fig. 8 représente cet appareil.

*Chalumeau oxyéthérique.* — Cet appareil peut être employé dans le cas où l'on n'a pas à sa disposition le gaz d'éclairage.

Il est basé sur le principe de la carburation de l'oxygène, au moyen de l'éther à l'état liquide.

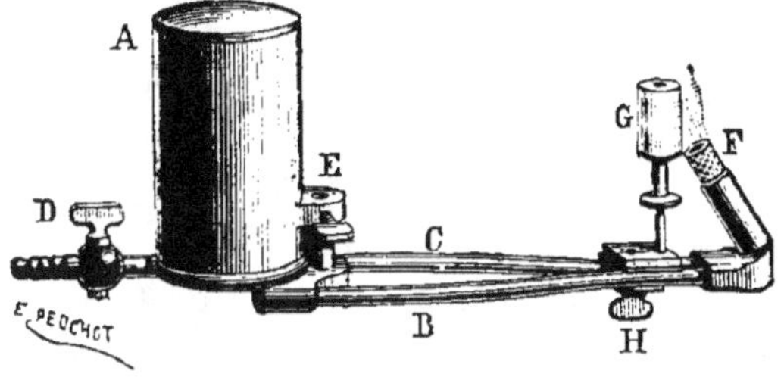

Fig. 8.

**Le modèle construit par M. Molteni**, et représenté fig.
9, se compose d'un saturateur de forme cylindrique,
divisé en deux ou plusieurs compartiments, renfermant

Fig. 9

les matières absorbantes destinées à emmagasiner le
liquide volatil; sur ce réservoir, se trouvent fixés le cl a-
lumeau et ses accessoires. Un tuyau de caoutchouc

communiquant avec le réservoir d'oxygène, fait arriver ce dernier, par une tubulure soudée, sur un tube en forme de T, dans lequel il se divise en deux portions : l'une passe par le saturateur, se carbure, et arrive à la sortie du chalumeau, où on l'allume comme le gaz d'éclairage ; l'autre se rend directement au chalumeau, et agit exactement comme l'oxygène pur dans les chalumeaux ordinaires, pour former le dard qui porte la chaux à l'incandescence. On règle le débit des deux courants d'oxygène à l'aide des robinets à vis, placés sur chaque branche du tube en T. La lampe oxyéthérique est disposée dans un appareil de projection, afin de combattre le refroidissement produit par l'évaporation. Tout l'appareil est installé sur une table, au-dessous de laquelle est placé le tube à oxygène.

Pour la mise en marche de l'appareil, on le remplit avec de l'éther ou de la gazoline, on le retourne pour recueillir l'excédent de liquide, puis on visse le bouchon qui ferme le réservoir, et l'on met en communication avec l'oxygène par le tube de droite.

Cet appareil présente les avantages suivants : lumière intense dans les endroits privés de gaz d'éclairage, facilité de transport ; intensité plus grande que celle de la lumière oxhydrique ; petite dimension du point lumineux, et augmentation de la netteté de l'image.


### Eclairage public à la lumière oxhydrique.

Beaucoup d'essais ont été tentés pour rendre pratique l'usage de l'éclairage par le gaz oxhydrique : de nombreux brevets furent pris en France et en Angleterre.

En 1834, Galy-Cazalat fit plusieurs fois à Paris l'expérience de la lumière Drummond ; la même expérience fut répétée au bois de Boulogne en 1858, et à Londres en 1860. Enfin en 1865, un physicien Anglais, Parker, remplaça le globule de chaux par un globule de magnésie, et augmenta ainsi l'intensité et la fixité de la lumière.

En 1849, Emile Rousseau avait eu l'idée d'alimenter une lampe ordinaire à modérateur, avec un courant de gaz oxygène pur ; dans ces conditions, la lumière de la lampe à modérateur devenait 5 à 6 fois plus intense ; cette invention n'eut pas de succès, étant donné le prix élevé de l'oxygène.

La préparation industrielle de l'oxygène par le procédé Boussingault, en décomposant par la chaleur le bioxyde de baryum, qui abandonne la moitié de son oxygène à une haute température, puis en réoxydant ce bioxyde de baryum au moyen d'un courant d'air à plus basse température, a donné l'idée de l'emploi de la lumière oxhydrique. Ce bioxyde de baryum régénéré pouvait abandonner de nouveau son oxygène, mais son emploi présentait de nombreuses difficultés dans la pratique, car la baryte ne se prête pas indéfiniment à ces oxydations et à ces réductions successives ; en effet, ce composé ne doit sa propriété d'absorber une grande quantité d'oxygène qu'à sa structure poreuse, qui est tout à fait semblable à celle de la pierre ponce.

Les variations répétées de température auxquelles elle est soumise, amènent au bout d'un certain temps une désagrégation de la masse, et l'absorption ne se faisant plus que par la surface, devient à peu près insignifiante.

### Procédé Tessié du Motay

Ce procédé permettait de préparer industriellement
l'oxygène, en faisant passer un courant de vapeur
d'eau sur du manganate de soude porté à 450°, obtenu en faisant passer un courant d'air sur un mélange
de soude et de bioxyde de manganèse, chauffé au rouge.
L'acide manganique se décompose, en abandonnant une
partie de son oxygène, que l'on peut recueillir dans un
gazomètre ; la décomposition terminée, on régénère le
manganate de soude en faisant passer un courant d'air
chaud ; l'oxyde de manganèse s'empare de l'oxygène de
l'air, et le manganate de soude, régénéré, peut de nouveau fournir de l'oxygène.

Dans les expériences qui furent faites au laboratoire
de chimie de l'exposition universelle de 1867,30 kg. de
manganate de soude donnèrent 400 litres d'oxygène pur
par heure, même après 80 réoxydations successives.

Tessié du Motay et Maréchal ont poursuivi, avec une
rare persévérance, leurs expériences sur l'éclairage public par le gaz oxhydrique ; une première expérience se
fit pendant deux mois de l'hiver 1868 sur la place de
l'Hôtel de Ville, dans les caves duquel l'appareil était
établi. Il se composait d'un foyer contenant 7 cornues
en fonte chauffées au rouge, et contenant le manganate
de soude ; une chaudière fournissait le courant de vapeur dirigé à l'intérieur des cornues ; le mélange d'oxygène et de vapeur d'eau se rendait à sa sortie dans un
réfrigérant, où la vapeur d'eau se condensait ; de là, le
gaz allait au gazomètre. Pour la régénération du manganate de soude, un ventilateur envoyait un courant

d'air privé d'acide carbonique, par un épurateur à la chaux, dans les cornues chauffées.

Un deuxième essai fut fait en 1869, dans la Cour des Tuileries. Les becs employés sont représentés fig. 10. Ils se composent: 1º des tuyaux B'B', amenant le gaz d'éclairage; 2º des tuyaux A'A' amenant l'oxygène et au nombre de deux; 3º du crayon de magnésie C. Ces petits becs sont toujours en nombre pair, ou groupés deux à deux, et les orifices de sortie dans chaque couple sont exactement opposés l'un à l'autre, de sorte que les deux jets soient lancés l'un contre l'autre, et neutralisent en quelque sorte leur pression; la pression du jet d'oxygène reste donc seule permanente; le crayon C est placé au centre de tous les petits jets gazeux.

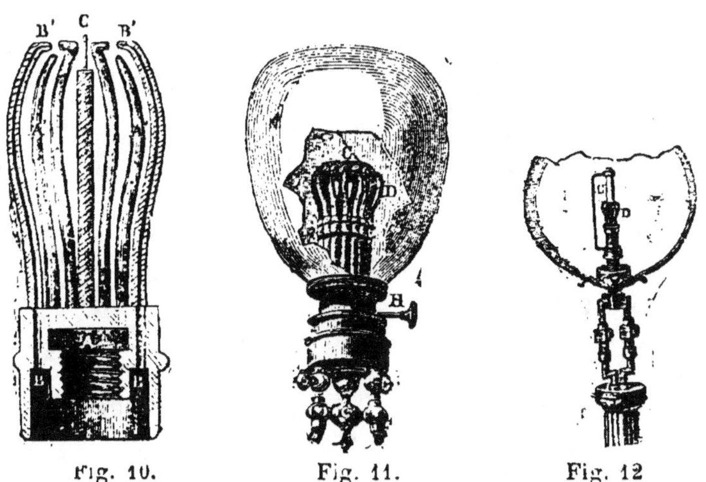


La fig. 11 représente un bec oxhydrique, comprenant 12 jets, et entouré d'un globe en cristal; A est le tube d'arrivée du gaz oxygène, réglé par le robinet E, et B, le tube conducteur du gaz d'éclairage, réglé par le robinet F ; C est le crayon de magnésie, D les tubes amenant le gaz d'éclairage, H la clef qui sert à régler la hauteur des tubes de sortie du gaz. La fig. 12 représente une lampe mobile.

Le procédé Tessié du Motay n'a pas donné tous les résultats qu'on en avait espéré ; cet insuccès provient de plusieurs causes : d'un côté, le danger que présente le maniement combiné de l'oxygène et du gaz d'éclairage, lesquels forment un mélange tonnant ; d'un autre côté, la complication d'une double canalisation; de plus, l'oxydation des tuyaux sous l'influence de l'oxygène humide ; enfin le prix de revient considérable.

Ces expériences furent reprises en 1872, par M. Caron, pour éclairer le boulevard des Italiens ; il employait toujours deux canalisations, mais la chaux était remplacée par du zircon.

Elles n'eurent pas plus de succès que les précédentes. Les dernières tentatives d'éclairage à incandescence avec deux canalisations, ont été entreprises sans succès par par M. Popp, qui avait remplacé l'oxygène par de l'air comprimé.

Le premier appareil d'éclairage à incandescence au gaz avec une seule canalisation, a été disposé par Gillard en 1848, avec le gaz à l'eau ; il obtenait par un procédé économique un gaz peu éclairant ; il imagina de plonger dans la flamme incolore et au dessus du brûleur à double courant d'air, un petit cylindre formé par un treillis de fil de platine. Les essais eurent lieu à Passy, et une application en fut faite à l'éclairage public de la ville de Narbonne. Malheureusement, au bout de très peu de temps, les fils de platine se rompaient, et leur remplacement trop fréquent fit abandonner ce procédé.

*Bec Sellon.* — Ces essais ont été repris depuis avec le gaz ordinaire, brûlé dans un bec Bunsen surmonté d'une cheminée en verre, et portant à l'incandescence un petit panier en platine à 10 0/0 d'iridium, pour augmenter sa durée. Au début, la lumière obtenue était très belle, mais au bout de peu de temps, l'alliage perdait ses qualités, et ces petits paniers ne duraient guère plus de 50 à 60 heures. On obtenait au début la carcel avec 75 litres, et à la fin, la consommation s'élevait à 130 itres.

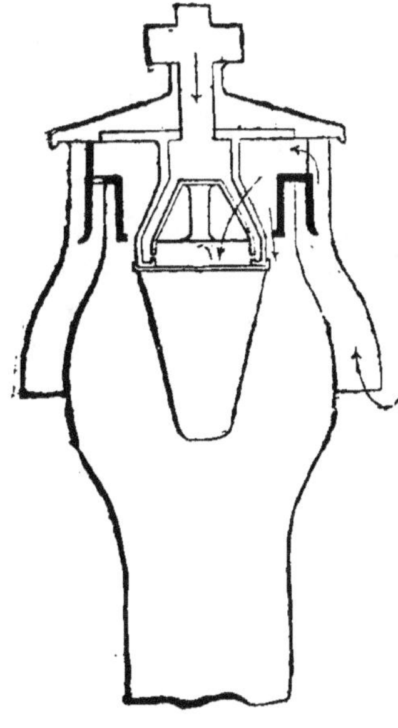

Fig. 13.

*Bec Clamond.* — M. Clamond a remplacé le panier de platine par une corbeille en magnésie, disposée sur un brûleur à double courant d'air, représenté fig. 13 ; l'air s'échauffe entre la cheminée et une coupe en verre extérieure de faible hauteur, mais les filaments, très fragiles, se détachent de temps à autre ; il en résulte une diminution de la surface éclairante ; on obtenait la carcel avec une dépense de 80 litres, chiffre très élevé, et la durée moyenne d'un capuchon était de 80 heures ; enfin dans les derniers appareils, le bec à double courant d'air a été remplacé par de petits brûleurs Bunsen, entourés d'une enveloppe sur laquelle repose le capuchon.

Le succès du bec Clamond n'a été que très relatif, et l'usage des brûleurs à incandescence semblait ne pas se généraliser, lorsque apparut le bec Auer von Welsbach, composé en principe d'un manchon formé d'un treillis d'oxyde de thorium, cérium, etc., disposé au-dessus d'un brûleur Bunsen. Il permit d'employer d'une manière pratique ce mode d'éclairage et de le généraliser. Déjà, en 1848, le professeur Frankenstein, de Gratz, avait fait des démonstrations de ce procédé, à l'aide d'une lampe à alcool, qui porta à l'incandescence un tissu léger, trempé dans un liquide contenant de la magnésie et du zircon. Nous allons étudier dans les chapitres suivants, la théorie et les différentes dispositions des brûleurs à incandescence.

# CHAPITRE III

Appareils pour la production de l'acétylène. — Classification. — Laboratoire de la rue de Buffon. — Appareil simple. — Appareils Ducretet et Lejeune. — Appareils Wiesnegg-Lequeux. — Appareils de la société du gaz acétylène. — Appareil Leroy et Jauson. — Appareil Bullier. — Appareil Trouvé. — Batterie pour la production de l'acétylène. — Appareil américain et appareil Fuller.


*Appareils pour la production du gaz acétylène.* — Les différents appareils expérimentés pour la production de l'acétylène gazeux peuvent se diviser ainsi :

1° Appareils basés sur le principe du briquet à hydrogène ;

2° Appareils à alimentation d'eau proportionnelle au dégagement d'acétylène :

3° Appareils dans lesquels le carbure de calcium. mis au contact de l'eau, produit le gaz sous forte pression.

Nous allons, avant de décrire ces appareils, donner la disposition du laboratoire d'essai de la rue de Buffon, où ont été faits les premiers essais industriels En A, (fig. 98) est représenté le générateur d'acétylène ; en F, le four servant à la production de l'azote, destiné à être mélangé avec l'acétylène ; en C, le gazomètre d'acétylène ; S, gazomètre à azote ; H, gazomètre renfermant le mélange d'acétylène et d'azote.

*Composition de la thorite.*

|  | Thorite. | Orangite |
|---|---|---|
| Thorine | 47,72 | 70,24 |
| Oxydes cériques | 8,59 | 0,55 |
| Silice | 39,84 | 29,10 |
| Fer, alumine | 3,70 | » |

Ce minéral se rencontre dans la syénite, à Lovo, près Brévig, en Norvège.

*Monazite.* — La monazite américaine est un phosphate de lanthane, didyme, cérium, renfermant de 2 à 18 pour 100 de thorine. Il se rencontre cristallisé sous la forme de prisme rhomboïdal oblique, de 93° 23′, translucide ; éclat résineux de couleur brun rouge ou rouge hyacinthe ; dureté 5,5 ; densité 4,8 ; infusible ; humecté avec l'acide sulfurique, il colore la flamme en bleu vert; avec le borax, il donne une perle jaune, difficilement soluble dans l'acide sulfurique.

*Composition de la monazite.*

| Oxyde de thorium | 13,12 |
|---|---|
| Acide phosphorique | 27,88 |
| Oxydes cériques et yttriques | 56,00 |
| Silice, matières non dosées | 2,67 |

Elle se rencontre aux Etats-Unis, à Norwich, dans la Caroline et le Brésil du Nord, à Miask (Oural), à Moss Norwège.

*Cérite.* — La cérite est relativement assez abondante; elle se trouve dans le gneiss de Boestnaes, en Suède ; elle semble formée d'un hydrosilicate de cérium, de lanthane et de dydime, avec 60 pour 100 environ d'oxyde de cérium. Elle se présente sous la forme de masses amorphes à grains fins ; cassure inégale. A peine translucide sur les bords, ou opaque. Eclat faiblement adamantin ou résineux ; brun de girofle, rouge sale, gris rougeâtre ; dureté 5,5 ; densité 4,9 à 5.

*Composition de la cérite.*

| | | |
|---|---|---|
| Oxyde de cérium | | 65,64 |
| » | lanthane | 3,46 |
| » | didyme | 3,17 |
| » d'yttrium | | |
| » erbium | | 0,94 |
| Fer et aluminium | | 3,12 |
| Plomb et cuivre | | 0,16 |
| Silice et eau | | 23,59 |

Elle donne de l'eau dans le tube, fait gelée avec l'acide chlorhydrique ; la solution séparée de la silice se précipite par l'acide oxalique ; ce précipité blanc devient brun par la calcination.

*Orthite.* — L'orthite a été trouvée au Groënland. C'est un silicate d'alumine, contenant 12 pour 100 d'oxyde de cérium et de lanthane.

*Gadolinite.* — La gadolinite se trouve disséminée dans la syénite d'Ytterby, près Stockholm et Falhun, en Suède, de Brevig et à Hitteroée, en Norvège. C'est un silicate hydraté d'yttria, d'erbine, de cérium, de didyme, de lanthane, de glucinium, de chaux, d'oxyde de fer.

*Composition de la gadolinite.*

| | | |
|---|---|---:|
| Oxyde de cérium | | 12,33 |
| » | lanthane | 2,51 |
| » | didyme | 1,94 |
| » | d'yttrium, d'erbium | 39,92 |
| » | de glucinium | 8,76 |
| Fer, alumine | | 5,89 |
| Silice | | 28,43 |

*Samarskite.* — La samarskite, trouvée à Miask, dans l'Oural, et dans la Caroline du Nord, contient des oxydes de fer, de manganèse et d'urane, de l'yttria, de l'erbine et de l'oxyde de cérium, associés à de l'acide niobique et de l'acide tantalique.

*Euxénite.* — L'euxénite d'Arendal (Norwège), est un titano-niobate d'yttria, d'erbine et d'oxyde de cérium ; cristallisée sous forme de prisme rhomboïdal droit, elle se présente en masse ; cassure imparfaitement conchoïdale, translucide en écailles minces ; éclat résineux métalloïde, noir, brunâtre, poussière brun rouge ; dureté 6,5 ; densité 4,6 à 4,9 ; infusible ; inattaquable par les acides.

*Composition de l'euxénite.*

| | | |
|---|---|---:|
| Acide niobique et tantalique | | 31,59 |
| Acide titanique | | 18,25 |
| Oxyde de cérium | | 16,01 |
| » | lanthane | 1,23 |
| » | didyme | 1,19 |
| » | d'yttrium et d'erbium | 30,47 |
| Fer, alumine et chaux | | 1,20 |

*Yttrotitanite.* — L'yttrotitanite se trouve engagée dans l'orthose. près d'Arendal (Norwège). C'est un silico-titanate de chaux, d'yttria et d'oxyde de cérium.

*Fluocérite.* — La fluocérite est un fluorure de cérium, avec un peu d'yttrium. Elle se présente sous forme de petites masses cristallines, rouges ou jaunes, à Finbo, près Falhun, en Suède, avec quartz et albite.

*Yttrocérite.* — L'yttrocérite se compose de fluorure de calcium, avec 15 pour 100 de cérium et de lanthane, et 8 pour 100 d'yttrium.

Elle se présente sous forme de petites masses grenues de couleur violacée, près Falhun, en Suède, dans le quartz, avec albite et topaze.

*Fergusonite.* — C'est un titanate, niobate, tantalate, d'yttrium et d'erbium, avec un peu de cérium. lanthane, didyme ; il cristallise sous la forme de prisme droit, à base carrée ; cristaux imparfaits ; opaque ou translucide, en écailles minces.

Eclat métalloïde ou résineux, brun noirâtre ; poussière brun clair ; dureté 5,5 à 6 ; densité 5,8 à 5,9 ; infusible ; inattaquable par les acides ; contient environ 50 0/0 d'acide niobique. et 40 0/0 d'yttria avec quelques centièmes d'oxyde céreux. ferreux et zircon ; se rencontre au Groënland, à Ytterby, en Suède.

*Aeschynite.* — Présente à peu près la même composition que l'euxénite, mais avec du thorium ; peut contenir jusqu'à 22,91 de thorine, et 19.41 0/0 d'oxyde de cérium. lanthane et didyme ; cristallise sous la forme de prisme rhomboïdal droit. de 91°34'; opaque, ou à peine translucide sur les bords. Eclat métalloïde ou résineux ;

noir de fer ou brune, poussière brun jaunâtre ; dureté
5,5, densité 5,1 à 5,2.

Presque infusible ; insoluble dans les acides ; se trouve
à Miask, dans l'Oural.

*Xenotine.* — C'est un composé de phosphate d'yttria,
avec l'oxyde de cérium jusqu'à 7,98 ; cristallise sous
forme de prisme à base carrée, en petits octaèdres ou
en masse ; dureté 4 à 5 ; densité 4,5 à 4,56 ; éclat résineux ; infusible ; insoluble dans les acides; il se rencontre en Norwège et en Suède, dans les Etats-Unis, au
Brésil, et au St-Gothard.

## Sables de monazite.

Il y a une dizaine d'années, on considérait comme cu-
riosité les terres rares, c'est-à-dire les oxydes de cérium, de lanthane, de didyme, de thorium et d'yttrium,
etc. ; vu la rareté de ces composés, le thorium valait 10
fois autant que l'or. D'abord, ces terres rares furent trou-
vées au commencement du siècle, dans les minéraux
suédois : la cérite, l'orangite, la thorite, la gadolinite et
l'orthite. Quoique les premiers chimistes qui ont découvert ces terres aient constaté leur extraordinaire
pouvoir d'émission de lumière, on n'accorda que peu
d'intérêt à ces propriétés spéciales, jusqu'à ce qu'Auer
von Welsbach les utilisât pour l'éclairage.

A partir de ce moment, l'attention se porta sur les
minéraux contenant ces terres rares, et bientôt, on s'a-
perçut que celles-ci étaient plus répandues qu'on ne le
pensait.

Les minéralogistes et chimistes américains, notamment, ont fait remarquer que quelques-uns de ces mi-

néraux, principalement ceux contenant du thorium, forment de véritables roches.

On trouva en beaucoup d'endroits des Etats-Unis, du Brésil et de l'Australie, de grandes quantités de monazite, phosphate contenant de 2 à 4 pour cent de phosphate de cérium et de lanthane, et renfermant aussi du thorium. La couleur varie entre le jaune, le brun et le vert jaunâtre : il se présente sous forme de petits cristaux monocliniques, dont la densité varie de 4,9 à 5,3.

Depuis quelque temps, les recherches de ces terres rares, principalement de l'oxyde de thorium, se sont extraordinairement accrues, par suite de la grande consommation de manchons à incandescence, et l'attention s'est portée sur la présence, au Brésil et dans les Carolines du sud, d'un sable de monazite contenant du thorium.

Il est à remarquer que ces terres se trouvent de préférence en compagnie des métaux précieux, de l'or principalement.

En Amérique, on trouve la monazite dans un district comprenant des parties des territoires de Cleveland, Mac Dowel, Burke et Rutherford, dans les Carolines du Nord. Elle recouvre une égale superficie à peu près, dans les Carolines du Sud. Dans cette région, on la trouve dans le sable et le gravier formant le lit des petits cours d'eau ; les plus riches dépôts existant généralement près des sources, parmi les débris de gneiss et de schistes cristallins, où elle est associée avec du feldspath, du mica, de la magnétite, du grenat, du zircon, etc.

Dans ces localités, la monazite est obtenue sous deux formes commerciales, soit en cristaux de toutes dimensions, jusqu'à celle d'un grain de blé, ou plus grandes encore, soit comme sable monazitique, dans lequel de petits cristaux de minerai sont mélangés à une proportion plus ou moins grande de sable ordinaire, et d'autres matières sans valeur.

Les plus grands cristaux de monazite sont recueillis à la main, et sont vendus à une maison de New-York, qui jusqu'ici, a monopolisé le commerce de cette matière, et par conséquent, règle son prix. On obtient le sable monazitique en lavant le sable et le gravier des lits des rivières dans des caisses en bois, exposées au courant, comme pour l'or dans les mines ; le gravier est jeté à la pelle dans la caisse, qui est traversée par un courant d'eau ; il est remué avec une fourche, de manière à ce que l'eau entraîne le sable et les cailloux légers, en laissant au fond de la caisse la monazite, généralement plus lourde, mélangée à des particules de fer, grenat, etc. Elle est ensuite retirée, séchée, et elle contient des particules de magnétite, qui à cause de leur poids spécifique presque identique, ne peuvent se séparer par le lavage, et sont enlevées par un traitement à l'aimant. Les grains de minerai de fer titanifères ne sont pas enlevés pendant le traitement magnétique ; après épuration, le sable contient de 50 à 60 pour 100 de particules de monazite.

Pendant ces dernières années, il se vendait sur les lieux de production de 55 à 77 centimes le kilogramme.

Le prix des cristaux de monazite pure variait de 1 fr. 10 à 1 fr. 32 le kilogramme.

L'emploi de la monazite comme matière pour la production du cérium, du lanthane et de leurs dérivés, sera probablement toujours restreint ; il en résulte que la valeur de la monazite américaine dépend exclusivement de son pourcentage en thorium ; les plus riches en thorium proviennent des territoires de Burke et de Cleveland, dans les Carolines du Nord.

Ils contiennent entre 4 et 5 pour 100 de thorium ; mais la moyenne du sable monazitique n'en contient que de 2,5 à 3,5 pour 100. Il existe même des sables monazitiques où la proportion en thorium est encore bien inférieure, 1/2 à 1 pour 100, de sorte que cette proportion ne peut pas même compenser les frais du traitement chimique.

La proportion moyenne de 2,5 à 3,5 0/0 satisfait généralement les acheteurs, pourvu que le sable monazitique soit convenablement épuré, et exempt de fer et autres impuretés s'opposant à la réduction chimique de la matière, et à l'élimination du thorium.

La plus forte consommation de monazite est faite à Vienne, pour la fabrication des manchons Auer. Neuf minerais sont employés, mais le principal est la thorite.

D'après une analyse récente de M. R. J. Gray, de New-York, la quantité d'oxyde de thorium contenue dans le sable monazitique du Brésil était de 1,2 à 7,6 pour 100 ; dans le sable de Québec, 1,1 0/0 ; dans le sable du Connecticut, 1.4 0/0. Dans le sable des Carolines du Nord et du Sud, de 0,23 à 0,8 0/0 seulement.

Tant que la valeur ne dépendra que de la teneur en thorium, la préférence sera donnée au sable monazitique du Brésil.

La monazite brésilienne se rencontre sous forme de fragments arrondis, semblables à de l'ambre, ou dans certains cas, sous forme de nodules massifs vivement colorés, tachetés souvent de particules jaunes brillantes (orangite).

Le minerai du Brésil, finement pulvérisé et bien lavé, contient environ 2,75 0/0 d'oxyde de thorium, et 5 0/0 des oxydes contenus dans l'ytterbite.

Les nodules contiennent rarement au dessous de 5 0/0 d'oxyde de thorium.

On trouve des sables fins de monazite au Brésil, à Antioquia, Bahia, Minos-Geraes, Caravellas et San Pedro.

Les nodules de monazite mentionnées plus haut comme riches en oxydes de thorium et d'yttrium, sont rencontrés en quantités appréciables, de même que la thorite et l'orangite, et autres minéraux contenant plus de 70 0/0 d'oxyde de thorium, dans les mines de diamants de Rio-Chico. Villa-Bella, Cuyoba et Goyaz.

Des minerais différents de la monazite, et riches en thorium, se trouvent en quantités assez importantes à Lao-Paulo et Corumba (*Brésil*). La Russie apporte également sur le marché des sables monazitiques.

Au début, les minerais norwégiens, thorite et orangite, contenant de 40 à 60 0/0 de thorium, s'élevaient à 2745 fr. le kilog. de thorium pur ; mais à mesure que le rendement des mines norwégiennes, qui serait annuellement de 500 kilos, augmentait, les prix descendaient graduellement jusqu'à 421 fr. 75 le kilogramme. Le prix est généralement fixé selon le tant 0/0 de thorium par kilog., soit de 7 fr. 50 à 10 fr. par kilog. et par chaque pour cent.

Les premiers chargements de sable monazitique du Brésil, contenant 3 à 3 1/2 0/0 de thorium, étaient amenés à Hambourg, au prix de 2125 fr. la tonne. Actuellement, par suite des nombreux chargements de monazite et de sables monazitiques, les prix payés à Hambourg se réduisaient successivement à 375 fr. la tonne.

La raison pour laquelle le prix de la monazite est si inférieur à celui des minerais de thorium norwégiens, est que l'extraction du thorium de la monazite est beaucoup plus coûteuse que l'extraction de la thorite, la monazite renfermant une combinaison de thorium, avec de l'acide phosphorique et des silicates, qui exige un traitement bien plus coûteux.

On s'est demandé si ces terres rares, notamment l'oxyde de thorium, existaient en assez grande quantité pour que la grande demande de manchons puisse être constamment satisfaite. Nous venons de voir que les minerais de thorium se trouvent actuellement dans de nombreuses régions.

Dernièrement, une maison d'Amsterdam s'engageait à livrer annuellement 20.000 tonnes provenant des Carolines, à 45 cent. la livre américaine de 453 grammes, à la station de chemin de fer de l'exploitation.

Supposons que ce sable contienne 3 0/0 d'oxyde de thorium, 1 gramme d'oxyde de thorium revient, dans la matière brute, à 3.6 centimes et comme chaque manchon contient 0,5 gr. d'oxyde de thorium, la quantité nécessaire coûtera 1,8 centimes. Il n'est pas tenu compte des frais du traitement chimique, qui peuvent varier avec les perfectionnements des procédés employés.

En ne supposant sur le marché que les 20.000 tonnes dont il est parlé ci-dessus, avec 3 0/0 d'oxyde de thorium, on obtient 600 tonnes d'oxyde de thorium, ou 600 millions de grammes de thorine, matière principale du manchon à incandescence ; on pourra, avec cette quantité, fabriquer annuellement 1 milliard 200 millions de manchons. Il n'y a pas lieu de craindre une pénurie de matières brutes.

Le tableau suivant donne les proportions pour 100 de terres rares contenues dans des échantillons bien lavés de ces minerais de diverses provenances, mais non dans des échantillons choisis :

| Source des minerais | Oxydes | | Oxyde |
| --- | --- | --- | --- |
| | Cérite | Ytterbite | de thorium |
| Québec. | 50,2 | 4,5 | 1,10 |
| Connecticut | 61, | — | 1,40 |
| Carolines du Sud et du Nord. | 58 | | 0,32 |
| | 63,3 | 0,1 | 0,80 |
| | 39,0 | | 0,23 |
| Bahia | 33, | 1,2 | 1,20 |
| Minos Geraes | 51, | 2,2 | 2,40 |
| Rio-Chico | 53, | 3,2 | 4,80 |
| Villa-Bella | 62,4 | 4,4 | 5,30 |
| Goyaz | 64,1 | 5,1 | 7,60 |

Il est très difficile de fixer le prix de l'oxyde de thorium, qui a subi de nombreuses fluctuations, depuis 4000 fr. jusqu'à 360 fr. le kilo, ce qui fait varier le prix de la matière première du manchon de 2 fr. à 0 fr. 18.

## Préparation de l'oxyde de thorium pur.

Le minerai de thorium est la thorite, silicate de thorium presque pur; elle ne contient généralement que de faibles quantités de bases étrangères, des groupes cériques et yttriques.

Il en existe des variétés très riches, l'orangite par exemple, qui renferme jusqu'à 70 à 72 0/0 d'oxyde thorique ; en général, la teneur du minerai de thorium varie de 55 à 62 0/0.

Nous rappellerons ses principaux caractères : c'est un minéral rouge brun, à éclat vitreux, à cassure conchoïdale, et à poussière ocreuse ; sa densité est variable avec sa teneur en produit utile ; il est très rare, et on ne le rencontre guère en quantité appréciable qu'en Norvège, dans les environs de Brewig. Le rendement des mines de Norvège serait annuellement de 500 kilos.

Pour en extraire l'oxyde de thorium pur, le minerai est finement pulvérisé, puis mis en bouillie avec de l'eau ; on l'additionne, en brassant continuellement, de 600 gr. d'acide sulfurique par kilog. de poudre. La réaction se produit au bout de quelques minutes, mais souvent, il faut chauffer légèrement. Dans tous les cas, il convient de chasser l'excès d'acide, en évaporant sur un bain de sable fortement chauffé, jusqu'à ce qu'il ne se produise plus de fumées blanches. A ce moment, on laisse refroidir complètement.

Les sulfates thoriques bruts sont pulvérisés finement, et projetés par petites portions dans de l'eau froide, maintenue de 0° à 2° par addition de glace. La quantité d'eau à employer pour un kilo de thorite amené à l'état de sulfate, est d'environ 25 à 30 litres. Le sulfate de thorium se dissout accompagné de tous les autres sulfates, tandis que la silice et les portions non attaquées restent insolubles. On filtre rapidement. Dans la solution filtrée, toujours maintenue à basse température par de la glace, on fait passer un courant d'hydrogène sulfuré, et on filtre à nouveau.

La solution est abandonnée à elle-même un certain temps, puis chauffée au bain-marie, de 40 à 45° : le sulfate thorique, moins soluble à chaud qu'à froid, se précipite sous forme de flocons blancs, analogues à du coton ; sulfate cotonneux $(SO^4)^2Th, 8H^2O$.

Le sulfate cotonneux ainsi obtenu est déjà un produit assez pur ; on le filtre, et on le dessèche à 200°—250°, pour le rendre à nouveau anhydre. Il est pulvérisé, et l'on recommence l'opération de la dissolution en employant le minimum d'eau, toujours glacée. Les dissolutions à froid, et les précipitations par réchauffement sont continuées, tant que les liqueurs, examinées au moyen d'un bon spectroscope, présentent encore des bandes d'absorption, dues au didyme ou aux métaux de la série de l'erbium. Quand celles-ci ont complètement disparu, même sous une très forte épaisseur, on est en possession d'une solution thorique chimiquement pure.

Les solutions d'où l'on a précipité le sulfate cotonneux doivent être précieusement conservées pour être traitées ultérieurement, car elles sont encore riches en thorium.

Lorsqu'on a préparé le sulfate pur pour en extraire l'oxyde de thorium, on peut se contenter de calciner au rouge vif le sulfate : mais dans ces conditions, l'oxyde obtenu est pour ainsi dire insoluble dans les acides.

Il est préférable d'opérer de la manière suivante, en vue de préparer les nitrates.

La solution thorique est additionnée d'acide oxalique pur, tant qu'il y a précipitation : l'oxalate de thorium obtenu est filtré à la trompe, et lavé à l'eau bouillante, puis séché. Enfin, on le calcine à basse température (au petit rouge) ; dans ces conditions, on obtient un oxyde de thorium plus ou moins carbonaté, facilement soluble dans les acides, même étendus.

### Caractéres de l'oxyde de thorium.

L'oxyde de thorium obtenu par la calcination de l'hydrate précipité du sulfate ou de l'oxalate, se présente sous forme d'une poudre blanche ou de fragments translucides durs et brun grisâtre, d'une densité variant de 9,228 à 9,402.

Il est infusible et non réductible par le charbon. L'acide sulfurique, concentré et chaud, dissout l'oxyde de thorium.

L'azotate de thorium $(AZO^3)^4Th4H^2O$ cristallise dans le vide, par évaporation de sa solution sirupeuse, en volumineuses tables transparentes, contenant 12 molécules d'eau, dont 8 sont éliminables dans le vide sec, à la température ordinaire.


## Préparation des oxydes de cérium, de lanthane et de didyme.


Les minerais généralement employés sont la cérite, l'allanite et l'orthite. qui sont tous des silicates. Le minerai pulvérisé est, comme dans le cas de la thorite et de la même façon, attaqué par l'acide sulfurique (500 gr. par kilog.), et débarrassé par la chaleur de l'excès d'acide.

Les sulfates obtenus sont dissous dans de l'eau froide, et la solution décantée précipitée par l'acide oxalique, en solution chaude. Les oxalates obtenus sont filtrés, lavés à l'eau bouillante, séchés et calcinés au rouge faible ; de cette façon, ils sont transformés en mélange d'oxydes.

Ces oxydes sont dissous dans de l'acide nitrique ordinaire. et la solution de nitrate, évaporée à siccité, est un mélange de nitrates de cérium, lanthane, didyme, yttria, erbia, etc.

Pour 2 kilogr. d'oxydes bruts (résultat de la calcination des oxalates), réduits en nitrates, on place dans une chaudière de fer 20 kilog. de nitrate de potassium, que l'on amène à fusion tranquille : 350° environ.

Dans ce nitrate fondu, on projette par petites portions, 40 à 50 gr., les nitrates secs précédemment obtenus, en

agitant avec une spatule en fer. La fusion est maintenue
aussi longtemps qu'il se dégage des vapeurs nitreuses.
Quand ce dégagement est terminé, la masse est coulée
sur une plaque de fonte, et concassée.

Dans ce travail, le nitrate de cérium a été décomposé
et transformé en oxyde cérique $CeO^2$, tandis que tous les
autres nitrates qui résistent à cette température n'ont
pas subi de modifications. En dissolvant le produit de
la coulée dans l'eau. l'oxyde de cérium $CeO^2$ va rester
insoluble, et on le sépare par filtration. Les autres bases
sont précipitées par de l'acide oxalique, et les oxalates
obtenus, calcinés, fournissent les oxydes.

Ceux-ci sont dissous dans de l'acide sulfurique en
quantité juste suffisante, et additionnés d'un excès de
sulfate de potassium, qui a la propriété de donner, avec
les sulfates de lanthane et didyme, des sulfates doubles,
insolubles dans un excès de solution de sulfate de potassium, tandis que les sels correspondants du groupe de
l'yttria y sont solubles.

Une filtration et un lavage soigné, au moyen d'une
solution concentrée de sulfate de potassium, donneront
les sulfates doubles de lanthane et potassium, et de
didyme et potassium purs. Ceux-ci sont dissous dans de
l'eau bouillante, et précipités. par l'acide oxalique ; les
oxalates bien calcinés donnent les oxydes, que l'on convertit en nitrates.

A ce moment, il convient, pour les séparer, d'employer le procédé décrit par le docteur Auer von Welsbach, procédé basé sur les cristallisations fractionnées.
Voici en quoi il consiste :

On ajoute aux nitrates de lanthane et de didyme la
quantité voulue de nitrate d'ammonium pur, pour former les azotates doubles répondant à la formule

$$M^2(AzO^3)^6, 8(AzH^4, AzO^3) \times 6\ H^2O$$

$$M = La, D.$$

On évapore la solution de ce sel double jusqu'à ce que les cristaux apparaissent à la surface du liquide bouillant, puis on abandonne dans un endroit frais (une cave par exemple); de cette façon, on obtient environ 3/4 de cristaux, pour 1/4 de liquide.

Le nitrate double de lanthane et d'ammonium étant un peu moins soluble que le sel de didyme, ce dernier va se concentrer dans l'eau mère, tandis que le lanthane domine dans les cristaux.

Les cristaux sont redissous dans le minimum d'eau, et mis à cristalliser de nouveau en même temps que les eaux mères de la cristallisation précédente ; on continue ainsi jusqu'à ce que l'on ait cinq récipients (c'est ce que le docteur Auer appelle fractionnement en cinq).

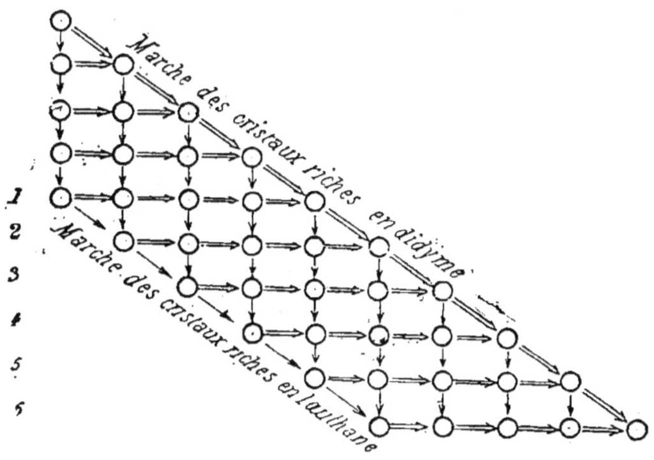


Fig. 14.

A ce moment, on continue les cristallisations, en opérant sur les cinq vases à chaque fois. La fig. 14 indique le travail à opérer, les flèches simples indiquent la marche des cristaux, c'est-à-dire des parties riches en lanthane, et les flèches doubles, celle des eaux-mères, riches en didyme.

Chaque opération faite sur les cinq vases à la fois, est *un tour de cristallisation.* Ce système est en réalité une véritable classification méthodique.

Au bout d'un grand nombre de ces tours de cristallisation, le vase de tête donne des cristaux incolores, et ne présentant plus au spectroscope les bandes d'absorption du didyme. Ce nitrate double de lanthane doit être considéré comme pur ; le nitrate de didyme est pur à l'autre extrémité de la série. Pour passer des nitrates aux oxydes, une simple calcination suffit.

Il est très important que les sels employés à la préparation des manchons soient exempts de fer, d'alumine, de silice et d'alcalis capables de donner des produits fusibles, car il faut que le filament offre une surface *rugueuse,* qui donne une surface lumineuse plus grande.

Lorsque l'on regarde au microscope un fragment de manchon, on constate l'existence de la partie pelucheuse du coton, remplacée par des filaments d'oxyde.

Pour réaliser ce résultat, certains fabricants mélangent aux nitrates une certaine proportion de sulfates ; d'après leur théorie, l'acide sulfurique, pour s'éliminer, doit boursoufler la masse, et donne ainsi une surface rugueuse.

# CHAPITRE IV.



## Disposition des brûleurs pour produire l'incandescence.

Lorsqu'un gaz combustible, tel que le gaz d'éclairage,
s'échappe dans l'air par un orifice, et qu'on approche
du jet un corps enflammé, on détermine immédiatement
la combustion ; les hydrogènes carbonés du gaz se com-
binent avec l'oxygène de l'air, et cette combinaison se
manifeste par une production de flamme.

Si l'on examine une flamme, on peut y distinguer trois
parties.

Au centre et à la sortie de l'orifice, une partie bleue,
plus ou moins foncée, plus ou moins développée, suivant
la nature et la vitesse du gaz : elle est constituée par le
gaz lui-même, non altéré avant qu'il ait reçu le contact
de l'air. La seconde partie de la flamme est celle où
commence la combustion : c'est la partie la plus éclairante. L'éclat d'une flamme dépend du gaz, et de la
manière dont la combustion s'opère. Par exemple, la
flamme de l'hydrogène pur a fort peu d'éclat, tandis
que celle des hydrocarbures est beaucoup plus éclai-

rante. Cette différence tient à ce que, sous l'influence de la chaleur, les hydrocarbures se décomposent ; le carbone, avant la combustion complète, reste en suspension à l'état solide et incandescent dans la flamme, et envoie des rayons lumineux.

Dans la troisième partie de la flamme, la combustion se continue ; elle est beaucoup moins éclairante, parce qu'il n'y a que peu ou point de carbone en suspension.

Quand on mélange l'air et le gaz combustible avant de les enflammer, la combustion complète se fait encore plus facilement et plus rapidement ; alors la flamme est courte, bleue et peu lumineuse, parce qu'il n'y a pas de dépôt de charbon incandescent au milieu. Mais cette flamme est très chaude, et ne s'éteint plus au contact des corps froids.

Cette disposition est réalisée dans le bec Bunsen, qui se compose d'un cylindre en cuivre, à la partie inférieure duquel le gaz est amené par un tube étroit ; à la hauteur de l'orifice de dégagement, se trouvent, dans le manchon métallique, deux ouvertures qui donnent accès à l'air atmosphérique, et qu'une virole permet d'obturer partiellement ou totalement.

Le mélange du combustible et de l'air se fait dans le cylindre avant la combustion, et la flamme, au sommet, est courte, bleue, non éclairante ; on peut y placer un corps froid, sans déterminer un dépôt de noir de fumée. Si l'on supprime l'accès de l'air, la flamme devient longue, molle, jaunâtre, et un corps froid placé au milieu se recouvre de noir de fumée.

### Vitesse de la propagation de flamme.

La vitesse de propagation est très variable, avec la nature et la proportion des éléments gazeux.

Elle dépend aussi de l'état d'agitation des gaz, et enfin, pour un même mélange gazeux, peut atteindre des valeurs très différentes, suivant le mode d'inflammation.

Quand on enflamme le mélange à l'extrémité du tube, trois cas différents peuvent se présenter :

1º Si la vitesse d'écoulement du mélange gazeux est supérieure à la vitesse de propagation de la flamme, celle-ci ne pourra subsister et s'éteindra.

2º Si la vitesse d'écoulement du mélange gazeux est inférieure à la vitesse de propagation de la flamme, celle-ci rentrera dans le tube. Si ce tube est suffisamment étroit, l'action refroidissante des parois suffira pour l'extinction de la flamme, à une distance d'autant plus faible de l'orifice du tube, que le diamètre sera plus faible.

C'est ainsi qu'une toile métallique agissant comme surface refroidissante, suffit pour arrêter la propagation de la flamme dans un mélange gazeux, et empêcher le bec Bunsen de brûler en *dedans*, ce qui permet d'employer des mélanges combustibles avec une faible vitesse, sans que la flamme traverse les ouvertures de la toile métallique.

L'un des mélanges gazeux pour lesquels la vitesse de propagation de la flamme est le plus considérable, est le mélange d'oxygène et d'hydrogène ; de là, les difficultés dans l'emploi de ce mélange.

3° Enfin, si la vitesse de propagation est à peu près égale à la vitesse d'écoulement du mélange gazeux, la flamme se maintiendra d'une façon permanente à l'extrémité du tube.

Nous allons résumer les conditions d'une bonne combustion, car ces différents principes ont été utilisés dans la disposition des appareils d'éclairage dont nous allons faire l'étude :

1° Faire arriver l'air au contact du combustible en proportion convenable.

2° Produire le mélange de l'air et des gaz combustibles.

3° Maintenir une température assez élevée dans le milieu où s'opère la combustion.

Lorsqu'on opère la combustion du gaz d'éclairage dans un bec Bunsen, la flamme ne rayonne que 70 pour 100 de la chaleur rayonnée par la même quantité de gaz, brûlé en flamme éclairante. Vient-on à placer dans la flamme un treillis de magnésie, zircon, yttrium, thorium, il devient incandescent.

Le brûleur type Bunsen (fig. 15, 16, 17) employé pour produire l'incandescence, se compose : 1° d'une pièce A ou dé d'admission du gaz, percée de petits trous, par lesquels le gaz entre dans l'appareil, et dont le nombre varie suivant le n° du bec. par exemple, pour les becs Auer :

3 pour les becs n<sup>os</sup> 0 et 1.

5 pour les becs n° 2.

Ce dé A est vissé à la partie inférieure de la pièce B, appelée la cheminée, qui a environ 10 c. de hauteur, et de 9 à 11 mm. de diamètre : elle est munie, à sa partie supérieure, d'un collet destiné à augmenter la section de la flamme, et à l'amener à 16-18 mm., diamètre du manchon.

Ce collet est recouvert d'une toile métallique, légèrement bombée, destinée : 1° à répartir bien également le mélange d'air et de gaz à la sortie de l'appareil ; 2° à empêcher le retour de flamme qui pourrait enflammer le gaz à sa sortie du dé A, ce qui provoquerait la destruction de la cheminée. Enfin, pour écarter la flamme et lui donner à peu près la forme du manchon, on fixe au centre de la toile métallique un cône en fer ou en cuivre ; de cette façon, le manchon est bien léché dans toute sa surface, et bien rempli par la flamme du gaz.

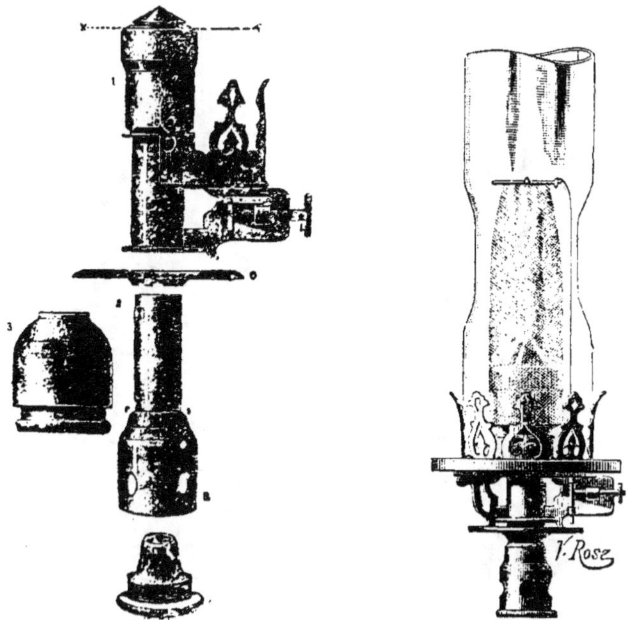

Fig. 15 et 16.

A la partie inférieure de la pièce B, se trouvent 4 trous pour l'admission de l'air ; dans ce dispositif il peut arriver qu'un courant d'air vienne souffler par les ouvertures, et chasse le gaz par ces mêmes ouvertures, ce qui produit des variations dans l'éclairage ; on peut y remédier de plusieurs façons, en faisant sortir le gaz plus haut que ne se fait l'entrée d'air, ou en plaçant autour des ouvertures une virole V, dont les trous sont en chicane avec ceux de la cheminée.

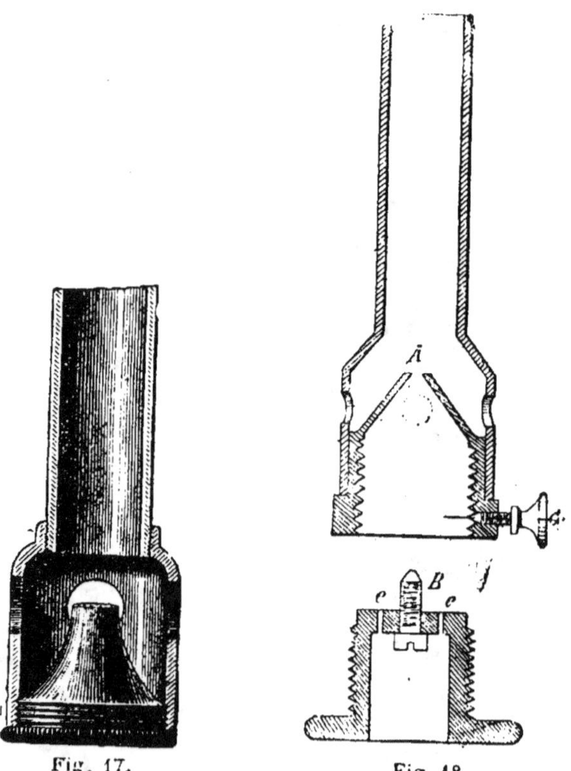


Fig. 17.          Fig 18.

Un autre système, qui donne de très bons résultats, est celui dans lequel l'air, au lieu d'arriver latéralement, s'introduit par la partie inférieure de la cheminée en cuivre. Quelle que soit la disposition adoptée, on doit, en principe, s'arranger pour que la grandeur des trous soit telle, qu'il entre dans l'appareil 7 à 8 volumes d'air pour un volume de gaz.

La fig. 18 représente la disposition du bec Oberlé, qui se compose d'un ajutage conique A, pouvant être plus ou moins obturé au moyen d'un pointeau B, que l'on peut régler au moyen d'un pas de vis, et fixé par une vis de serrage C. Le gaz arrive dans l'ajutage par les trous *e*.

Une rondelle C (fig. 15 et 16), ou une cloche C', descend le long du tube B, jusqu'à la naissance *rs* de la gorge de raccordement, avec la partie large du tube.

Cette pièce est destinée à empêcher que la flamme de l'allumoir pénètre par les trous d'air, et allume le gaz au bas du brûleur, c'est-à-dire à la sortie immédiate de A.

Dans le bec *diamant*, la tête du bec est tout entière en *stéatite*, qui a l'avantage sur le bec à tête métallique d'absorber moins de chaleur que le cuivre; la flamme n'étant plus refroidie par la conductibilité du métal, arrive au contact du manchon avec toute son intensité.

Sur la cheminée se monte une galerie D, d'où sort la flamme du chalumeau. Cette galerie est arrêtée par la rondelle C, et supporte le porte-verre, qui lui est fixé par trois montants, dont l'un porte un petit canal K, où passera la tige de support du manchon, dans le cas d'une suspension latérale maintenue par une vis de serrage L.

Pour avoir une flamme toujours régulière, il faut que la pression du gaz, et par suite son débit, soit constante, et non sujette aux variations qui se produisent toujours dans les canalisations des grandes villes.

Le réglage au robinet est très difficile. On a cherché différents moyens : 1° en disposant une vis sur le conduit ; quand à certains momen's la pression devenait trop forte, en enfonçant la vis dans le tube, on diminuait le débit, mais cette manière d'opérer présentait l'inconvénient de briser la force ascensionnelle du gaz, et le mélange avec l'air ne se faisait plus régulièrement.

Il est préférable d'intercaler au-dessus du robinet un petit régulateur à glycérine, ou un régulateur sec, qui fonctionne automatiquement par la pression même du gaz.

Généralement. le compteur ou les conduites principales à l'intérieur de la maison à éclairer, ont été calculés avec parcimonie, sans prévoir des besoins qui se sont produits par la suite ; il résulte. de ce chef, de grandes variations d'un bec à l'autre, et de grandes variations au même bec, si l'on fait varier d'une façon considérable la proportion des becs allumés.

On voit par là combien il est difficile de maintenir à chaque bec son débit normal, et que l'emploi de régulateurs s'impose pour chaque bec.

Ces régulateurs sont basés sur le même principe, qui consiste à produire le déplacement de petits obturateurs, lesquels augmentent ou diminuent la section de départ du gaz, suivant les besoins. On les divise en régulateurs *secs* et *humides*.

La fig. 19 représente le régulateur Giroud; il est formé par une petite cloche métallique, percée d'un trou, et renversée sur une petite cuve contenant de la glycérine ou de l'huile d'amandes douces. La cloche est munie, à sa partie supérieure, d'une pointe conique, pouvant s'engager plus ou moins dans la conduite de départ ; il

en résulte que la sortie du gaz se trouve plus ou moins
étranglée. On construit des becs munis de leurs régulateurs. Les régulateurs humides présentent un inconvénient, provenant de l'emploi d'un liquide qu'il faut renouveler de temps en temps. On préfère à ce point de
vue les régulateurs secs, qui n'exigent aucun entretien.

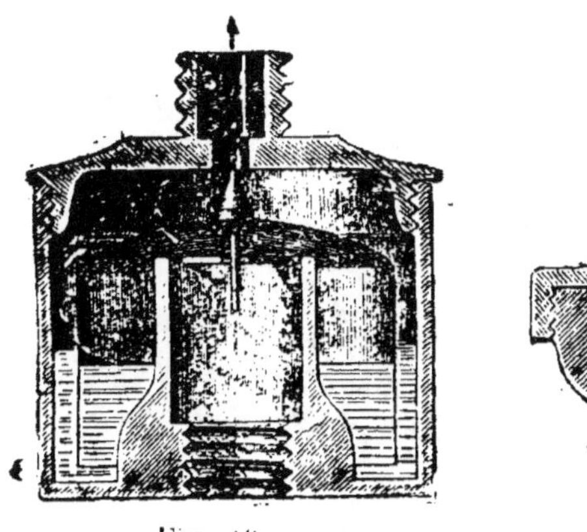

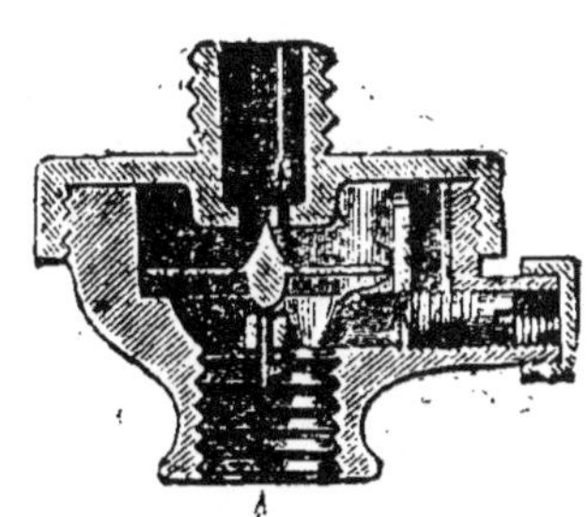

Fig. 19.                         Fig. 20.

La fig. 20 représente un régulateur sec qui se compose d'un disque métallique léger, pouvant se déplacer
dans le tuyau d'arrivée du gaz, sous l'action du courant
gazeux ; il porte une partie cylindrique, qui dans son
mouvement d'ascension, ferme plus ou moins l'orifice
de sortie du gaz, jusqu'à ce que la différence de pression
exercée par le disque soit constante, et égale à son poids.
Ce rhéomètre est moins sensible que le précédent ; la
moindre impureté peut arrêter son mouvement, mais il
n'exige aucun entretien.

La fig. 21 représente le régulateur employé sur les
becs Auer ; il est exactement basé sur le même principe
que le précédent ; la fig. en fera comprendre suffisamment la disposition.

Voici le résultat de quelques expériences faites avec ce régulateur. La pression nécessaire pour soulever la rondelle étant de 10 millimètres environ, la perte de pression due à l'étranglement du gaz au passage des trous étant de 8 millimètres, il en résulte que ce régulateur ne commence à fonctionner qu'à partir de 18 à 19 millimètres, et maintient toujours cette pression pour un débit constant.

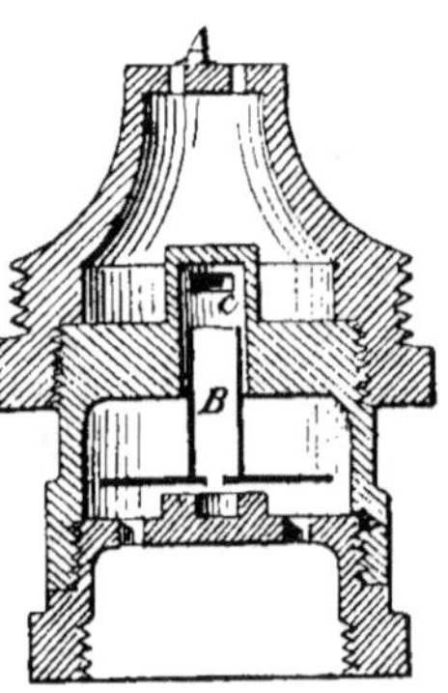

Fig. 21.

Les variations de pression ont une influence sur le débit des becs Auer. Pour un bec n° 1 ou n° 2, ayant son débit normal sous une pression de 20 millimètres, la variation est de deux litres 1/2 par chaque millimètre, de variation de pression.

Pour un bec ayant son débit normal à 40 millimètres la variation de débit est de 1 litre 1/2 par chaque millimètre de variation de pression.

Dans les cas où on n'emploie pas de régulateurs, le débit normal est assuré par le réglage des trous d'admission du gaz : si le débit est trop faible, on les élargit ; le moindre agrandissement des trous produit des différences considérables dans le débit ; il ne faut donc user de l'alésoir ou épinglette qu'avec prudence ; il faut toujours introduire la pointe de bas en haut, afin de refouler le métal dans le sens de la marche du gaz, et de répartir l'agrandissement sur tous les trous, sans cela le manchon serait irrégulièrement incandescent.

Si le débit est trop fort, on le diminue en matant la rondelle qui porte les trous d'admission du gaz, au moyen du matoir représenté fig. 29. On doit frapper avec un marteau léger, et à petits coups, en faisant tourner le dé d'admission de manière à répartir le matage également sur tous les trous.

Pour avoir une bonne incandescence du manchon, il faut donner à chaque bec *sa combustion normale*.

La combustion normale donnant le maximum d'incandescence, se produit lorsque le mélange d'air et de gaz est tel qu'il y n'ait pas trop d'air, mais qu'il y en ait assez pour produire la combustion complète du gaz.

Deux cas peuvent se présenter dans la combustion : si l'on diminue l'arrivée d'air, la combustion est incomplète ; dans le cas d'excès d'air, il se produit un refroidissement, qui peut abaisser la température au-dessous de celle de combustion. Par conséquent, pour obtenir une combustion parfaite, il faut que la surface d'admission de l'air et celle des trous d'admission du gaz restent dans un rapport déterminé, c'est-à-dire que la surface des trous d'admission d'air varie constamment avec la pression. Supposons les trous d'entrée d'air constants en diamètre et en position : la vitesse du gaz varie avec la pression ; or, le dé d'injection agit comme un véritable appareil Giffard, c'est-à-dire qu'à une certaine hauteur au-dessus du plan de l'injecteur, l'air qui est entré dans le brûleur avec une vitesse nulle, a pris progressivement une vitesse de déplacement sensiblement égale à celle du gaz. Par suite, le volume d'air introduit, qui dépend de la surface des trous et de la vitesse du gaz, est absolument variable avec la pression de ce dernier. On peut faire varier la quantité d'air admis à vitesse égale, en faisant varier la position en hauteur des trous d'admission d'air ; en effet, plus les trous d'air sont abaissés par rapport à l'injecteur, et plus la direction des molécules d'air appelées par le gaz devient oblique, par rapport à la surface d'entrée. La surface d'entrée utile, c'est-à-dire la section droite du cylindre ayant pour base le trou d'entrée, et pour direction la droite qui joint le centre de ce trou au centre du plan de l'injecteur, devient de plus en plus petite au fur et à mesure que les trous d'air s'abaissent.

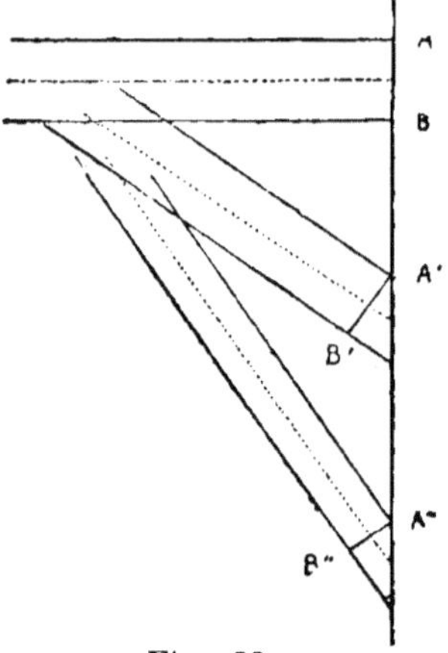


Fig. 22.

On voit sur la fig. 22 que AB est beaucoup plus grand que A'B', qui est lui-même bien plus grand que le diamètre A"B" du cercle formant la section droite du cylindre d'entrée d'air.

On peut également régler l'arrivée d'air au moyen

d'une bague percée de 4 trous, qui se superposent aux trous d'air du brûleur ; cette bague forme un véritable registre d'admission d'air ; elle permet d'admettre le volume d'air qui donne la meilleure lumière, et prévient le ronflement.

La flamme du brûleur se compose de deux parties : une partie d'un bleu clair, d'autant plus vive qu'elle est moins développée ; et une partie violacée très peu lumineuse. Le bleu clair est froid, la partie violacée est chaude.

Il est donc important que la partie bleu clair ne touche pas le manchon ; car non seulement elle ne le rend pas lumineux, mais lorsqu'elle le touche, elle produit des taches noires et des dépôts de carbone. Du reste, en promenant une parcelle de manchon au bout d'une tige de nickel, dans les différentes régions de la flamme, on peut distinguer, par l'éclat de cette parcelle de manchon, les parties chaudes des parties froides de la flamme, et se rendre compte de la forme que doit avoir cette flamme, pour que le manchon donne le maximum d'incan tescence à son contact.

### Pose du manchon.

On retire le manchon du tube sans le faire tourner, et l'on fait glisser doucement la tige à travers le canal K (fig. 15), jusqu'à ce que le manchon couvre la tête du brûleur, et soit à sa hauteur normale.

La hauteur normale du manchon est déterminée par la distance entre le sommet de la tige, et le haut du plan du brûleur ; elle varie, suivant le n° des becs, de 4 à 6c. Si le manchon est un peu plus haut, il peut, avec un ex-

cès de gaz, donner plus de lumière ; mais à son débit
normal, il peut, pour 1 cm. de différence en plus, diminuer de 1 à 2 carcels ; il faut donc éviter de donner trop
de hauteur au manchon, dans l'espoir d'augmenter la
lumière.

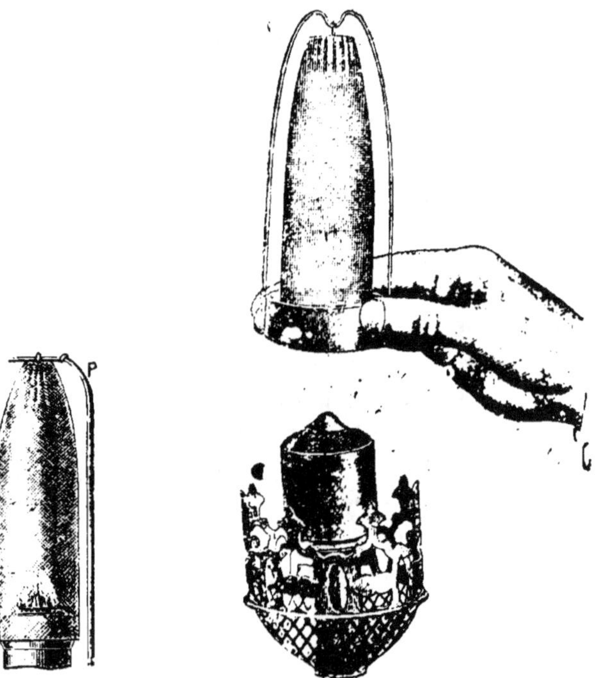

Fig. 23 et 24.

Le centre de l'anneau de la tige porte-manchon doit
être à l'aplomb du centre du brûleur ; on peut l'y ramener en agissant doucement avec une pince plate, appli-
quée le plus près possible du point fixe, déterminé par
le serrage de la vis.

La tige externe (fig. 23) présente un gros inconvénient:
sous l'influence de la chaleur, elle plie, et cela entraine

la rupture du manchon ; il se peut qu'elle se rapproche trop du verre, et comme elle est très chaude, elle cause la rupture du verre, et par suite, celle du manchon. La fig. 25 représente un dispositif fort ingénieux, celui de la tige centrale. Le manchon est soutenu par une petite potence en nickel, serrée sur la tige par l'intermédiaire d'un écrou. La tige fait corps avec un godet, qui vient se placer sur le renflement de la cheminée du brûleur.

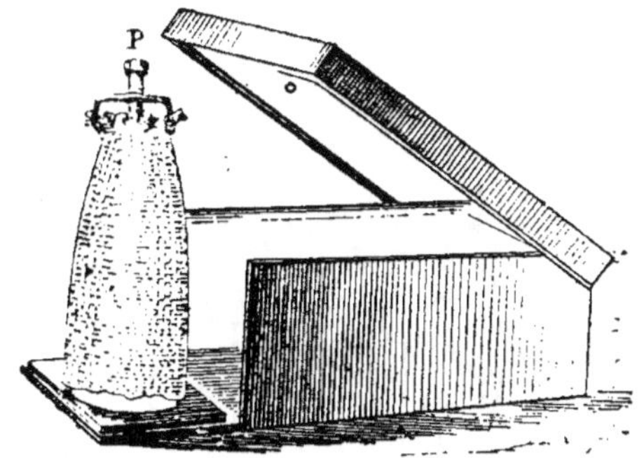

Fig. 25.

La tige centrale ne touche jamais le verre, et maintient le manchon dans son aplomb ; dans le bec Oberlé (fig. 24), le manchon est supporté par une tige double en forme d'arcade, qui protège le manchon contre les chocs que peut produire la cheminée. Quand on la pose ou qu'on l'enlève, la partie inférieure du manchon est protégée par une petite galerie, qui lui donne en même temps un aspect plus régulier. Ces manchons sont livrés dans une petite boite en carton articulée (fig. 25). Après avoir retiré le couvercle de la boite, on saisit avec précaution, entre le pouce et l'index, le petit bouton molleté P, pour enlever, sans le toucher, le manchon avec son armature et le placer ensuite sur le brûleur prêt à le recevoir.

## Réglage des becs.

Les becs doivent être réglés de façon que la partie bleue de la flamme ne dépasse pas le grillage, et moutonne à sa surface. Le débit se règle au moyen du manomètre (fig. 27) et du compteur de consommation, représenté fig. 26, qui se compose d'un cylindre à l'intérieur

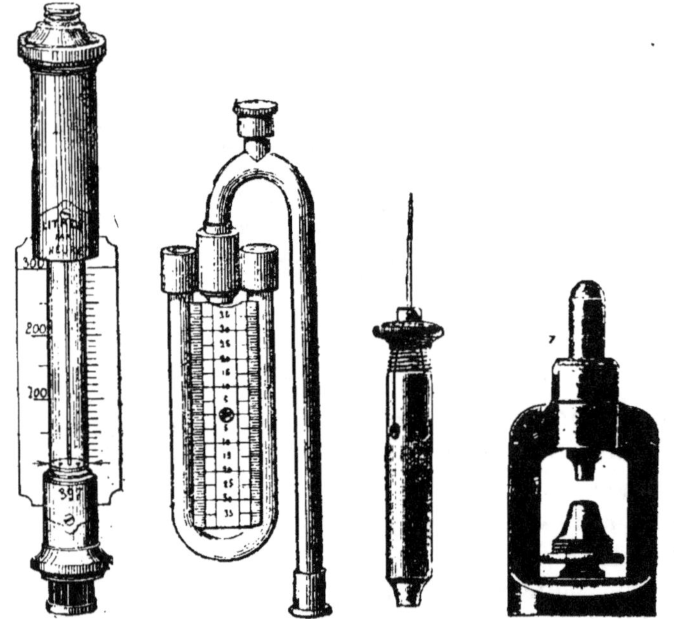

Fig. 26, 27, 28, 29.

duquel se déplace un obturateur mobile, percé de petits trous, et qui prend une position d'équilibre pour un débit déterminé. Supposons un débit de 100 litres : si le débit est inférieur, on ouvre les trous d'arrivée avec un

alésoir (fig. 28) ; si le débit est supérieur, on opère un
matage, avec un matoir (fig. 29), opération qui a pour
but de diminuer les trous. Pour les becs du système
Oberlé, il suffit de deserrer la vis latérale, et de tourner
le bouton à molette dans un sens ou dans l'autre, de
manière à élever ou à abaisser le pointeau dans l'ajutage conique.

Le tableau suivant, dressé à la Cⁱᵉ Parisienne du gaz,
indique le pouvoir éclairant de ces différents appareils.

| Dépense horaire | Intensité sur l'horizontale | Dépense par carcel |
|---|---|---|
| 48 litres | 1,042 carcels | 46,1 litr. |
| 52 | 1,633 | 31,7 |
| 57 | 2,062 | 24,5 |
| 63,5 | 2,588 | 24,5 |
| 69 | 2,254 | 23,6 |
| 76 | 2,819 | 26,9 |

Le rendement de ces becs est très satisfaisant ; on obtient la carcel-heure, avec une moyenne de 30 litres ;
mais il diminue avec le temps, et la consommation atteint alors 64 litres par carcel-heure, au bout de 500
heures.

Les trois modèles construits actuellement consomment
50, 80, et 115 litres ; le premier donne la carcel-heure
avec 24 litres, et le dernier avec 21 litres.

Dépense comparative par carcel-heure de différents becs.

| | |
|---|---|
| Bec à papillon. . . . . . | 127 litres |
| Becs à verre. . . . . . . | 110 à 85 |
| Becs à récupération. . . | 70 à 50 |
| Becs à incandescence. . | 20 à 15 |

en appliquant à ces consommations le prix de 30 c. le mètre cube :

| Désignation | consommation moyenne | dépense par carcel-heure |
|---|---|---|
| Bec papillon | 127 | 3,81 cent. |
| Bec à verre | 90 | 2,70 |
| Bec à récupération | 50 | 1,50 |
| Bec à incandescence | 15 | 0,45 |

# CHAPITRE V.

Fabrication des manchons. — Incinération. — Montage sur tige.
— Emballage. — Matériel de fabrication. — Durée des manchons.

## Fabrication des manchons.

Les manchons sont en coton ou en fil, tissés au métier
de bonnetier, avec des fils dont les $n^{os}$ sont compris
entre 70 et 80 ; ils ont 80 mailles à la circonférence ; ils
sont soumis à une série de lavages, pour en éliminer la
matière minérale qu'ils contiennent : 1° lavage à l'ammoniaque pour éliminer les matières grasses ; 2° à l'a-
cide chlorhydrique à 10 0/0 pour éliminer la chaux, la
baryte, etc. ; puis passage dans l'eau tiède ; enfin, lavage à grande eau ; après quoi, on termine par un rin-
çage à l'eau distillée.

Au moment de sa préparation, le manchon est coupé
en deux parties égales, destinées à former deux manchons
de 17 à 19 cm. Les oxydes destinés à produire l'incandescence sont dissous dans la proportion de 108 gr. d'oxydes
anhydres par litre d'eau distillée ; avec un litre de la
dissolution contenant 225 gr. de nitrate, on fait à peu
près de 190 à 200 manchons. Le liquide est placé dans
une cuvette plate en verre, et le manchon est trempé
dans la solution pendant un quart d'heure ; il faut comp-

ter en moyenne 4 grammes de liquide par manchon. Cette opération exige une extrême propreté de la part de l'ouvrier qui manipule les manchons.

Ceux-ci sont ensuite suspendus par le milieu, et séchés sur des fils de nickel parfaitement propres, dans une pièce ni trop sèche ni trop humide.

Lorsqu'ils ne possèdent plus qu'un certain degré d'humidité, on les passe à l'essoreuse.

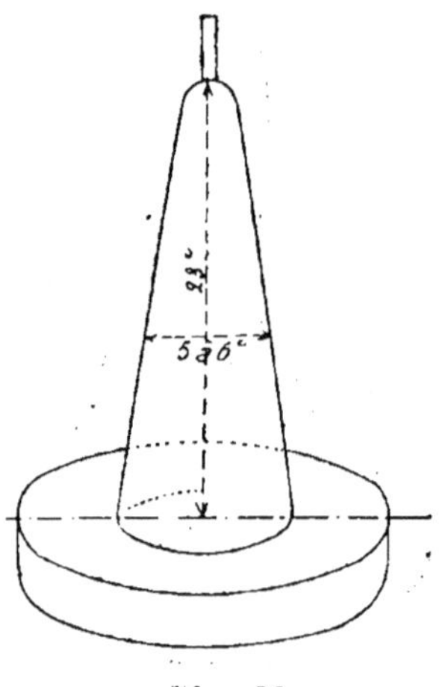

Fig. 30.

Cet appareil se compose de deux petits cylindres de 4 centimètres de diamètre, recouverts de caoutchouc, et superposés ; le cylindre inférieur est fixe, le cylindre supérieur est animé d'un mouvement de rotation par l'intermédiaire d'une manivelle : le liquide provenant de l'essorage est recueilli, et pourra servir ultérieurement. Le manchon, après imprégnation, est porté dans une étuve à 50° ou 60° environ ; au bout d'une demi-heure, il est complètement sec, puis il est déposé sur un mandrin, qui se compose d'un bloc de bois, de forme tronconique, représenté fig. 30, de 23 centimètres de hauteur. sur 5 ou 6 centimètres de diamètre. On tend le manchon sur le mandrin, en ayant soin d'éviter les faux plis ; le manchon possède alors, suivant les n^os, une longueur de 22 à 24 centimètres. Son sommet est *tullé*, c'est-à-dire que sa tête est couverte de tulle, ou porte un ourlet de un centimètre, qui est enduit d'une couche de *fixine* (composé à base de zircon ou de nitrate d'alumine), avec un pinceau, afin d'éviter le coulage sur le manchon. Cette opération a pour but de donner de la résistance à la tête du manchon.

On emploie également le procédé suivant, qui consiste à plonger 1 cm. de la partie supérieure du manchon dans une solution nitrique de 250 gr. de magnésie par litre ; ce nitrate de magnésie, en se décomposant, fournit une épaisseur de magnésie suffisante pour donner de la solidité à la tête du manchon.

A celle-ci, se trouve coulissé un fil d'amiante au moyen duquel le manchon est suspendu sur sa tige : on distingue trois modes de suspension :

1° La tige-potence ;

2° La tige couronne, qui exige deux fils d'amiante (les tiges doubles, bec Oberlé) ; la tige latérale présente l'inconvénient de se courber en présence de la flamme, et le manchon touche le verre. ce qui entraine la rupture du verre et du manchon.

3° La tige centrale. Le manchon peut être soudé sur la tige, par l'intermédiaire d'un mélange de silicate de potasse et de magnésie.

### Incinération des manchons.

On soulève délicatement le manchon par sa tige, et on enfonce celle-ci dans une plaque de liège, ou dans des trous disposés à cet effet sur le bord d'une table ou dans une pièce de bois.

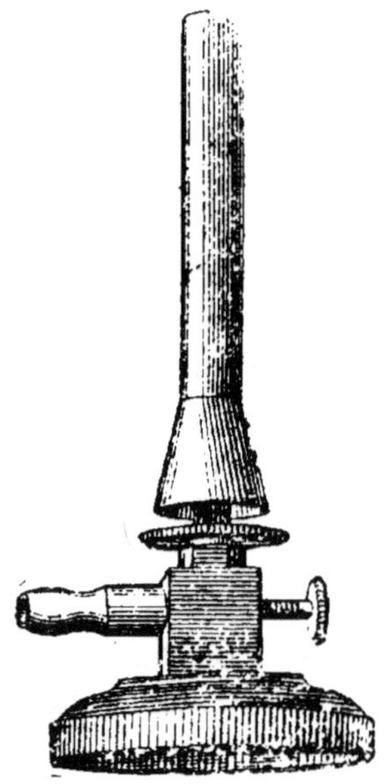

Fig. 31.

On brûle le manchon en commençant par la tête, avec la pointe bleue d'un bec Bunsen parfaitement réglé ; la combustion se propage rapidement, et bientôt toute la cellulose est détruite ; en même temps que le coton disparaît, les nitrates terreux qui l'accompagnaient ont été décomposés par la chaleur, et ont fait place à un sque-

lette d'oxydes d'une finesse extrême, ayant identiquement
la forme du tissu primitif. Quand toute la cellulose est
détruite, les oxydes ayant été peu chauffés sont encore
très mous ; ils ont conservé la flexibilité originelle du
tissu ; il faut, à ce moment, calciner fortement.

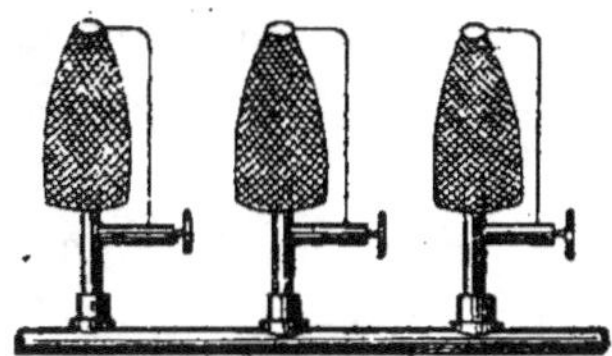

Fig. 32.

Une ouvrière appelée incinéreuse, fait tournoyer un
bec Bunsen (fig. 31) à l'intérieur du manchon, afin d'é-
viter les creux, et de faire prendre au manchon la forme

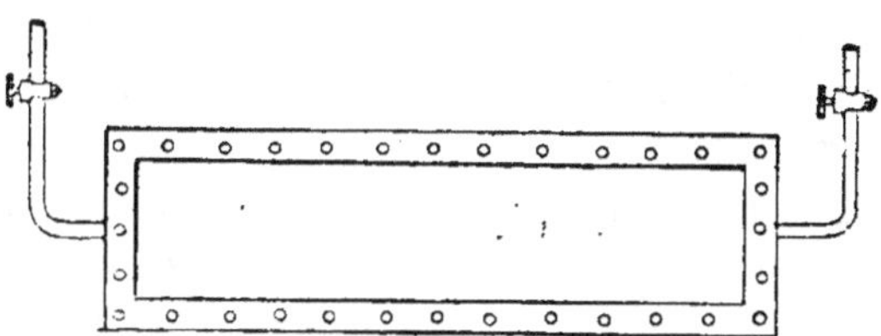

Fig. 33.

d'un pain de sucre. Cette opération, très délicate, dans
laquelle il faut éviter les chocs, est généralement exé-
cutée par les femmes. Elle dure en moyenne de 8 à 10
minutes. Pour terminer, on porte le manchon à un brûleur sur rampe, qui ne brûle pas bleu, et dont la flamme
sort à travers les mailles du manchon. On commence
l'incinération sur rampe en enfonçant le manchon jusqu'à moitié, et on le soulève graduellement (fig. 32, 33).
Cette opération qui porte le nom de *cuisson* du man-

chon, dure de une heure à une heure et demie; les rampes employées se composent de 80 à 100 becs, espacés de 10 cm. environ. Une seule ouvrière peut surveiller la cuisson de quarante à cinquante manchons. Après cette opération, le manchon a acquis de la cohésion. De 18 cm. qu'avait le tissu, il ne reste plus que 7 cm. environ sur une largeur de 1 cm. 1/2 à 2 cm., et il pèse de 0 gr. 5 à 0 gr. 55.

Une ouvrière peut incinérer 100 manchons par jour. Les ouvrières, doivent faire ce travail avec des lunettes bleues, afin d'éviter les ophthalmies qui pourraient se produire sous l'influence de cette vive lumière.

### Incinérateur pour manchons.

Ce nouvel incinérateur (fig. 34) permet d'incinérer et de cuire les manchons très rapidement, sans l'emploi *d'ouvriers speciaux*.

Il se compose d'un Bunsen, avec bague de réglage D et vis de réglage d'admission du gaz E. Ce bec est fixé au moyen d'une vis de serrage V sur support P. Ce dernier porte une tige L, ayant à son sommet une échancrure, dans l'intérieur de laquelle on fixe la tige qui supporte le manchon.

Sur la partie C du Bunsen, on fixe une pièce appelée *toupie*, formée d'une cheminée métallique perforée, et de forme tronconique. L'opération se fait de la façon suivante :

1° On place le manchon sur la toupie ; on ferme la bague D, le gaz brûle à blanc, et produit l'incinération.

2° On soulève la tige L, et l'on retire la toupie ; on replace le manchon sur le bec, on ouvre la bague de

réglage D ; le bec Bunsen brûle bleu, et produit la cuisson du manchon ; l'opération dure 12 minutes.

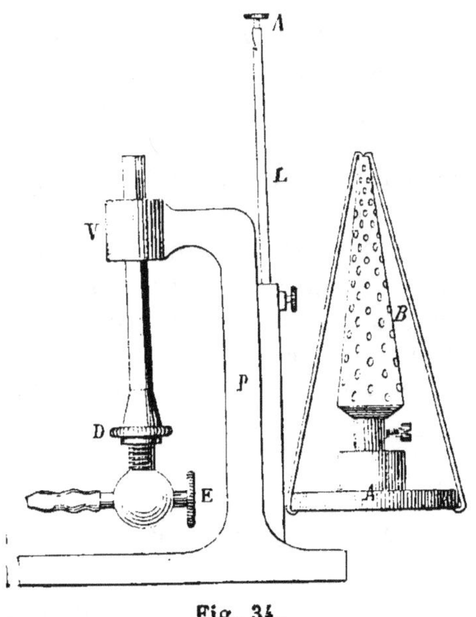


**Fig. 34.**

## Collodionnage des manchons.

Les manchons sont  ensuite plongés dans un  bain de
collodion, auquel on a ajouté 5 pour 100 d'huile de ricin,
et séchés ; ils peuvent alors être emballés ; ils ne doivent
pas présenter un  toucher doux, ce qui serait l'indice
d'un mauvais collodion.

### Emballage des manchons.

Chaque fabricant possède une mode d'emballage particulier. Le manchon peut être garni intérieurement de ouate, et placé sans sa tige avec de la ouate, dans un étui cylindrique.

La fig. 25 représente un mode d'emballage très employé ; le manchon solidaire avec son armature est contenu dans une petite boite en carton articulée, et il suffit, après avoir retiré le couvercle de la boîte, de saisir avec précaution le petit bouton molleté *P*, pour enlever sans le toucher le manchon avec son armature, et le placer ensuite sur le brûleur destiné à le recevoir.

### Flambage des manchons.

Après la mise en place, le manchon doit être décollodionné ; on le place le verre posé sur le bec, que l'on ouvre graduellement.

Les manchons ne doivent jamais être pressés entre les doigts, car ceux qui sont collodionnés et qui reçoivent des chocs, se brisent après le décollodionnage.

### Inconvénients des manchons.

Les manchons présentent quelques inconvénients; leur fragilité : ils sont détruits par le bris des cheminées de verre ; la difficulté du remplacement, l'ennui de man-

quer de lumière puisque les brûleurs, ainsi que nous
l'avons indiqué, brûlent avec une flamme non éclairante.

## Matériel pour la fabrication des manchons.

Liquide pour le trempage des manchons : prix variable. Actuellement le kilo de sel coûte 180 fr., soit
40 fr. 50 le litre de liquide.

Collodion spécial, litre, 6 fr.

Fixine, le prix du litre variant de 6 à 12 fr.

Cuvettes plates en verre, 2 fr., entonnoirs 0 fr. 25 et
verre de laboratoire 0 fr. 75.

Appareil d'incinération sur rampe : le prix des modèles de brûleurs varie de 3 fr. 25 à 3 fr. 50.

Tournette en cuivre 12 fr ; porte-becs de 12 becs :
1 fr. 50.

Tiges, pinces en bois, 0 fr. 50.

Mandrin, 2 fr. 50 à 3 fr. 50.

Manomètre en cuivre, 6 fr.

Compteur de consommation, 20 fr.

Trousse complète, 60 fr.

Incinérateur à soufflet ; trois modèles, 24 fr., 25 fr.,
35 fr.

Matoir 3 fr. 50 ; accessoires 1 fr. 25 ; taraud 3 fr. 50.

Pince plate, 1 fr. 50.

Pince coupante américaine, 4 fr. 50.

## Durée des manchons.

La durée des manchons et leur pouvoir éclairant sont
très variables. D'après des essais faits en Allemagne sur

différents brûleurs munis de leurs manchons, les résultats exprimés en bougies Hefner ont donné, pour une consommation de 100 litres de gaz, au début, des pouvoirs éclairants variant de (n° 1) 75,9, (n°2) à 27.7, au bout de 500 heures, pour (n° 1) 40,3, et au bout de mille heures, 26,4, tandis que pour le second type, au bout de 250 heures, on a trouvé 20,3.

# CHAPITRE VI.

Nouveaux brûleurs à incandescence. — Héliogène. — Lampes à
récupération.— Transformation des lampes à récupération.—
Brûleurs Bandsept. — Brûleurs Denayrouse. — Gaz spéciaux.
— Gaz à l'eau. — Gaz à l'air. — Luciole.


*L'Héliogène.* — Il se compose de deux parties dis-
tinctes : le brûleur et la plume. Le brûleur offre comme
particularité de débiter le gaz sous forme de nappe très
mince, ce qui permet d'avoir une combustion parfaite
et une puissance calorifique élevée dans un petit espace,

Fig. 35.

sans l'adjonction d'une cheminée de tirage pour par-
faire la combustion, par l'intermédiaire d'un bec Manchester en stéatite.

La plume (fig. 35) est composée de fils noués d'une certaine façon sur une âme métallique infusible ; les fi's

Fig. 35.

sont tous indépendants les uns des autres ; l'âme métallique est raccordée aux deux bouts sur un porte-plume

Fig. 37.

en nickel, formé de deux rinceaux rivés sur une bague oblongue en cuivre, découpée à jour.

Ainsi montée, la plume se place sur le brûleur (fig. 36,37), et se remplace avec facilité, en réalisant les mêmes opérations que pour les manchons ; une plume est bien brûlée lorsque, par la combustion, les brins sont inclinés naturellement de chaque côté, d'environ 45° vers le sol.

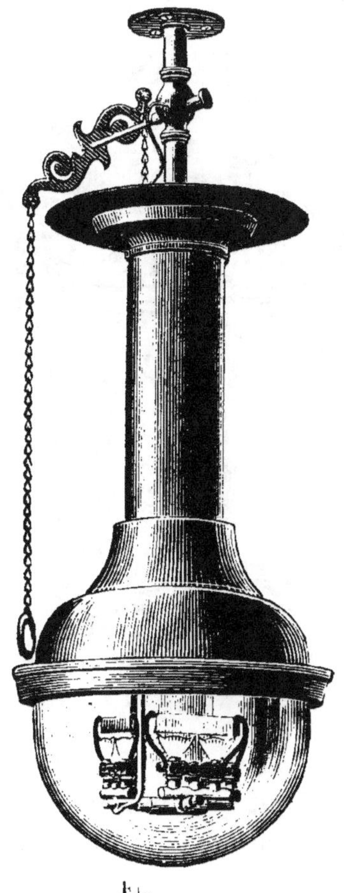

Par sa forme et sa construction, la plume est plus solide que les manchons, mais il ne s'ensuit pas qu'elle puisse résister aux chocs violents.

En prenant certaines précautions, elle peut durer de 1200 à 1400 heures.

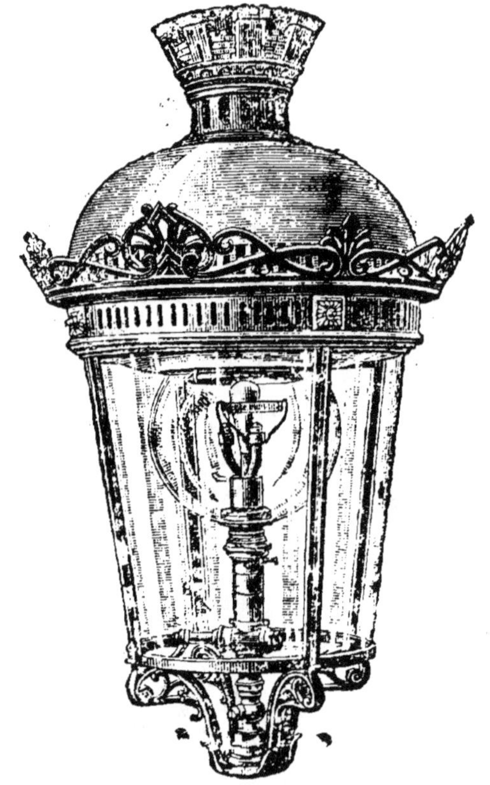

Fig. 39.

Le bec héliogène peut se substituer très simplement, sans transformation coûteuse, aux petits manchester groupés dans les lanternes à récupération (fig. 38, 39), et au champignon central dans les lampes d'éclairage intérieur, genre Wenham, Cromartie, etc

L'éclairage à incandescence  profite aussi des avantages qu'offrent la récupération et la combustion. par de l'air préalablement chauffé.

La suppression des cheminées donne un  grand intérêt à ces becs pour l'éclairage public, et pour les éclairages extérieurs. Ces pièces constituent en effet le point délicat de l'application des becs Auer aux lanternes extérieures. Les cheminées ordinaires en verre se cassent trop facilement, et les cheminées en baguettes jointives absorbent une quantité de  lumière évaluée à 1/3 de la lumière émise par le bec Auer.

Voici quelques résultats d'expériences, faites officiellement au laboratoire municipal de la ville de Paris.

*Lampe W n° 1.*

|  | carcels | Litres par carcel. |
|---|---|---|
| Horizontalement | 8,12 | 26.9 |
|  | 7,31 | 29,7 |
| Verticalement | 6.57 | 33 |
|  | 6,32 | 34.5 |
| 30° avec la verticale | 9,66 | 22,8 |
|  | 9,27 | 23.5 |
| 45° avec la verticale | 12,91 | 16,9 |
|  | 10,46 | 21 |
| 60° avec la verticale | 10,45 | 21 |
|  | 9,41 | 23,4 |
| Consommation de | 217 à | 220 litres. |

Ces lampes présentent surtout un réel intérêt pour les éclairages extérieurs, car l'inclinaison sur l'horizon que possèdent les fibres donne à la masse irradiante une position parfaite, pour renvoyer la lumière vers le sol. Ces

becs présentent donc la disposition caractéristique d'é-
clairer beaucoup mieux la zone régnant au-dessous d'eux,
que la zone supérieure.

Le bec héliogène pouvant se substituer dans les lampes à récupération, nous allons décrire sommairement
le principe et la disposition des types les plus connus.

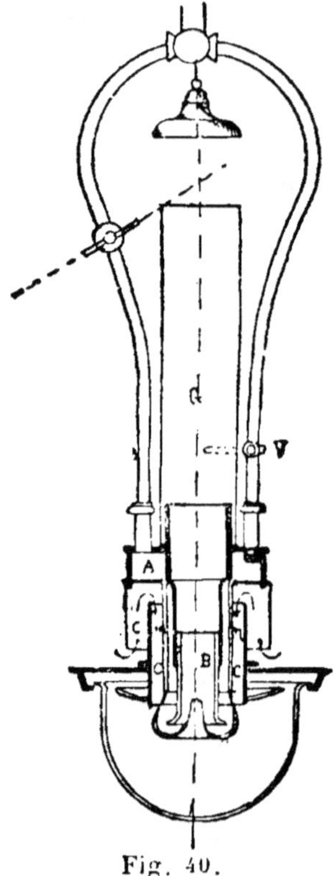



Fig. 40.

*Lampes à récupération.* — Tout corps combustible ne
s'enflamme qu'après avoir été porté à un certain degré
de température. Il en est de même dans les brûleurs à
gaz; le carbone ne brûle qu'après avoir été suffisamment

chauffé ; mais cette chaleur étant fournie par la chaleur
que dégage la source lumineuse elle-même, il en résulte
un abaissement de température dans la flamme ; or,
comme le pouvoir éclairant dépend de la température
des particules de charbon qui s'y trouvent en suspension, on comprend tout l'intérêt qu'il y a, non seulement
à ne pas diminuer cette température, mais à chauffer au
préalable le gaz ou l'air, ou les deux en même temps.

On se contente de chauffer l'air, qui présente le plus
grand volume, en moyenne 5 litres pour un litre de gaz.
Des essais récents de M. Sainte-Claire-Deville ont montré qu'en portant à 500° l'air de la combustion, on pouvait doubler le pouvoir éclairant d'une source lumineuse.
Au-dessus de cette température, l'intensité lumineuse
croît environ de 20 0/0, pour chaque élévation de la
température de 100 degrés. Ces principes furent appli-
qués en 1879 dans les brûleurs Siemens, représentés fig.
40. Le gaz arrive de haut en bas dans une chambre A,
d'où il est distribué à une série de tubes C, formant la
couronne du brûleur : la flamme est aspirée dans l'intérieur de la cheminée G, chauffe fortement les parois de
cette dernière, formée dans le bas par un cylindre B en
porcelaine, puis dans le haut par de la fonte ; une cheminée en tôle cylindrique G augmente le tirage.

L'air froid aspiré de l'extérieur en C, descend le long
des tubes du brûleur parallèlement au gaz, et s'échauffe
au contact des parois de la cheminée. La flamme est enfermée dans une coupe en verre. Un réflecteur renvoie
la lumière sur le plan horizontal. Ces brûleurs sont éta-
blis pour des consommations variant de 320 à 1245 litres ; ils donnent la carcel-heure avec 35 litres.

La combustion est très complète, car on ne trouve pas
de traces de suie dans la cheminée ; une veilleuse V
rend l'allumage facile.

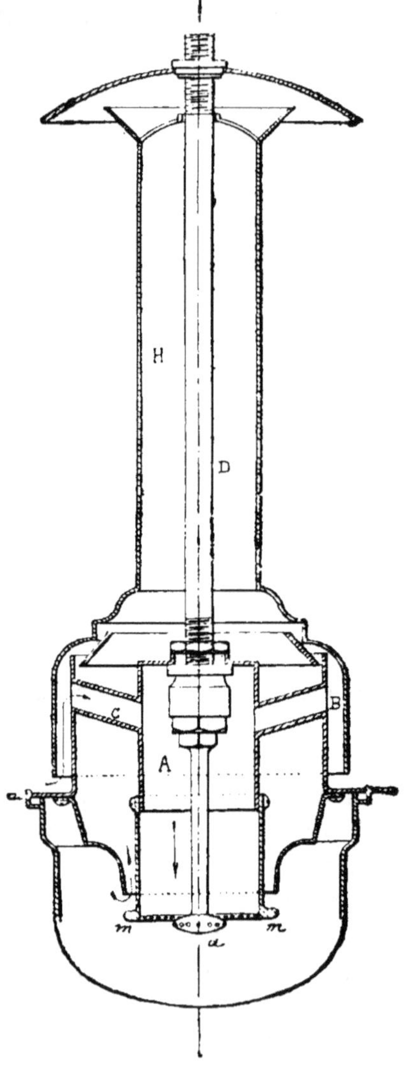


Fig. 41.

*Lampe Wenham.* — La lampe Siemens a été le point de
départ de nombreux brûleurs à récupération

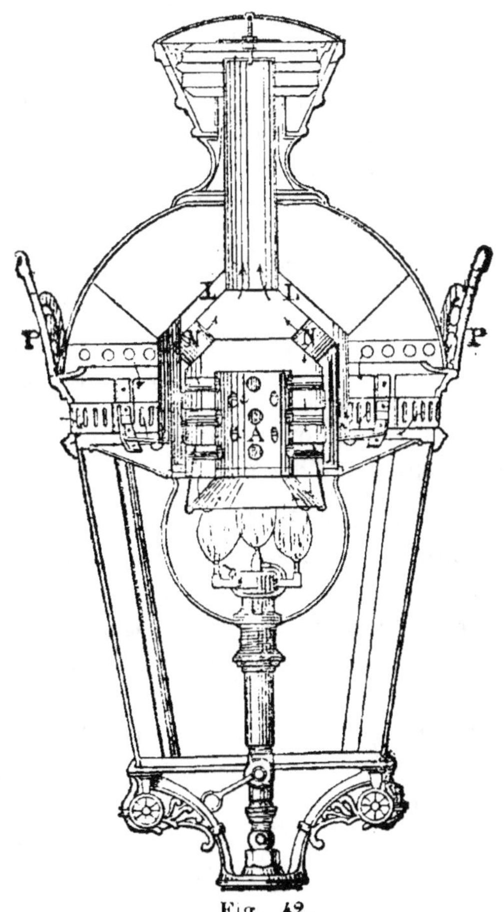

Fig. 42.

La lampe Wenham (fig. 41) se compose d'un  bouton
*a* en stéatite, vissé simplement à l'extrémité de la conduite distribuant le gaz horizontalement, bonne condition pour la combustion. D  est la conduite d'arrivée du

gaz, H la cheminée. La flamme se dirige de l'intérieur vers l'extérieur, en sens inverse du brûleur Siemens. A est la chambre de combustion ; B, prise d'air ; C, récupérateur en fonte ; $m$ est une couronne en porcelaine, préservant contre la flamme les bords de la chambre de combustion. Ces brûleurs consomment depuis 140 litres jusqu'à 900 litres. C'est dans la direction horizontale que leur intensité lumineuse est la plus faible.

| Direction | Intensité en carcels | Consommation | |
|---|---|---|---|
| | | totale | par carcel |
| Horizontale........ | 8,40 | 423 l. | 511,55 |
| Oblique........... | 10,80 | 433 | 41, 90 |
| Verticale ......... | 13,72 | 420 | 91, 77 |

La figure 38 représente une lampe Wenham transformée, avec le brûleur héliogène.

*Bec Lacaze et Cordier* (fig. 42). Ce bec est disposé pour donner l'intensité maximum sur l'horizontale. Il se compose de plusieurs becs verticaux, enfermés dans une verrine sphérique ; le gaz arrive par le bas, et se distribue aux brûleurs groupés sur une même couronne. Le récupérateur est formé par une série de tubes horizontaux, disposés en étoiles superposées les unes aux autres, et arrangées de manière à avoir leurs rayons croisés d'une rangée à l'autre.

Le gaz de la combustion circule à l'intérieur de ces conduits, et l'air comburant, au contraire, passe tout autour, s'échauffant par convection.

Le récupérateur est surmonté d'une cheminée par où s'échappent les produits de la combustion. Tout l'appareil se trouve logé dans une lanterne ronde, du type de la Ville de Paris. Des prises d'air sont ménagées en partie sur la lanterne et sur la base du chapiteau. Au lieu de laisser arriver directement l'air froid sur le récupérateur, on le force à circuler autour d'une enveloppe en cuivre, qui entoure ce dernier.

La couronne et le chapiteau de la lanterne sont séparés par des diaphragmes formant réflecteurs, et destinés à protéger la verrine contre la pluie.

La consommation de ces becs varie de 430 à 1200 litres à l'heure. On obtient la carcel-heure avec une dépense de 50 à 80 litres, suivant l'importance du brûleur. La fig. 39 représente une lanterne à récupérateur, transformée pour brûleur héliogène.

Ces lampes à récupération ont subi quelques améliorations au point de vue de la transmission de la chaleur à l'air comburant, par l'emploi des récupérateurs en nickel pur, sans soudure, de M. Mortimer Stirling, qui paraissent donner de bons résultats.

Nous allons maintenant étudier une série de nouveaux appareils, basés sur le principe qui consiste à produire un mélange parfait du gaz combustible et du gaz comburant.

### Brûleurs auto-mélangeurs-atomiseurs, Bandsept.

Ces appareils sont basés sur l'observation des phénomènes de combustion, et des moyens de les favoriser, de rendre la flamme plus indépendante du milieu ambiant, de faire disparaitre les zones de transformation chimique, qui empêchaient son homogénéité et nuisaient à sa puissance.

Le brûleur auto-mélangeur atomiseur résoud ce problème. Il se compose d'un bec à double ou triple entraînement, amenant le gaz déjà mélangé d'air à l'extrémité d'un tube métallique, percé de trous circulaires. Cet organe a pour but de pulvériser et de brasser les deux fluides, en les mélangeant intimement.

Ce mélange gazeux est refoulé au brûleur; ce mélange intime du comburant et du combustible supprime le cône obscur des brûleurs ordinaires ; la flamme atteint alors son maximum d'intensité, avec une répartition uniforme du calorique en tous ses points. Cet auto-mélangeur, employé pour l'incandescence, a pour but de faire produire aux manchons une quantité de lumière supérieure à celle des brûleurs ordinaires, tout en réduisant la consommation de gaz. Les manchons incandescents desservis donnent, d'après l'inventeur, avec ces nouveaux appareils, un effet utile atteignant 75 0/0 de celui obtenu par les autres procédés.

*Système Denayrouse.* — M. Denayrouse a réussi à utiliser dans de meilleures conditions le pouvoir éclairant du gaz, et même celui des essences minérales. D'après lui, le pouvoir éclairant du gaz deviendrait treize fois plus grand. Il s'agit, dans cette comparaison, de l'éclairage au gaz sans incandescence ; celui des essences, six à sept fois seulement.

Dans cet appareil, on mélange d'une façon très intime le gaz et l'air dans un brûleur Bunsen, et on augmente notablement le nombre des calories développées par la combustion.

Les gaz sont mélangés avant leur arrivée dans le brûleur Auer, puis refoulés à une très faible pression, au moyen d'un petit ventilateur installé sous le bec même, et actionné par un courant électrique provenant d'un accumulateur ou d'une canalisation de distribution. Ce n'est pas la seule fonction de ce courant : par la simple fermeture du circuit de l'appareil, il sert aussi à produire

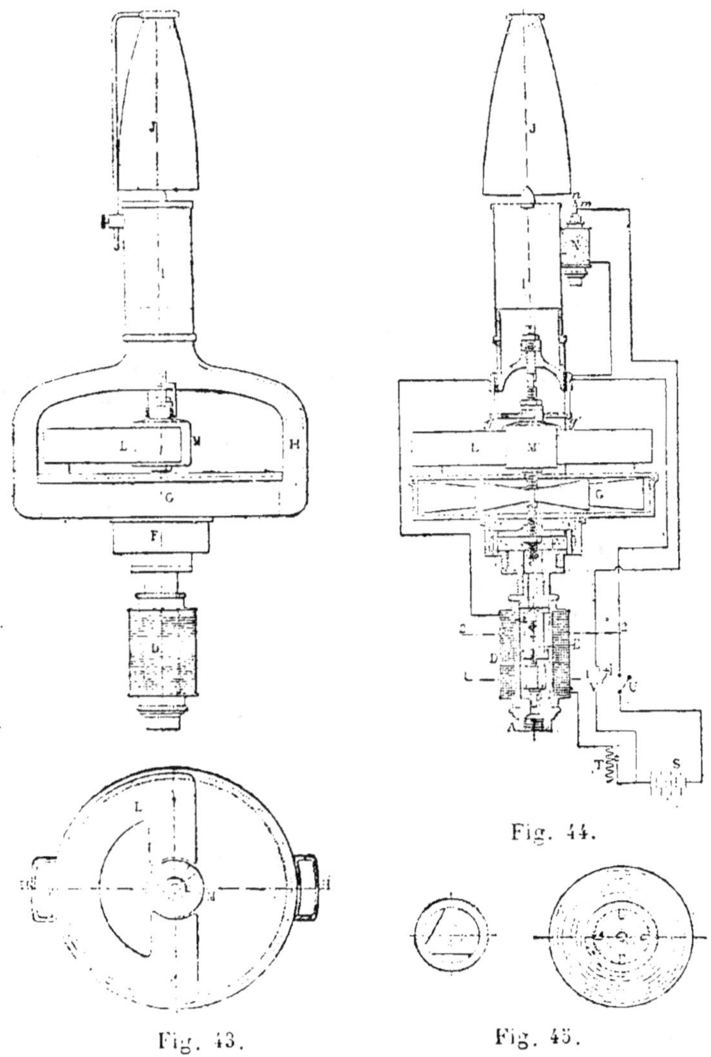

Fig. 43.

Fig. 44.

Fig. 45.

automatiquement à distance, l'admission du gaz au brûleur et son allumage,dès que le ventilateur commence à former le mélange gazeux. On estime la dépense d'énergie électrique à $\dfrac{1}{5000}$ de cheval pour un bec de 40 carcels ; le nouveau bec produit cette intensité lumineuse avec 300 litres environ de gaz à l'heure, alors qu'il en faut 125 à 130 litres pour donner la carcel dans un bec papillon d'éclairage public.

La fig. 43 représente la lampe Denayrouse ; la fig. 45 représente une coupe.

Le gaz arrive dans le raccord A,pourvu d'une soupape fixée au noyau mobile en fer du solénoïde D ; les déplacements de ce noyau, dont la section triangulaire ménage des passages au gaz (fig. 44), sont limités vers le haut par une vis de butée,formant un arrêt réglable,et logée dans le noyau fixe E, superposé au premier.

Lorsqu'on met l'appareil en circuit avec une source convenable d'électricité, on provoque l'attraction du noyau du solénoïde vers le haut, ce qui force la soupape à gaz à s'ouvrir. Le gaz s'élève dans les évidements triangulaires que ménage le noyau, traverse quatre rainures triangulaires, et débouche dans la chambre F.

La fig. 46 montre à une plus grande échelle cette partie de l'appareil ; le fond de la chambre F comporte un certain nombre de tubes $b$,ouverts à leurs extrémités, et disposés sur une circonférence ; l'air extérieur est aspiré dans ces tubes qui traversent des trous d'un plus grand diamètre,pratiqués dans le couvercle de la chambre F, de façon qu'autour de chac n d'eux existe un orifice annulaire, faisant communiquer cette chambre avec le tambour du ventilateur G, situé immédiatement au-dessus.

Le gaz traverse les passages annulaires, et à la sortie,

se mélange avec l'air ; puis le ventilateur effectue un brassage intime de ces fluides, qui sont en cet état refoulés à une très faible pression dans les canaux IIII.

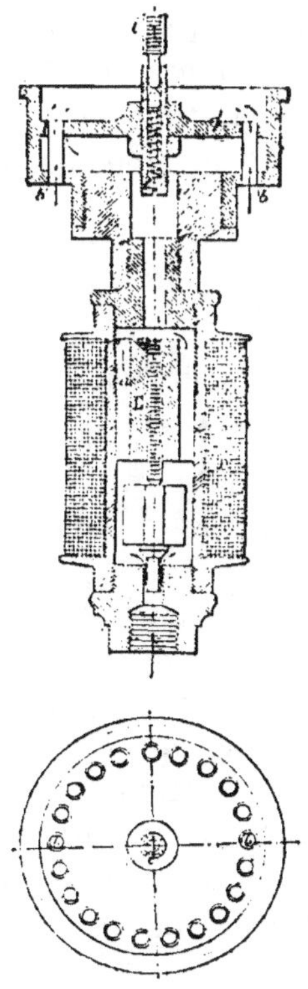

Fig. 46.

Ceux-ci partent de l'enveloppe du tambour, et rejoignent le tube cylindrique L recouvert par une toile métallique, au centre de laquelle se trouve une pointe de direction du mélange, et un peu au-dessus.le manchon Auer à incandescence J. L'arbre sur lequel est calé le ventilateur tourne sur des pivots logés dans les vis creuses de réglage *ee'*, qui une fois ajustées, sont maintenues en position par des écrous de serrage. Autour des tiges de ces pointes, sont enroulés des ressorts à boudin, contenus dans les vis creuses *ee'*, de sorte qu'elles constituent, pour l'arbre du ventilateur, des supports flexibles ; en outre, une certaine élasticité est donné aux vis creuses *ee'*, en fendant sur une certaine longueur leurs extrémités en regard.

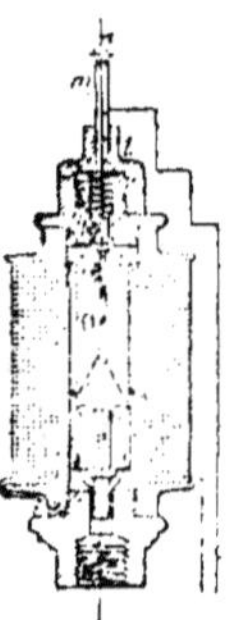

Fig. 47.

Le moteur électrique comprend un aimant permanent L, établi au-dessus du tambour du ventilateur, et portant des faces polaires entre lesquelles tourne l'induit M, fixé par des écrous sur l'arbre du ventilateur.

Deux balais isolés *gg'* frottent sur le collecteur de cette dynamo.

Pour l'allumage électrique à distance de ce brûleur, on a établi latéralement au tube I, un solénoïde N, représenté à plus grande échelle, fig. 47, et pourvu d'un noyau fixe O, qui en attire un autre mobile P, ainsi que la soupape d'admission du gaz, qu'il porte en dessous ; celle-ci a son siège dans le raccord de conduite monté à la partie inférieure du solénoïde : c'est une disposition analogue à celle qui dessert l'arrivée principale du gaz.

Par le passage du courant dans le solénoïde, le noyau de fer doux P est attiré vers le haut, et sa soupape à gaz ouverte, il pousse, malgré la résistance d'un ressort à boudin, la petite tige centrale $h$, guidée dans le noyau fixe O, et le petit piston $k$. Celui-ci joue librement dans le chapeau du solénoïde, sur le côté duquel se trouve un petit ressort qui touche le piston, et le met en contact électrique avec la masse.

La bougie d'allumage porte un manchon en matière isolante $l$, surmonté d'un petit tube de cuivre $m$, dont le haut porte une garniture de platine ; sur celle-ci repose un bouton de même métal $n$, rendu solidaire des mouvements du piston $k$, par l'intermédiaire d'une tige qui traverse le manchon isolé $l$, et son tube de cuivre.

L'une des extrémités des fils du solénoïde N est mise en communication avec la masse métallique, et par conséquent avec le piston $k$, tandis que le tube $m$ est relié par une borne avec la source d'électricité. En mettant cet appareil en circuit, on produit le soulèvement de la soupape d'accès du gaz, de sorte que la pièce de platine $n$ est brusquement séparée du tube $m$. L'étincelle de rupture ainsi engendrée enflamme le gaz, qui arrivant de la soupape, passe autour du noyau triangulaire P du solénoïde, puis s'élève dans des canaux ménagés dans son noyau fixe, et débouche finalement par le tube $m$ au droit des fils de platine de la bougie, qui une fois allumée, transporte la flamme au brûleur principal.

Dans la fig. 44 est représenté l'ensemble de l'installation des circuits électriques.

Une borne de la batterie S est reliée, par le rhéostat T, avec l'extrémité du fil du gros solénoïde D, dont l'autre extrémité est mise en connexion avec le balai $g$ ou collecteur de la dynamo ; de l'autre balai $g'$ partent deux fils :

7

l'un va rejoindre la seconde borne de la batterie, et une clef de contact *u* ; l'autre aboutit à l'enroulement du petit solénoïde N, et communique par la masse, ainsi qu'on l'a vu plus haut, avec la tête de platine *n* ; quant au tube *m*, il est joint à la batterie par un fil de retour, sur lequel est intercalé le bouton de contact V.

Pour faire fonctionner la lampe, on ferme d'abord le circuit principal, au moyen de la clef de contact U, ce qui produit l'admission du gaz dans l'appareil et met en mouvement le ventilateur G ; puis en appuyant sur le bouton V, on provoque la formation de l'étincelle de rupture, qui détermine l'allumage.

Il y a là une disposition présentant de grandes facilités pour les lanternes destinées à l'éclairage public, ou à celui d'un édifice, salle de théâtre, de réunion.

La dépense de gaz, fixée en moyenne à 20 litres par carcel avec le bec Auer, ne serait plus que de 10 à 12 litres avec le système Denayrouse. En outre de cette économie, la nouvelle lampe présente deux avantages accessoires : suppression de la cheminée en verre, et inaltérabilité des manchons sous la pluie. Le premier entraîne une économie d'installation et d'entretien ; et l'on prévoit pour Paris une dépense horaire, entretien compris, de 0 fr. 07.

Néanmoins, il reste à s'occuper des trépidations qui, en raison de la fragilité des manchons, provoquent de nombreuses ruptures ; aucun dispositif nouveau ne semble encore adopté pour parer à cet inconvénient.

*Gaz spéciaux.* — On peut employer, pour produire l'incandescence, le gaz à l'eau et le gaz à l'air.

Le charbon, porté au rouge, décompose l'eau en ses éléments, et le résultat final de cette décomposition est

un mélange d'hydrogène, d'oxygène et d'oxyde de carbone. Ce gaz, peu éclairant, peut servir directement à la

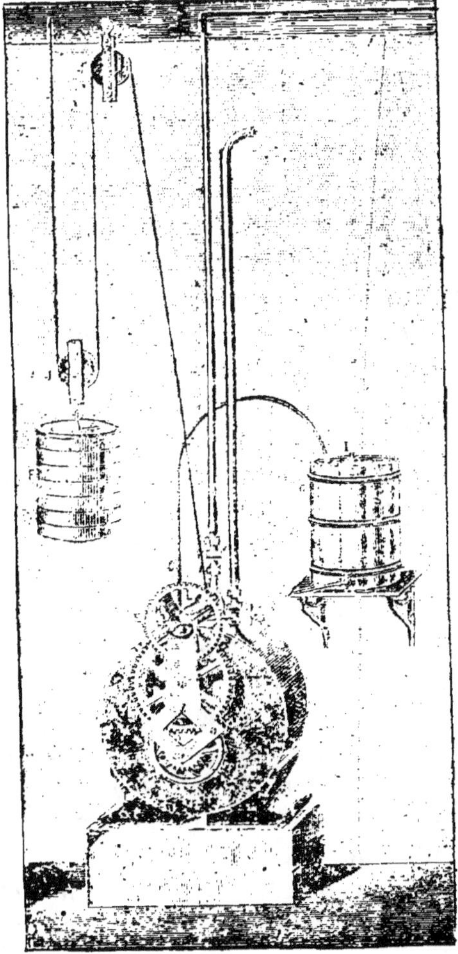

Fig. 48.

production des hautes températures nécessaires à l'é-
clairage par incandescence ; mais les canalisations sont

très difficiles à installer, à cause des fuites qui de plus,
sont impossibles à découvrir par l'odeur ; de là, des dangers d'explosions et d'empoisonnement ; ce gaz a donc
été, quant à présent, abandonné pour l'éclairage par incandescence.

*Gaz à l'air.* — Ce gaz est obtenu par la carburation
de l'air atmosphérique, au moyen de la *gazoline*, dans
des appareils appelés *carburateurs*. Le carbure employé
dans ces appareils est la gazoline, de densité 0,650 ;
parmi les appareils les plus nouveaux, nous allons décrire la Luciole (fig. 48), exploité par la société *La lumière nouvelle.* Il se compose essentiellement d'un
tambour A, muni intérieurement d'une roue à ailettes, analogue à celle des compteurs à gaz. dont le
mouvement de rotation est obtenu au moyen d'un poids
moteur F, par l'intermédiaire de deux poulies JJ. du
treuil L, et d'une série d'engrenages destinés à amplifier
le mouvement de descente du poids moteur.

Le tambour A contient une certaine quantité de gazoline, dont le niveau constant est assuré par le réservoir
O, où l'on a introduit, par la bonde I, une provision suffisante de ce liquide ; en effet, le tuyau C vient affleurer
le niveau du liquide carburateur dans le tambour A ; et
dès que celui-ci baisse, il en débouche l'orifice ; une
bulle d'air pénètre alors par le tuyau C, et laisse pénétrer dans le tambour A un même volume de gazoline.
L'air atmosphérique est aspiré par le mouvement de la
roue à ailettes, et pénètre dans le tambour A par le
tuyau B, prolongé à hauteur suffisante pour qu'on ne
puisse, par mégarde ou par malveillance, y introduire
un corps étranger quelconque.

Au contact de la gazoline, l'air atmosphérique se carbure et sort du tambour sous pression, par la conduite K, qui aboutit aux divers appareils d'éclairage.

La seule manœuvre consiste à remonter le poids tous les jours ou tous les deux jours, au moyen d'une manivelle que l'on place à cet effet à l'extrémité de l'axe du treuil L.

L'appareil marche pendant 8 heures consécutives, au minimum, et n'exige aucune surveillance, car le tambour A contient un régulateur qui maintient automatiquement la pression constante, quel que soit le nombre de brûleurs allumés. La seule condition est d'employer de la gazoline pure, pesant 0,650.

La canalisation n'exige aucune disposition spéciale ; on emploie les siphons habituels.

L'extrème volatilité de la gazoline pure permet d'éviter l'obstruction des tuyaux, qui avait été jusqu'à ce jour un grand inconvénient. Enfin, avec ce gaz, on obtient une incandescence supérieure à celle obtenue avec le gaz de houille.

La gazoline coûte 35 centimes le litre hors Paris, la consommation est de 1 litre par bec pour 15 heures, ce qui met la dépense de 0 fr. 03 à 0 fr. 04 par bec et par heure.

# CHAPITRE VII.

Allumage des becs à incandescence. — Veilleuse. — Allumage
des becs employés pour l'éclairage public. — Allumage à la
cuiller. — Allumage électrique.


## Allumage des becs à incandescence.

Pour l'allumage des becs à incandescence, il faut prendre certaines précautions : il faut éviter de produire la
moindre explosion, qui détruirait le manchon ; on doit
faire l'allumage par le bas, avec un allumoir qui se
compose d'un petit flacon d'alcool, dans lequel plonge
une tige terminée par un petit tampon. On ouvre d'a-
bord le robinet de gaz en plein pendant un instant, pour
purger la canalisation d'air, puis on le referme ; ensuite, on approche l'allumoir avant d'ouvrir le robinet ;
de cette manière, le gaz n'a pas le temps de se mélanger
à l'air, et de former avec lui un mélange détonant, qui
briserait le manchon ; on emploie l'alcool, dont la flamme
ne dégage pas de fumée qui noircirait le manchon.

On peut encore faciliter l'allumage en employant une
petite rampe représentée fig (49), et dont le fonctionnement est le suivant, dès que l'on tourne la clef du robinet R, le gaz pénètre dans la rampe, et s'échappe par les
petits trous ; en approchant une allumette, il suffit qu'un
des jets de gaz s'allume pour que la flamme gagne de

proche en proche, et monte jusqu'au manchon. En continuant le mouvement de la clef, le gaz arrive sous le manchon et s'allume ; pendant un instant, le gaz brûle à la fois le long de la rampe et sous le manchon. Enfin,

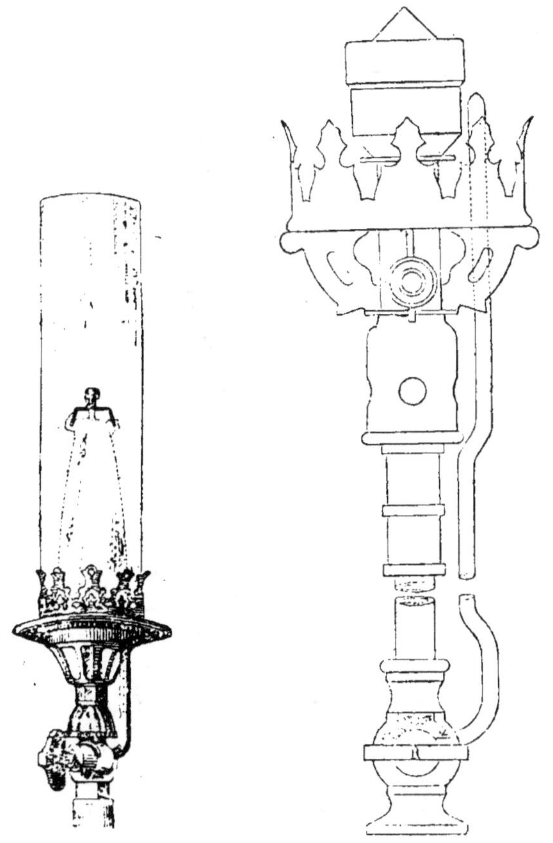

Fig. 49 et 50.

en terminant le mouvement de la clef, on ferme la rampe, qui s'éteint, et le bec reste seul allumé.

La fig. 50 représente un deuxième dispositif : le ro-

binet du bec est à 3 voies, de telle façon que, dans la
position 1 il est fermé, dans la position 2, le gaz pénètre
dans le brûleur et dans le petit tube latéral, enfin, dans
la position 3, il entre dans le bec seul.

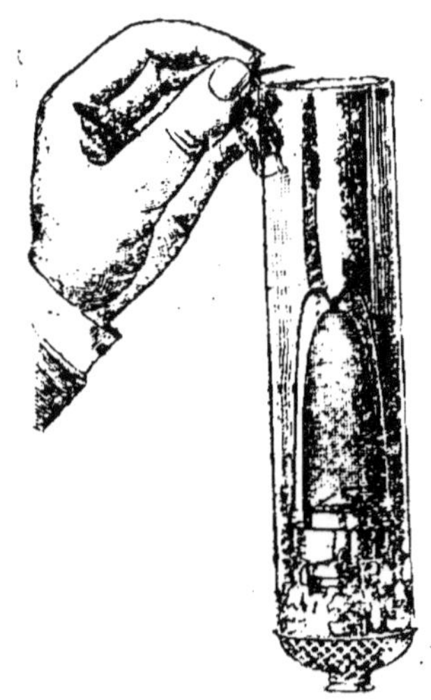

Fig. 51.

La petite rampe latérale est constituée par un bec
Bunsen, de 2 millimètres de diamètre, percé dans toute
sa longueur de trous très fins. Le gaz de cette rampe
brûle à flamme bleue, et ne peut noircir le manchon.
Quand on veut allumer, on tourne le robinet dans la
position n° 2 ; en approchant une allumette, le gaz s'allume, et la flamme parvient instantanément à l'extrémité du petit tube, à un demi centimètre du manchon
et dans le bec ; aussitôt, on tourne le robinet dans la position 3, et l'allumoir cesse de fonctionner ; on évite les
explosions qui peuvent produire la rupture du manchon.
Les becs Oberlé (fig. 51) sont directement allumés en
haut de la cheminée de verre ; mais il faut toujours éviter les chutes d'allumettes sur le manchon.

*Veilleuse* (fig. 52, 53, 54). — Pour éviter les rallumages fréquents dans les lampes dont le service est intermittent, on peut disposer une veilleuse qui se compose d'un petit bec (B) à faible débit : 4 litres de gaz à l'heure, dont le réglage est établi au moyen de la vis V, qui peut obturer partiellement le conduit C, lequel alimente la veilleuse.

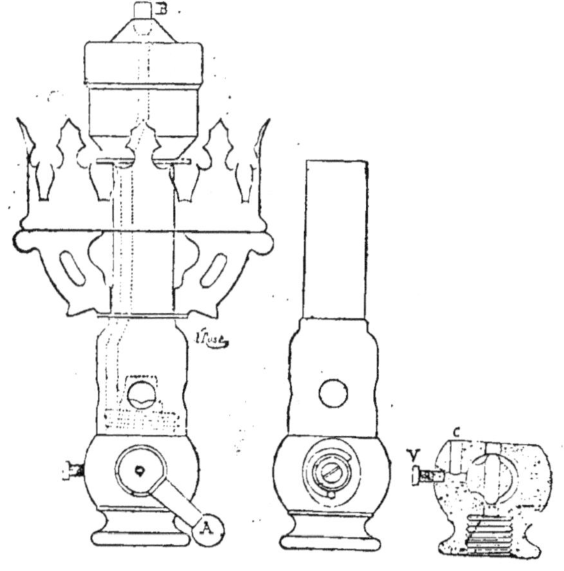

Fig. 52, 53, 54.

Il suffit de manœuvrer le levier du robinet **A,** pour passer du bec à veilleuse au bec allumé en plein, et *vice-versa*.

La fig. 54 montre d'une façon claire la disposition du robinet **A.**

*Allumage des becs à incandescence employés pour l'éclairage public.* — Les becs à incandescence sont employés depuis quelque temps pour l'éclairage des voies publiques. Le fond de la lanterne (fig. 55) supporte le vitrage inférieur, ainsi qu'un volet mobile A, qui permet le passage du porte-flamme C.

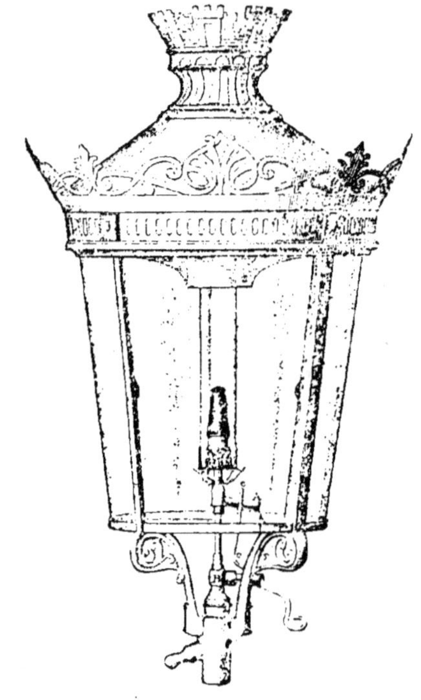

Fig. 55.

Le robinet allumeur B, placé sous le vitrage, se compose d'un robinet ordinaire, muni d'un porte flamme C, mobile dans un plan vertical. Quand on pousse la bascule du robinet dans le sens de l'ouverture, le gaz arrive presque aussitôt au porte-flamme, qu'on allume alors à l'extérieur de la lanterne avec une perche ordinaire, le gaz arrivant avec toute la pression, afin de ne pas s'é-

teindre sous l'action du vent  La rotation du robinet continuant, le porte-flamme  soulève  le volet mobile  A, et
pénètre dans la lanterne ; à ce moment, l'allumeur étant
abrité, le robinet est disposé de façon que la flamme de
l'allumeur se raccourcisse, afin de ne pas noircir les verres. Quand l'allumeur arrive dans  sa position verticale,

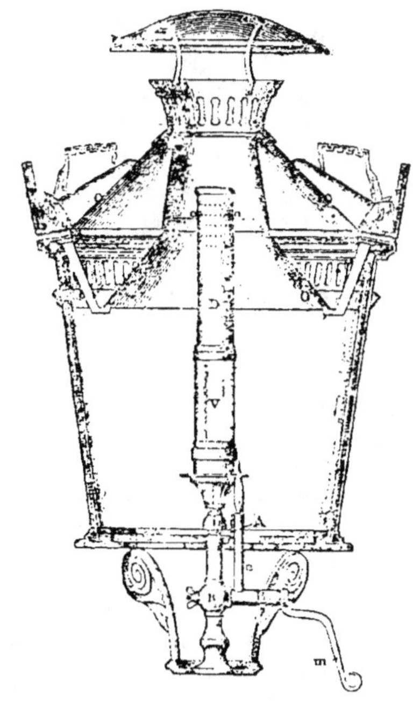

Fig. 56.

exactement sous le bec à incandescence, sa flamme s'al
longe de nouveau, et elle allume ce dernier. A la fin de
la manœuvre du robinet, le porte-flamme s'éteint, et il
sort de la lanterne, du  côté  opposé  à  son  entrée, en
même temps que le volet mobile se rabat et clôt la lanterne. Le brise-vent est un cylindre en métal D, percé
de petits trous coniques, du dedans en dehors, permet-

tant aux produits de la combustion de s'échapper au dehors, mais empêchant les rentrées violentes d'air.

Les becs à cheminée (fig. 56) sont tous protégés effi-
cacement contre l'action du vent.

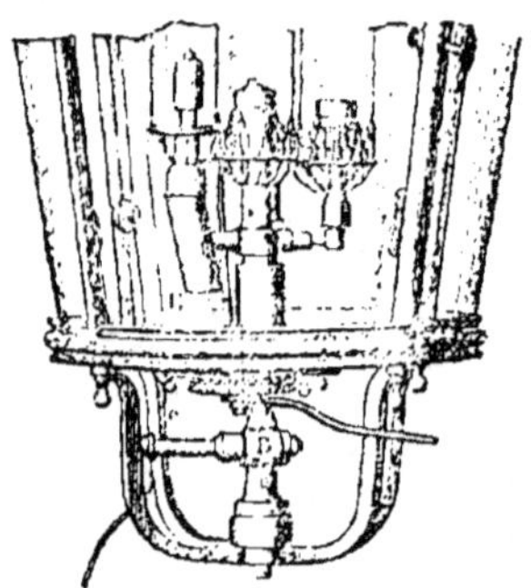

Fig. 57.

Pour l'allumage des lanternes publiques contenant
plusieurs becs (fig. 57) à incandescence, on ajoute au
dispositif précédent un porte-flamme E, placé à l'intérieur du vitrage, mobile autour du porte-bec principal,
et pouvant décrire sous les brûleurs une circonférence
horizontale complète ; l'un des brûleurs ayant été allumé
par le procédé décrit ci-dessus, il est facile de comprendre qu'en faisant tourner l'allumeur secondaire, ce
dernier prend feu au bec allumé, et qu'il transporte la
flamme aux autres brûleurs en tournant au-dessous
d'eux.

Le porte-flamme secondaire est mis en mouvement
par deux roues dentées, reliées par une chaine Vaucau-
son ; la roue de commande C, fixée sur l'un des montants de la lanterne, porte une béquille qu'il suffit de
pousser avec une perche, pour obtenir la rotation de l'allumeur. L'allumage des lanternes se fait donc en deux

temps, ce qui permet d'allumer à volonté tout ou partie des brûleurs. On réalise ainsi, très simplement, le bec de minuit.

*Allumage à la cuiller* (fig. 58). — Pour cet allumage, on ouvre le robinet en grand ; le gaz monte jusque dans une sorte de coupe renversée, appelée *cuiller*, et de là, s'échappe par un ajutage recourbé, émergeant du dôme

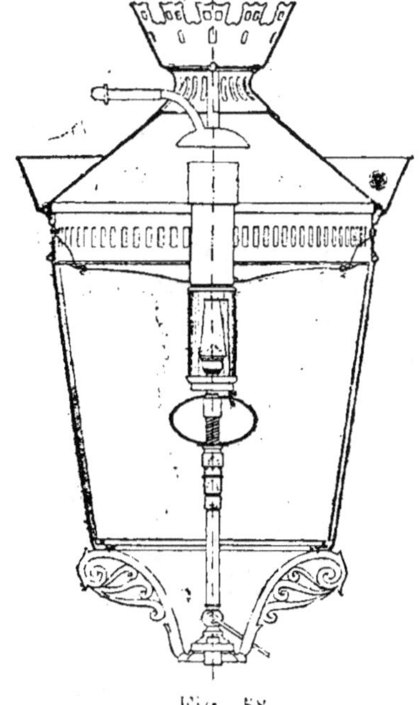

Fig. 58.

de la lanterne ; on approche une lampe à essence, l'inflammation gagne le bec de haut en bas. L'allumage à la cuiller est le plus répandu ; l'allumage à la rampe est surtout employé pour les foyers élevés, l'allumage à la cuiller présentant dans ce cas certains inconvénients, en raison de la difficulté qu'éprouvent les allumeurs à placer leurs lampes bien exactement contre l'ajutage. L'un et l'autre système sont loin d'être parfaits. Avec la rampe, on risque, par des mouvements trop brusques, d'ébranler le bec et de le démolir ; avec la cuiller, la petite explosion qui se produit à l'allumage provoque parfois la destruction du manchon. On obtiendra certainement des résultats plus satisfaisants en allumant les becs électriquement.

*Trépidations.* — Les manchons placés dans les lanternes publiques n'ont pas de plus redoutables ennemis que les trépidations. Aussi les constructeurs de becs à incandescence ont cherché divers moyens pour en atténuer les effets, en employant des ressorts de types variés. Le ressort à lames paraboliques (fig. 58) symétriques semble avoir donné les meilleurs résultats ; il a été appliqué aux voitures de chemins de fer.

*Allumage électrique.* — L'allumeur électrique (système Oberlé) représenté fig. 59, se compose d'un électro-aimant E, chargé d'attirer une armature en fer doux A ; un cliquet *c*, relié à celle-ci, fait à chaque mouvement de va-et-vient de l'armature, avancer d'un huitième de tour une petite roue à rochet *r*, fixée à l'axe du robinet R. Ce robinet occupe plusieurs positions : première position : le gaz sort en jets minces, par la petite rampe *t* Dans la deuxième position, le gaz sort par l'ajustage T, sur lequel vient se visser le bec, puis dans la position n° 3, le gaz s'échappe en jets minces, par la rampe seulement ; enfin dans la quatrième position, le dégagement du gaz est arrêté.

Le va-et-vient du cliquet détermine ainsi, dans le tour complet du robinet, la série deux fois répétée de ces quatre phases. Examinons maintenant, la manœuvre de l'appareil. Le robinet étant fermé et par conséquent, le bec éteint, si l'on presse une première fois sur le bouton,

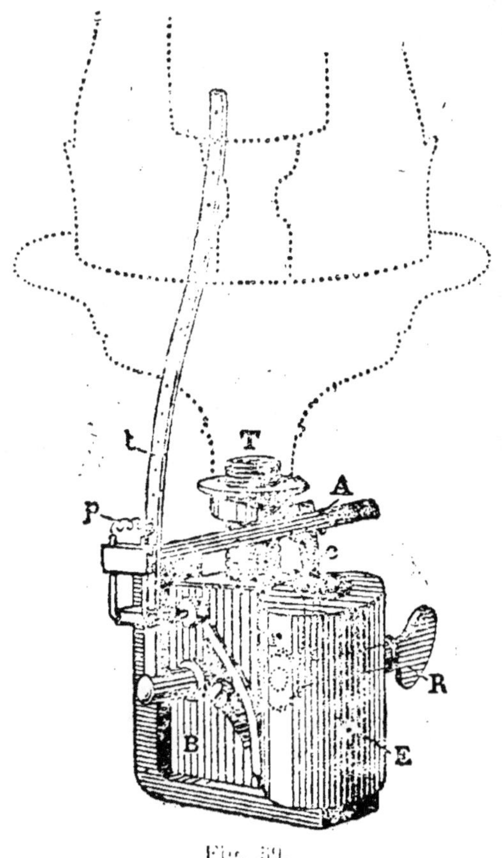

Fig. 59.

**on** détermine la sortie du gaz par la rampe $t$ ; le gaz s'enflamme au contact du fil de platine $p$. Un contact

placé à l'intérieur de la boîte B détermine à ce moment
même, et à ce moment seulement, l'échauffement du fil
de platine, qui est porté au rouge. En pressant une seconde fois sur le contact, le gaz cesse de sortir par le
tuyau *t*, mais il sort à plein jet du brûleur; ce dernier
s'allume du même coup au contact de la dernière
flamme de l'allumeur; celui-ci s'éteint, et en même
temps le contact électrique cessant, le fil se refroidit.
Le bec est donc allumé en deux coups. Pour l'extinction, on presse de nouveau le bouton; dans cette troisième position du robinet, le gaz ne sort plus du
brûleur qu'en très petit jet, et le bec reste en veilleuse;
un quatrième coup de bouton permet d'éteindre celle-
ci, par conséquent le bec. Il est à remarquer que le fil
de platine n'étant porté qu'au rouge par le courant électrique, ne risque pas de se détériorer dans le cas où
l'appareil viendrait à se détraquer pour une raison quelconque; un robinet se trouve disposé de façon à produire
l'allumage et l'extinction du bec, directement par la
clef.

# CHAPITRE VIII.

Lampes à incandescence par l'alcool. — Lampes à incandescence
par le pétrole. — Lampe à récupération à pétrole (l'éclatante).

## Lampe à incandescence par l'alcool.

*Lampe à bec callophane de M. Engelfred.* — Cette lampe
se compose d'un réservoir en verre ou en métal. de
forme analogue à celle des lampes à pétrole, surmonté
du bec callophane.

Ce dernier, représenté fig. 60, 61, se compose de trois
parties : le générateur, le bec et les accessoires. Le générateur E est une sorte d'étui cylindrique, dans lequel
sont placés quatre tubes aboutissant à un dôme, qu'ils
supportent. Des mèches de coton sont placées à l'intérieur de ces tubes, et établissent une communication entre le dôme et le réservoir d'alcool. Sur le dôme vient
se visser le bec proprement dit, composé, comme un bec
Bunsen, d'un ajutage F, recouvert d'une chandelle portant à sa base des trous d'introduction d'air, et terminée à sa partie supérieure. en G, par une tête formant
support, et ménageant un orifice circulaire pour la
sortie du gaz. La tête G maintient le manchon à incandescence D, qui est porté à sa partie supérieure par un
crochet, fixé sur une tige métallique transversale. Ce

8

crochet mobile donne de l'élasticité au mouvement du
manchon, dans le transport de la lampe, et soustrait sa

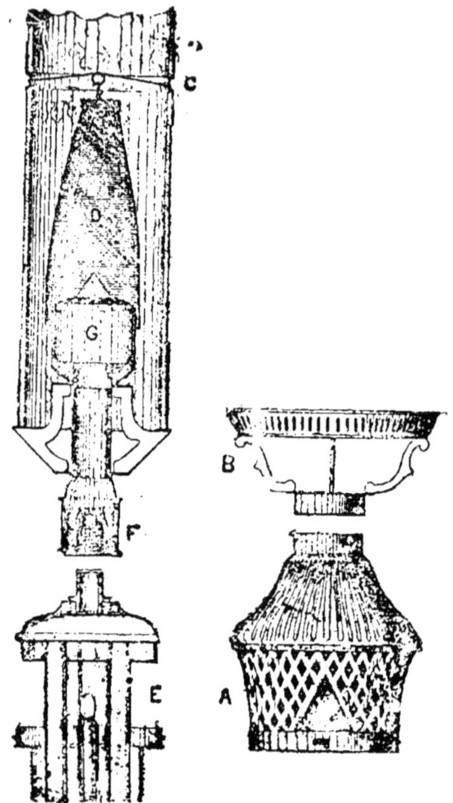

Fig. 60 et 61.

tête aux efforts d'arrachement, très redoutés dans le système d'attache usité pour le gaz. Le générateur est recouvert par une monture ajourée A, portant au bas une
fenêtre triangulaire pour l'allumage de la veilleuse ; une
galerie porte-globe B s'emboîte sur la monture A.

On allume la veilleuse ; l'alcool monte dans le dôme,
par capillarité à travers les quatre mèches, et se vaporise

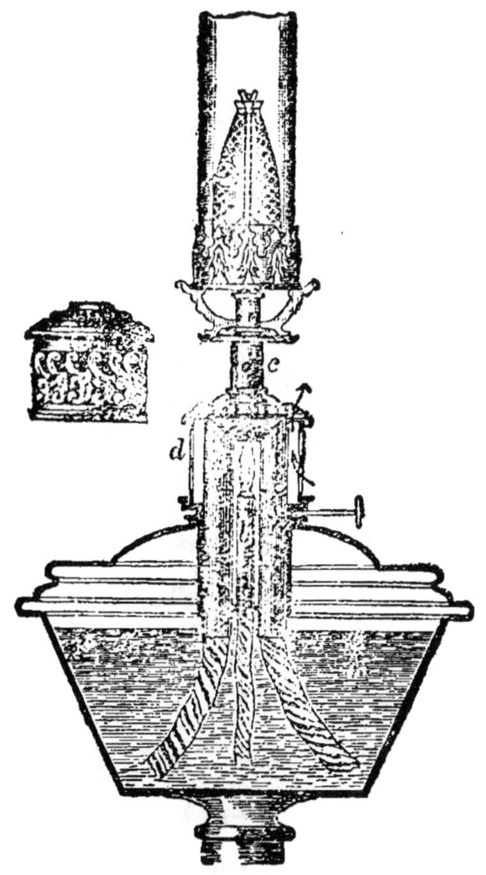

Fig. 62.

sous l'action de la flamme veilleuse. On règle facilement
l'intensité de cette flamme de chauffage au moyen d'une
mol tte. Les vapeurs formées s'échappent par l'ajutage F,
se mêlent à l'air et sortent autour du support G, où on

les enflamme ; le manchon devient rapidement incandescent sous l'action de cette flamme. La fig. 62 repré-

Fig. 63.

sente un deuxième modèle, montrant la disposition des mèches.

D'après l'inventeur, une lampe de 50 bougies dépense par heure environ 60 grammes d'alcool, coûtant 1 franc le litre, et pesant 800 gr. ce qui représente une dépense de 7 c. 5.

Des expériences ont été faites en Allemagne sur ce système de lampe: pour un pouvoir éclairant de 20 à 22 bougies Hefner, la consommation horaire était de 66 grammes d'alcool à 90 0/0, mais l'alcool coûtant 46f,25 les 100 kilos, la dépense horaire se réduisait à 3 cent.

La fig 63 représente une lampe à incandescence par l'alcool, montée sur pied Ce système de bec peut se monter sur la plupart des lampes à pétrole, par une simple transformation.

## Incandescence par le pétrole.

Le bon marché et l'abondance du pétrole ont fait chercher à appliquer ce liquide aux lampes à récupération et à incandescence : pour ce dernier cas, le problème est compliqué, car le pétrole n'est pas une combinaison chimique simple ; c'est un composé de différents hydrocarbures, et par conséquent, lors de la gazéification, il subit une distillation en quelque sorte fractionnée. Les séparations de parties lourdes, et l'oscillation des flammes sont presque inévitables, parce que les hydrocarbures de différents pouvoirs éclairants sont portés à la combustion les uns après les autres ; mais les difficultés sont encore augmentées par ce fait qu'à cause de la mauvaise odeur qu'il répand, on ne peut l'employer à alimenter une seconde flamme de gazéification ; on est obligé d'opérer la gazéification du pétrole, au moyen de l'effet calorifique de la flamme d'éclairage proprement dite.

**Lampe Spiel et Bruchner (fig. 64).**

Cette lampe se compose d'un réservoir à pétrole **A**, rempli aux 2/3 par l'orifice à fermeture hermétique **C**. *a* est un tube soudé allant jusqu'au fond du bassin **A**.

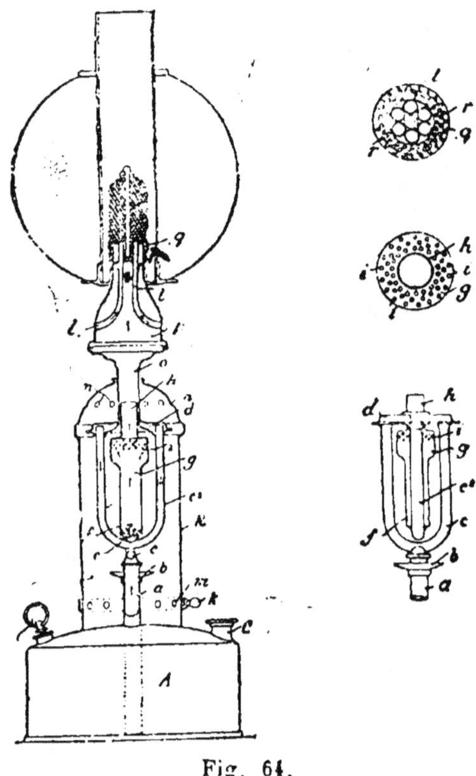

Fig. 64.

Le pétrole est refoulé vers le haut. par une pompe à air B, et arrive au gazéificateur *d* par les tubes en fourches *cc*. Le gazéificateur *d* se compose d'un récipient plat annulaire, du fond duquel part un tube $c_1$, ; par l'extrémité de cé tube, !e pétrole gazéifié est conduit à la tuyère $e$, située à l'intérieur de la courbe du tube $c_1$ ; sur cette tuyère est fixé un tube $g$, dans lequel les gaz se mélangent à l'air entrant par les trous $f$. Le tube s'élargit sous le gazéificateur $d$, et est percé sur la partie latérale et à son sommet (fig 64) d'une série de trous $i$, destinés à la sortie du gaz qui, en brûlant. sert à chauffer le gazéificateur. Une partie des gaz chauds sont conduits par le prolongement $h$ du tube $g$ dans le brûleur Bunsen, disposé au-dessus, et se composant d'un vide $p$ et d'un couvercle $q$, muni de trous $r$ ; le brûleur possède en outre latéralement des canaux $l$, qui amènent l'air au gaz sortant des orifices $r$. Ceux-ci brûlent, et portent à l'incandescence un manchon. Pour commencer la gazéification, on brûle de l'alcool dans une cuvette $b$, entourant le tube $a$. tandis que la gazéification ultérieure est opérée par la combustion d'une partie du gaz produit, qui sort par les trous $i$. Pour concentrer la chaleur rayonnante, le gazéificateur $d$, avec ses tubes $c_1 c_1$ et $a$. est entouré d'une enveloppe M, dans laquelle l'admission d'air et la ventilation sont faites par les orifices $m$, pouvant être réglés par l'anneau R et par les ouvertures $n$.

*Deuxième Modèle* (fig. 65). — Dans ce deuxième modèle, la gazéification et l'incandescence sont obtenues par la même flamme. Le gazéificateur se compose de deux cylindres $a$, fermés en haut, dans lesquels sont fixés deux tubes $c$ et $c_1$ mi-cintrés, pénétrant très avant.

Le tube $c$ qui s'élargit en cylindre vers le bas, entre dans le réservoir à pétrole A, jusqu'au fond. Une pompe à air B fait monter le pétrole dans ce tube, à l'extrémité duquel il se gazéifie pour entrer dans le cylindre $a$, par le tube G, qui pénètre plus avant.

Les gaz sont conduits à travers la flamme, où ils sont chauffés ; ils s'échappent ensuite par la tuyère $e$. Grâce à un manchon cylindrique, entourant les tubes $c$ et $c_1$, ainsi que la tuyère $e$, les gaz mélangés à l'air sortent sous le couvercle $g$ par les ouvertures $i$, et produisent,

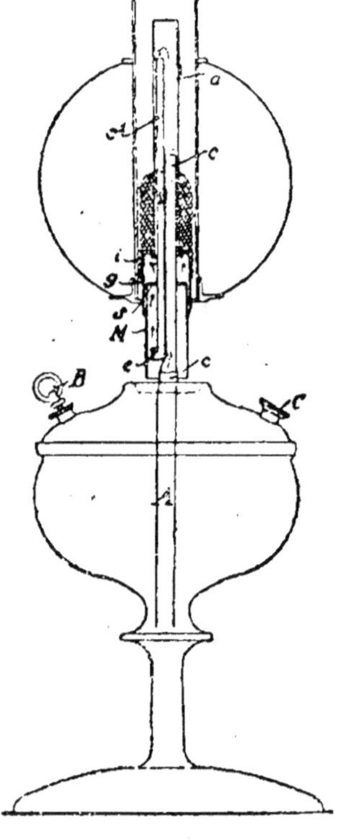

Fig. 65.

par leur combustion, l'incandescence du manchon. La gazéification est amorcée en brûlant de l'alcool dans la partie $b$ du réservoir A.

Cette lampe développe une clarté de 60 à 65 bougies

Hefner, avec une consommation horaire d'environ 50 grammes. Après deux ou trois heures d'allumage, il faut pomper un peu d'air ; deux ou trois coups de piston suffisent pour obtenir la pression supplémentaire nécessaire : 1/2 à 3/4 d'atmosphère.

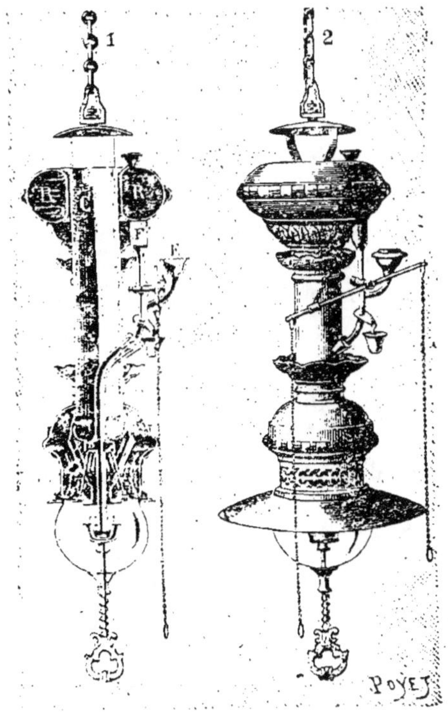

Fig. 66.

*Lampe intensive au pétrole* (fig. 66) (*L'éclatante*). — Cette lampe rappelle par sa forme extérieure, le bec récupérateur de Wenham.

Le pétrole est renfermé dans un réservoir supérieur R., et brûle sans mèche à la partie inférieure ; mais en réalité, c'est le gaz du pétrole qui produit la flamme éclairante. On remplit le réservoir R de pétrole, et on verse, dans l'entonnoir E, au moyen d'une mesure suspendue à la lampe même, une petite quantité d'alcool qui s'écoule par un tube coudé, traversant tout l'appareil, et vient tomber dans une petite coupe garnie de mèches d'amiante, qu'on voit au milieu du globe de verre placé à la partie inférieure. On allume cet alcool et on ouvre, au moyen d'une chaînette, le robinet A. Le pétrole peut alors, après avoir traversé un filtre F, s'écouler à raison de 90 gouttes environ par minute ; il arrive dans une petite chambre D, où il est volatilisé et transformé en gaz. Celui-ci s'échappe par une série de tubes T, disposés en couronne, et dont les orifices débouchent au-dessus de la flamme de l'alcool ; il s'enflamme, et la lampe se trouve allumée. La chaleur dégagée par sa flamme suffit pour entretenir la volatilisation dans la chambre D, et l'alcool, du reste épuisé à ce moment, devient dès lors inutile

Pour assurer une combustion complète, un système d'enveloppes B fait arriver l'air au niveau des brûleurs, et les produits de la combustion s'échappent par la cheminée centrale C.

Par suite de la disposition renversée de la flamme, la lampe est destinée à être suspendue au plafond ; un abat-jour placé au-dessus du globe (fig. 66) renvoie la lumière vers le sol ; deux chaînettes reliées au robinet permettent de régler facilement l'arrivée du pétrole, et par suite, l'intensité de la lumière. Le liquide employé est du pétrole rectifié, avec lequel il n'y a pas de danger d'explosion, et non de l'essence.

La dépense serait de 1 litre par heure, pour une intensité lumineuse de 140 bougies.

# CHAPITRE IX.



## Mesures photométriques.

La photométrie s'occupe de la comparaison des intensités des sources lumineuses. Les méthodes photométriques sont toutes fondées sur la propriété que possède
l'œil d'apprécier, avec une certaine approximation, l'é-
galité de deux éclairements.

Les deux lumières dont on veut comparer les intensi-
sités sont placées de manière à éclairer, sous le même
angle, deux surfaces identiques ; I et I′ désignant leurs
intensités respectives, $r$ et $r'$ leurs distances aux surfaces
éclairées, on a la relation.

$$\frac{I}{I'} = \frac{r^2}{r'^2}.$$

On trouvera dans les traités de physique de nombreux
modèles de photomètres, se rattachant aux modèles de
Bouguer, Rumford, Foucault, Bunsen, etc.

L'emploi du spectrophotomètre permet de comparer
les intensités lumineuses des sources lumineuses, pour
une même région du spectre.

Pour la comparaison des sources lumineuses employées pour l'éclairage, on peut employer le photomètre de Foucault, qui se compose d'une sorte de boîte incomplète ABCD, en bois ou en carton noirci, ouverte du côté AB; en I, (fig. 67) se trouve un orifice circulaire, fermé par une lame de verre *amidonnée*, c'est-à-dire que l'on a abandonnée quelque temps au fond d'un lait d'amidon, et

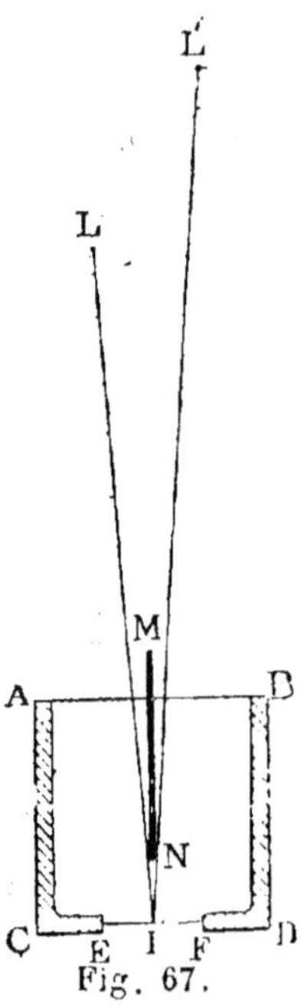

Fig. 67.

qui s'est ainsi recouverte d'une couche homogène de grains d'amidon. Cette lame de verre est divisée en deux parties égales par un écran vertical MN, qui peut être déplacé à l'aide d'une crémaillère, jusqu'à ce que les deux parties éclairées se joignent sans se superposer; les deux sources L et L' peuvent se déplacer sur deux règles divisées, également inclinées sur l'écran.

Pour éviter l'influence de la lumière diffuse de la salle, on place devant l'orifice un tube en métal, noirci à l'intérieur, placé normalement, et à l'extrémité duquel on place l'œil ; on déplacera l'une des sources de manière à obtenir l'égalité d'éclairement ; pour éviter toute erreur due au défaut de symétrie de l'œil ou de l'appareil, on répétera l'expérience en changeant de côté les deux sources.

*Le photomètre Bunsen* est également très employé en pratique ; il se compose d'un écran constitué par une feuille de papier blanc, au centre de laquelle on a fait une tache circulaire avec une matière grasse ; vue par réflexion, la tache est plus sombre que le papier ; vue par transparence, elle produit l'effet opposé. On place cet écran entre les deux foyers lumineux à comparer, sur la droite qui les joint, et l'on déplace l'écran ou l'une des sources, jusqu'à ce que l'éclairement des deux faces soit le même, ce qui fait disparaître la tache. Pour observer les deux faces de l'écran à la fois, on regarde leur image dans deux miroirs inclinés, disposés de chaque côté. Les intensités lumineuses sont en raison inverse des carrés des distances de l'écran à chacune des sources de lumière.

Pour déterminer avec facilité l'égalité d'éclairement, on donne une légère inclinaison à l'écran en papier, et on met trois taches qui, lorsque la distance est exacte, doivent être, l'une brillante, l'autre obscure, alors que la tache intermédiaire a disparu.

## Photomètre Foucault, construit par M. Deleuil
(fig. 68, 69, 70).

Cet appareil, employé par les vérificateurs du gaz de la ville de Paris, se compose d'un châssis A, muni de vis calantes supportant l'ensemble des appareils : 1° la balance automatique et les a pareils de réglage ; 2° le compteur ; 3° le photomètre.

La balance est sensible au centigramme pour une charge de 3 kilos. Elle indique elle-même le commencement et la fin de l'expérience, celle-ci devant être arrêtée après une consommation de 10 grammes d'huile, par exemple. Elle se compose d'un fléau C, dont le bras gauche se termine par une fourchette, et porte une aiguille indicatrice D, supportant un marteau E, qui vient frapper sur un timbre F, fixé au support du fléau, après une consommation d'huile déterminée. La lampe carcel G est placée sur le plateau de gauche, et s'engage dans la fourchette correspondant au fléau ; en H et I sont des godets destinés à recevoir les poids correspondant à la consommation d'huile ; sur l'autre plateau est placée une tare J ; M, tuyau d'arrivée du gaz, partant du compteur.

*Compteur.* — Le compteur, représenté en N, se compose d'un cadran muni de deux aiguilles O, O', avec des divisions correspondant chacune à un décilitre; l'aiguille O se meut d'une matière continue pendant le passage du gaz dans le compteur ; l'aiguille O', dite aiguille indicatrice, ne se meut que pendant la durée de l'expérience, lorsqu'elle est rendue libre par la manœuvre d'un petit levier P. Au-dessus du compteur N, se trouve un compteur chronométrique, indiquant en minutes, secondes, la durée de l'expérience.

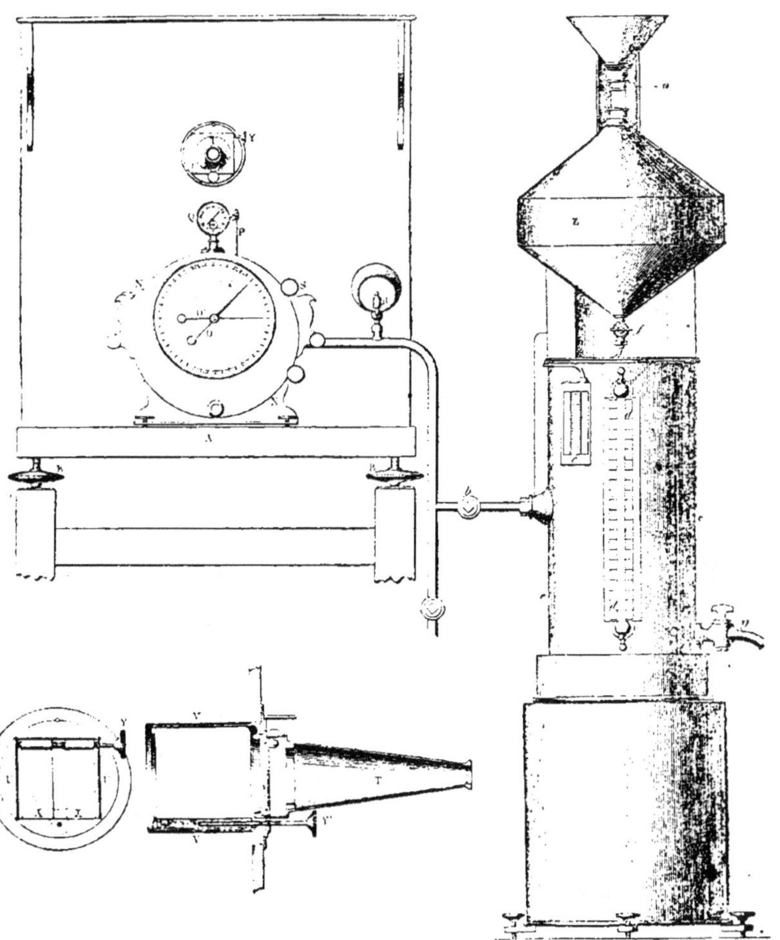

Fig. 68 et 69.

Le levier P agit simultanément sur l'aiguille O′ du compteur à gaz, et sur celle du compteur chronométrique.

R est un bec destiné à l'éclairage des compteurs, et dans lequel le gaz se rend avant d'entrer dans le compteur à gaz ; le bec est muni d'un capuchon métallique, que l'on rabat sur la flamme très surbaissée, au moment de l'observation photométrique. La dépense du gaz qui traverse le compteur est réglée par un robinet très sensible S'.

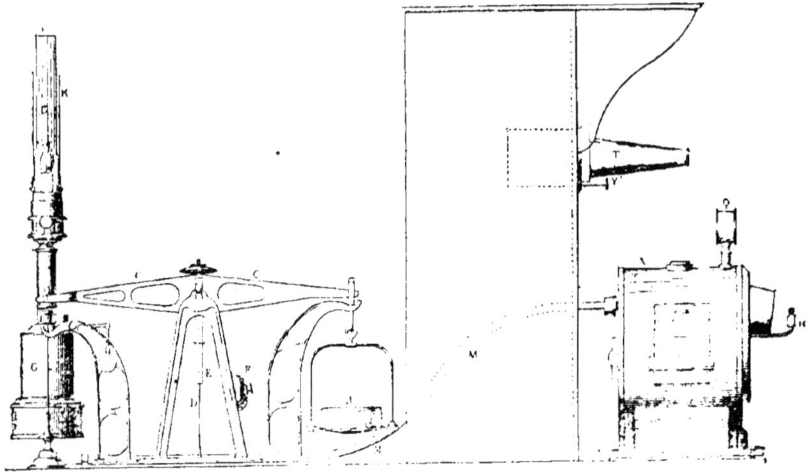

Fig. 70.

*Photomètre.* — Le photomètre, qui n'est autre que celui de Foucault, se compose d'une lunette T formée d'un tube conique, à la plus petite base duquel se place l'œil de l'observateur ; en U sont les disques amidonnés, en avant desquels se trouve un tube métallique V, du côté des flammes.

Ce tube est divisé en deux compartiments par une cloison verticale VV, qui peut être rapprochée ou éloignée du plan des disques amidonnés, par l'intermédiaire d'une vis de rappel Y'. Deux plaques métalliques XX limitent la surface rectangulaire éclairée des disques, dont on peut faire varier l'écartement au moyen d'une vis de rappel Y.


## Gazomètre pour la vérification du compteur à gaz.


Cet appareil se compose d'une jauge cylindro-conique Z, surmontée d'un entonnoir relié par un tube de verre. On introduit dans cette jauge 25 litres d'eau, en la remplissant jusqu'au point de repère $a$, marqué sur le tube de cristal.

On remplit de gaz le réservoir $e$, puis on ouvre le robinet $f$ établissant la communication avec la jauge, et l'on fait écouler peu à peu dans ce réservoir les 25 litres d'eau de celle-ci. Le gaz déplacé se rend dans le compteur N par l'intermédiaire d'un conduit latéral, sur lequel se trouve le robinet $b$ ; on lit sur le cadran du compteur, à la fin de l'expérience, le nombre de litres de gaz écoulés, et on vérifie ainsi l'exactitude des indications fournies par l'aiguille du compteur.

$c$ est un petit manomètre servant à constater que les appareils gardent le gaz sous pression ; $d$ tube en verre, indiquant le niveau de l'eau dans le réservoir $e$.

Cet appareil, légèrement modifié, a été employé pour les mesures comparatives des becs alimentés par l'acétylène.

A la ville de Paris, le service de vérification du pouvoir éclairant du gaz possède onze chambres noires, où l'on essaie chaque soir le gaz fourni par les différentes usines.

L'opération est une mesure photométrique particulière, qui se fait en comparant avec un bec Bengel en porcelaine, à trente trous, avec panier en porcelaine et sans cône ; toutes les dimensions de ce bec et de la cheminée qui le surmonte ont été parfaitement fixées, pour que les divers appareils fournissent des résultats identiques. Pour faire un essai, on commence par allumer le bec de gaz et la carcel, qu'on laisse brûler ensemble pendant une demi-heure environ, avant de commencer l'expérience. On règle la carcel à la dépense normale d'huile. 42 grammes à l'heure. On s'assure que la flamme de cette lampe et celle du gaz sont au même niveau.

On équilibre alors les deux flammes, au photomètre de la chambre noire, ce qui se fait au moyen du robinet donnant accès au gaz, et permettent d'en faire varier la dépense de très petites quantités.

Lorsque la lampe est exactement tarée sur le plateau de la balance, l'opérateur fait partir simultanément l'aiguille indicatrice du compteur à gaz, et celle du compteur chronométrique. Lorsque la quantité d'huile brûlée correspond à 10 grammes, ce que la balance indique automatiquement, on arrête les aiguilles indicatrices des compteurs ; on lit alors la consommation de gaz en litres et fractions de litre, correspondant à 10 grammes d'huile brûlée.

### Unités pratiques de lumière.

On adopte en France, comme unité de lumière, la lampe carcel, définie par les dimensions suivantes :

Diamètre extérieur du bec : 23 mm. 5
— du courant d'air intérieur : 17 mm.
— — extérieur : 43, 22
— Verre, hauteur : 282 mm.

Distance du coude à la base du verre :       61  mm.
Diamètre extérieur au niveau du coude:  47  mm.
Diamètre en haut de la cheminée :            34  mm.
Mèche de phare composée de 75 brins ;
Consommation d'huile de colza épurée,
   à l'heure :                                               42 grammes.
Avec une flamme de :                             40  mm.

La carcel = 7,4 bougies de l'Etoile (5 au paquet), et 7,6 bougies (6 au paquet).

En Angleterre, l'unité est la candle ou Parliamentary Standard, bougie de spermaceti (blanc de baleine), diamètre 22 mm. ; consommation par heure 7,8 grammes. Les variations de cet étalon atteignent quelquefois 30 0/0 ; 1 carcel = 9,5 candles. On emploie aussi la candle Standard, étalon au pentane.

En Allemagne, l'unité est une bougie de paraffine, de 20 mm. de diamètre, brûlant 7gr. 5 par heure, avec une flamme de 5 cent. de hauteur ; 1 carcel = 7,6 bougies allemandes. On emploie également la lampe à acétate d'amyle, proposée par Hefner-Alteneck.

*Unité de la Conférence internationale. Décision du 3 mai 1884.*

Sous le nom d'unité absolue, c'est l'intensité de la lumière émise, dans la direction normale, par un centimètre carré d'un bain de platine, à la température de solidification. Cette nouvelle unité vaut un peu plus de 2 carcels (2,08 environ).

On a adopté comme unité courante la 20e partie de l'unité absolue, c'est-à-dire à peu près la 10e partie de la carcel. On lui a donné le nom de *bougie décimale.*

*Éclairement.* — L'unité pratique d'éclairement est la
bougie à 1 mètre, ou la carcel à 1 mètre, c'est-à-dire
l'éclairement produit par une bougie ou un bec carcel
placé à un mètre de distance. On désigne souvent, dans
la pratique, ces unités d'éclairement sous le nom de
*bougie-mètre* ou de *carcel-mètre*. On juge de la valeur
d'un éclairage par le degré d'éclairement de l'espace
dans lequel il exerce son action. Le principe des photomètres employés pour cette mesure, consiste à comparer
l'éclairement à mesurer sur une surface, à celui de la
même surface éclairée par la lumière prise comme étalon.

Pour lire aussi facilement qu'en plein jour, il faudrait
un éclairement de 50 bougies à un mètre ; mais dans
les bureaux, on se contente de 15 bougies à un mètre.

L'éclairement ne dépend pas seulement de la nature
des foyers, mais encore de leur distribution. On doit
chercher à le rendre uniforme, de manière à se rappro-
cher de la lumière diffuse du jour ; il faut éviter, en effet,
d'avoir des surfaces d'éclat différent.

L'éclairement dépend de la nature des pièces éclairées. Si les tentures, les meubles sont de couleurs som-
bres, la lumière n'est pas réfléchie, et l'éclairement est
faible. Au contraire, dans le cas de surfaces blanches et
de glaces, la lumière diffusée concourt à l'éclairement.

Pour mesurer l'éclairement, on peut se servir du photomètre de Weber.

*Photomètre de L. Weber* fig. (71). — Ce photomètre
permet de mesurer l'éclairement d'une surface. Il se
compose de deux tubes A et B. noircis intérieurement ;
le premier est fixé horizontalement sur un pied, le second est mobile autour de l'axe de A. et peut être incliné dans toutes les directions, par rapport à l'horizon. Le

tube A se termine par une lanterne pourvue d'une lampe
étalon, laquelle envoie un faisceau divergent sur une
plaque laiteuse D, que l'on peut déplacer suivant l'axe
du tube, au moyen d'un bouton extérieur. La hauteur de
la flamme étalon se lit sur une échelle, à travers une fenêtre allongée, percée dans la paroi de la lanterne. Le
tube B, fermé par une plaque laiteuse C', est divisé en
deux parties par une cloison. La plaque C est disposée suivant le plan dans lequel on veut mesurer l'éclairement, par exemple dans le **plan** horizontal, comme
l'indique la figure.

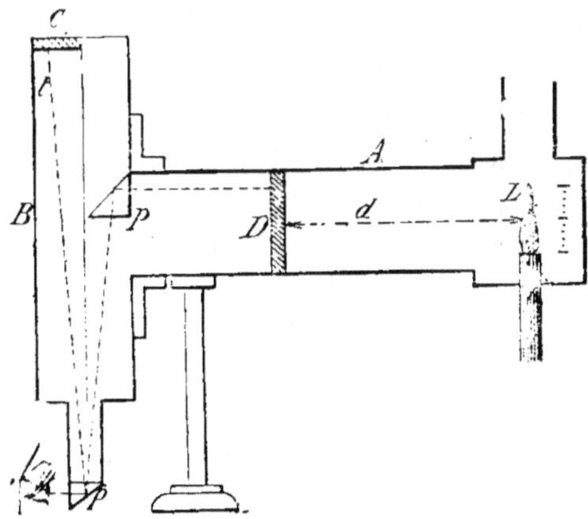

Fig. 71.

En regardant à travers l'orifice p, on distingue à gauche une partie de la plaque C, éclairée par transparence grâce à la lumière d'un foyer, ou à la lumière diffuse passant à travers les fenêtres de la pièce où l'on se
trouve. A droite, on voit par réflexion totale, dans un
prisme p, la plaque D, éclairée par transparence, par la
lampe étalon.

En faisant varier la position de la plaque D, il arrive un moment où les deux plaques se détachent avec la même netteté, ce qui correspond à des éclairements égaux. Or, l'éclairement de la plaque D est, en appelant $d$ sa distance, à l'étalon, d'intensité $\dfrac{1}{d^2}$ ; l'éclairement de la plaque $C$ sera exprimé également par le même nombre.

### Intensité lumineuse, moyenne sphérique.

L'intensité lumineuse d'un foyer varie avec la direction dans laquelle on la mesure. Si pour un foyer donné, on mesure la puissance lumineuse dans chaque direction, et qu'on mène à partir du centre. et à la même échelle dans chaque direction, une ligne proportionnelle à l'intensité lumineuse dans cette direction, l'extrémité de toutes ces lignes limitera une certaine surface autour du point lumineux, et le volume défini par cette surface représentera la quantité totale de lumière envoyée par le foyer.

Si l'on suppose une sphère ayant le même volume que celui limité par la surface que nous venons de définir, le rayon de cette sphère représentera l'intensité lumineuse moyenne sphérique du foyer. c'est-à-dire la puissance photométrique dans une direction quelconque, si la même quantité totale de lumière était uniformément répartie.

*Éclat.* — C'est l'intensité lumineuse, rapportée à l'unité de surface de la source éclairante. On peut encore considérer l'éclat d'un foyer lumineux comme le quotient de sa puissance photométrique ; par sa surface, il présente une grande importance ; en effet, la sensation lumineuse étant due à la destruction du *pourpre réti-nien*, si cette destruction est trop rapide. il y a éblouissement, et par suite, confusion dans la netteté de la vision. Il suffit d'être exposé quelque temps à la lumière solaire, ou à celle de l'arc voltaïque, pour rester comme aveuglé pendant le temps nécessaire à la reconstitution du pourpre rétinien.

L'effet est le même si la source lumineuse se trouve dans le champ visuel ; outre la perception des objets fixés par l'œil, la rétine reçoit celle des corps voisins, et si l'image est plus brillante que celle de l'objet considéré, il y aura confusion. La vision sera d'autant moins nette que l'éclat sera plus considérable.

Il en résulte que, dans tout éclairage, les foyers d'un trop vif éclat ne devront pas être placés dans le champ visuel.

Il est même préférable d'atténuer, dans ce cas, l'intensité lumineuse au moyen de globes diaphanes, qui peuvent absorber de 30 à 40 0/0 de la lumière, mais la netteté de la vision en est augmentée d'autant. C'est pour cette raison qu'en remplaçant les flammes du gaz ou des lampes à huile par des lampes à incandescence d'un éclat supérieur, on est obligé d'augmenter de 30 0/0 la puissance lumineuse de ces foyers. Cette augmentation permet de distinguer les objets. En comparant l'éclat du bec Auer à celui d'une lampe à incandescence de 16 bougies :

<br>

|  |  |
|---|---|
| Bec Auer n° 2 | 3,32 |
| Lampe Edison 16 bougies | 16 |

le bec Auer donne un éclat 4 fois 1/2 moindre que la lampe à incandescence ; il faudra une surface lumineuse 4 fois 1/2 plus grande. mais un éclat lumineux moyen donnera toujours une lumière plus douce.

*Illumination*. — L'illumination d'une surface est le produit de son éclairement par le temps pendant lequel cette surface est soumise à l'éclairement. L'unité pratique est la *Bougie à un mètre-seconde*, désignée sous le nom de *Phot*, par le congrès international de photographie de Bruxelles, 1891.

*Rendement photogénique d'un foyer lumineux*. — C'est le rapport de la puissance éclairante, exprimée en unités photométriques, à la quantité d'énergie dépensée, exprimée en unités mécaniques, en adoptant la bougie pour unité photométrique, et le Watt pour unité mécanique.

1° Bec Bengel de 165 litres par carcel.

$$\text{Rendement photogénique} \quad \frac{1}{66,58}$$

2° Bec Auer n° 2, consommant 115 à 120 litres, et donnant 6 carcels.

$$\text{Rendement photogénique} \quad \frac{1}{13,22}$$

Lampe à incandescence de 16 bougies, dépensant 60 watts.

$$\text{Rendement photogénique} \quad \frac{1}{3,75} \cdot$$

Régulateur à courant continu de 1000 bougies, dépensant 700 watts.

$$\text{Rendement photogénique} \quad \frac{1}{6,70}$$

L'hecto-watt-heure gaz coûte 0 fr. 00459; l'hecto-watt-heure incandescence électrique coûte 26 fois plus cher mais les appareils électriques utilisent mieux l'énergie que les appareils à gaz.

| Désignation des foyers lumineux | Dépenses en kilogrammètres par carcel | Quantité de chaleur nécessaire pour produire par seconde une carcel | Watts par carcel | Rendement photogénique $\left( \dfrac{1\ \text{carcel}}{n\ \text{watts}} \right)$ |
|---|---|---|---|---|
| | | calories | | |
| Bec Bengel, dépensant 105 lit. par carcel. . . . . . . . . . | 68,1 | 0,1605 | 668 | $\dfrac{1}{668}$ |
| Lampe à pétrole, consommant 3 gr. 37 de pétrole par heure et par bougie. . . . | 40,6 | 0,096 | 399 | $\dfrac{1}{399}$ |
| Bec à gaz à récupération. dépensant 49 litres par carcel. | 25,9 | 0,0610 | 254 | $\dfrac{1}{254}$ |
| Bec Auer n° 2, dépensant 20 litres par carcel. . . . . . . | 12,9 | 0,0305 | 127 | $\dfrac{1}{127}$ |
| Lampe à incandescence électrique de 16 bougies (dépensant un courant de 0.56 amp. et 100 volts). . . . . . | 3,82 | 0,0091 | 37,5 | $\dfrac{1}{37,5}$ |
| Bougie électrique (dépensant un courant de 8 ampères et 100 volts) . . . . . | 1,80 | 0,0042 | 11,3 | $\dfrac{1}{17,3}$ |
| Régulateur à courants alternatifs dépensant un courant de 20 ampères et 65 volts) . . . . . . . . . . . . | 1,15 | 0,0027 | 6,65 | $\dfrac{1}{11,3}$ |
| Régulateur à courant continu dépensant un courant de 10 ampères et 70 volts). | 0,67 | 0,0016 | 17,7 | $\dfrac{1}{6,65}$ |

Ce tableau (1) nous montre que le bec Auer a un

(1) Ce tableau a été extrait d'un remarquable article de M. Chataignier : « Etude sur la production de la lumière à incandescence par le gaz d'éclairage », publié dans le Journal de l'éclairage au gaz, 1895.

rendement 5,03 fois plus élevé que les bec Bengel, 1,92 que les lampes à gaz à récupération, 3,01 fois que les lampes à pétrole ; enfin l'incandescence électrique possède un rendement 3,52 fois plus élevé que l'incandescence par le gaz ; mais l'avantage, au point de vue économique, reste à l'incandescence par le gaz.

# CHAPITRE IX.

Eclairage public par l'incandescence. — Tracé des courbes d'é-
clairement. -- Eclairage des voitures de chemin de fer, des
phares. — Projet d'éclairage du boulevard St-Germain. — Comparaison de l'éclairage des grands boulevards par l'électricité
et par les becs à incandescence. — Inconvénient des éclairages
intensifs intérieurs. — Verrerie, globes holophanes.


## Eclairage public par l'incandescence.

Pour l'éclairage de la ville de Paris, on a justement
remplacé le bec papillon de 140 litres, par un bec Auer
de 115 litres ; l'amélioration ainsi obtenue sur l'éclairement a été considérable.

Pour évaluer cet éclairement, on commence par déterminer la courbe photométrique (fig. 72) (ou courbe
des intensités lumineuses) d'un bec ayant servi de 30 à
35 jours (moitié de la durée moyenne d'un manchon),
et muni de son verre à baguettes et de sa lanterne.

La courbe de la fig. 72, donnée dans un plan méridien,
et qui se retrouve d'ailleurs dans les différents azimuts,
a pour éléments les intensités ci-après :

Angle du rayon lumineux avec la verticale :

      90°    70°    60°    45°    30°

Intensités en bougies décimales :

      40$^{b}$8  48$^{b}$8  40$^{b}$5  28$^{b}$  17$^{b}$

On voit ainsi que l'intensité lumineuse d'un bec Auer, muni de sa lanterne, est loin d'être constante dans toutes les directions. Ce qui prouve que dans les calculs d'éclairement du sol, il faut faire intervenir non l'intensité horizontale des foyers considérés, mais bien l'intensité réelle, suivant chaque inclinaison.

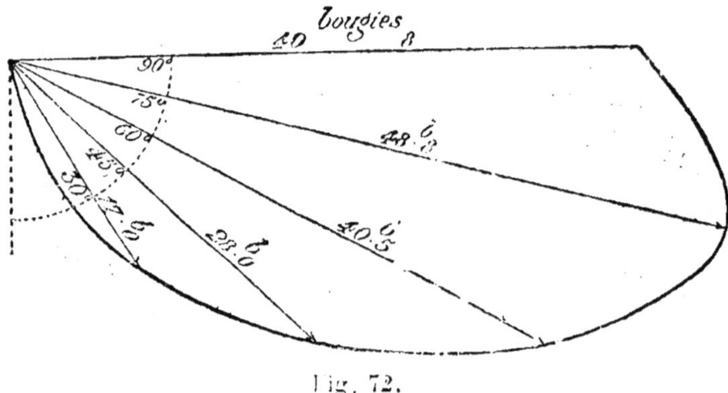


Fig. 72.

Cette courbe photométrique étant connue, rien n'est plus facile que de déterminer graphiquement *les courbes d'éclairement du sol*, correspondant à un ensemble de foyers. On entend par courbes d'égal éclairement, les courbes réunissant les points qui reçoivent un même éclairement. Ces courbes permettent d'embrasser d'un seul coup d'œil l'éclairage de tout une voie.

Les éclairements s'évaluant en bougies décimales à 1 mètre, c'est-à-dire en prenant comme unité l'éclairement produit par une bougie décimale sur un élément de surface, placé parallèlement à l'axe de la flamme, à 1 mètre de distance, les courbes d'égal éclairement se graduent en bougies décimales à 1 mètre, ou en fractions décimales de cette unité.

Ainsi. la courbe cotée 0 bougie 50 ou 0 b. 50, réunira

tous les points dont l'éclairement est les cinq dixièmes
de l'éclairement d'une bougie décimale à 1 mètre.

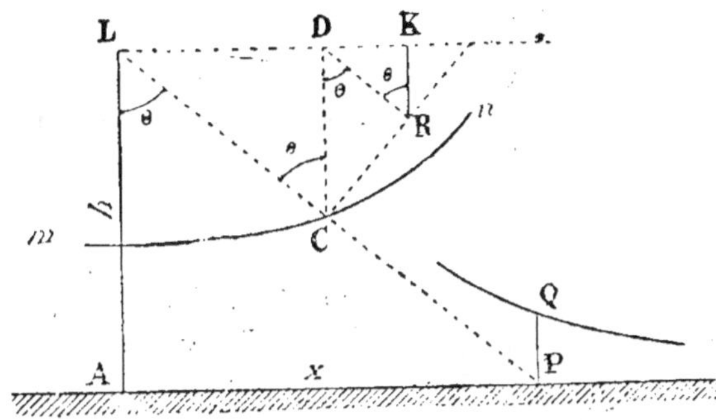

Fig. 73.

Soit *mn* (fig. 73) la courbe d'un foyer lumineux L,
monté sur un candélabre L A, de hauteur $h$ ; un point P
quelconque du sol est éclairé par un rayon d'intensité
égal à LC. Si $\theta$ est l'angle formé par le rayon avec la
verticale, l'éclairement en P est :

$$e = \frac{LC \cos \theta}{LP^2} = \frac{LC \cos^3 \theta}{h^2}$$

Menons par C la verticale CD, et par le point D, une
parallèle à LC. Cette parallèle rencontre en R la perpen-
diculaire à LC, menée par C ; il est facile de voir que :

$$e = \frac{KR}{h^2}$$

Pour obtenir l'éclairement en P, il suffit donc de mesurer la longueur KR sur la figure, et de la diviser par
$h^2$. Si même on a soin, pour le tracé de la courbe photométrique, de représenter l'unité d'intensité lumineuse
par une droite de longueur égale à $h^2$, l'éclairement est
exactement égal à KR.

Portons cette longueur sur la verticale PQ ; en opérant
de même pour d'autres inclinaisons, et en réunissant par
une courbe les points Q ainsi obtenus, on tracera la
courbe de l'éclairement sur le sol produit par un foyer
de hauteur $h$. La fig. 74 représente les courbes d'éclairement des becs Auer : 1° 1 bec n° 1, 2° 1 bec n° 2,
3° 2 becs n° 2, 4° 3 becs n° 1.

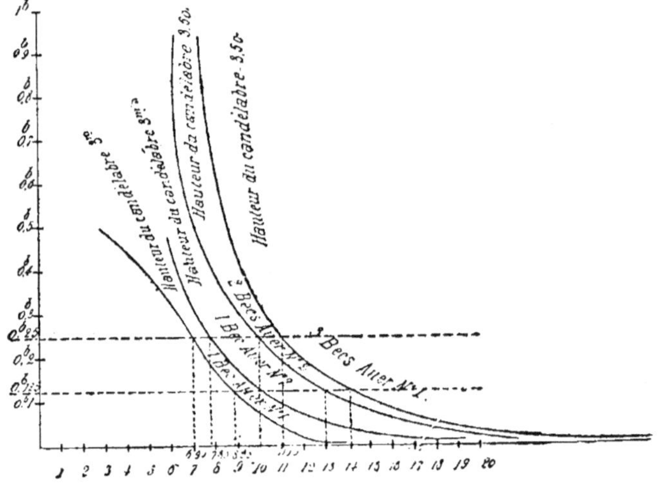


Fig. 74.

Pour trouver immédiatement l'éclairement à une distance $x$ du pied du candélabre, il suffira de porter la
longueur $x$ à partir du point A, et de mesurer PQ.

S'agit-il de déterminer l'éclairement produit en un
point d'une rue, par un ensemble de foyers identiques au
foyer considéré, on mesure les distances $x\ x'\ x''\ldots\ x^{(n)}$,
du point en question au pied des candélabres, et à l'aide
de la courbe des éclairements, on obtient de suite les
éclairements, $e\ e'\ e'\ e^{(n)}$, dus à chaque foyer. L'éclairement cherché est la somme de ces éclairements particiels.

C'est par ce procédé qu'on obtient les courbes d'égal éclairement d'une rue ou d'une place.

Si l'on examine, par exemple, les courbes d'éclairement de l'avenue de la Grande-Armée, au moyen des anciens becs papillons (fig. 76), on voit qu'avec ces derniers,

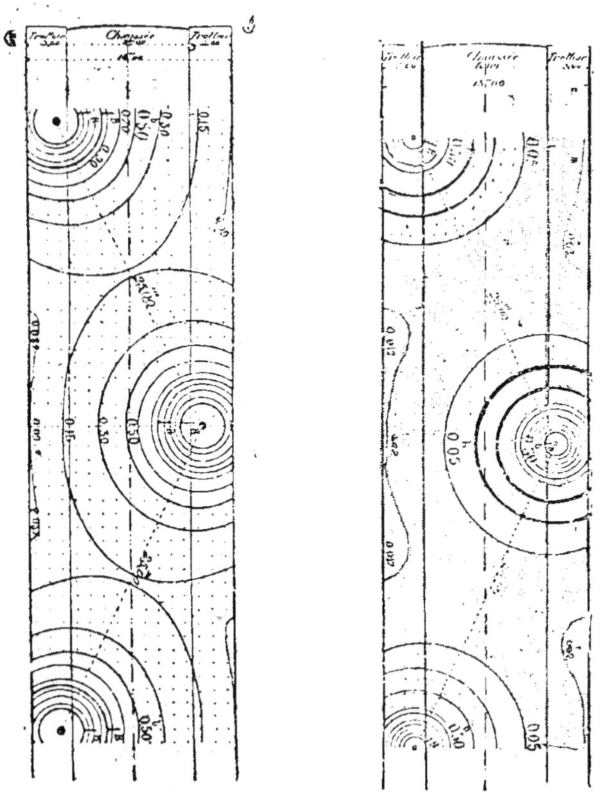

Fig. 75 et 76.

la zone mal éclairée, à moins de 0b.05, occupait une surface considérable. Avec le bec Auer (fig. 75), cette zone a disparu ; grâce à l'extension de la partie à éclairement convenable, 0b. 05 à 0b. 50, l'éclairement minimum, qui était de 0b. 017, a passé à 0b.07 et par conséquent, quadruplé. Quand la zone éclairée a plus de 0b. 50, elle a au moins quintuplé.

Les constatations sont analogues pour une rue de largeur moyenne (15 mètres), avec candélabres en quinconce, espacés de 25 mètres ; les fig. 75, 76 correspondent l'une à un éclairage avec des becs Auer, l'autre à un éclairage avec des becs papillons.

Les courbes d'égal éclairement ont non seulement l'avantage de représenter graphiquement l'éclairement du sol, mais elles permettent aussi d'en obtenir l'éclairement moyen, en assimilant les courbes d'égal éclairement à des courbes de niveau, et en calculant leur ordonnée moyenne.

C'est ainsi que l'éclairement moyen de l'avenue de la Grande-Armée ressort à 0b. 113 avec des becs papillons de 140 litres, et à 0b. 357 avec des becs Auer de 115 litres ; la simple substitution du bec Auer au bec papillon a donc permis de tripler l'éclairement.

Pour une rue de 15 mètres (fig. 75, 76), les éclairements moyens sont de 0b. 120 à 0b. 360.

Enfin, pour passer à une application sur un terrain bien connu, nous mettons en regard (fig. 77, 78 l'éclairement actuel des boulevards (extrait du livre de M. Maréchal) (1) et l'éclairement qu'on obtiendrait avec des foyers de trois becs n° 1 (Auer), sur candélabres de 3 m.5. espacés régulièrement de 18 mètres. On voit dans les deux dispositions, figurées côte à côte, que l'éclairement minimum sur la chaussée est d'environ 0b. 7, et que la portion de trottoir éclairée à moins de 0b.5, est extrêmement réduite, si même elle existe.

(1) « L'éclairage à Paris ».

Les prix de revient des deux éclairages sont les suivants :

| Electricité. | Bec Auer. |
|---|---|
| Pour une longueur de 80 mètres, 3 foyers de 10 ampères constants représentent une dépense annuelle totale de : | Pour une longueur de 72 m., 8 foyers de 3 becs constants représentent une dépense annuelle totale de : |
| $3 \times 1400 = 4\,200$ fr. soit 52 fr. 50 par mètre courant. | $8 \times 171 = 1368$ fr. soit 19 fr. par mètre courant |

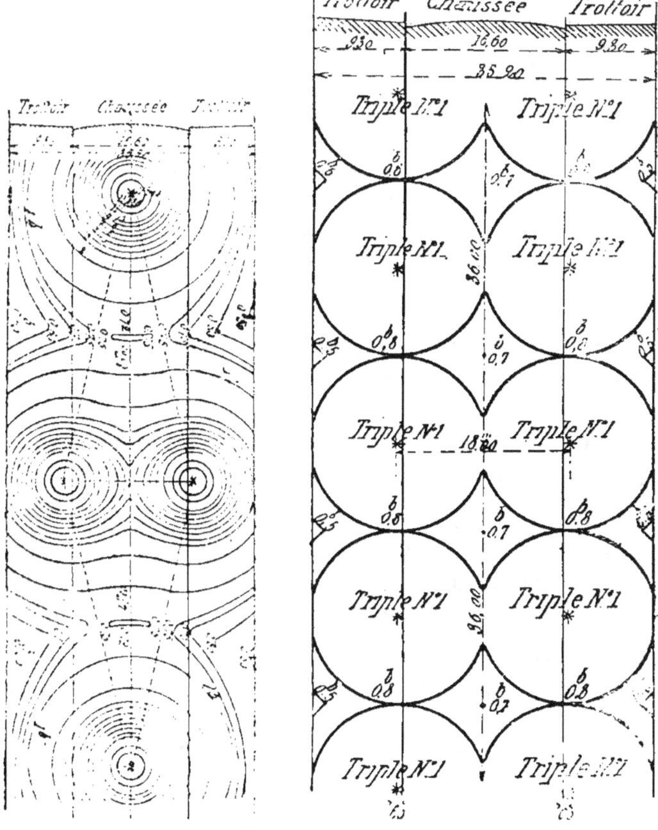


Fig. 77 et 78.

L'éclairement général par les becs à incandescence, serait sensiblement amélioré par la suppression des zones trop éclairées, qui nuisent à l'ensemble et par une meilleure répartition des foyers par rapport aux arbres et aux édicules, dont les ombres portées donnent aux trottoirs, la nuit, un aspect tout à fait différent de ce qu'on attend d'un bon éclairage.

Si nous considérons la question des manchons, leur durée varie beaucoup avec l'emplacement de la lanterne, le mode d'allumage, l'habileté de l'allumeur, etc. Mais on peut compter qu'un manchon dure 68 jours, ce qui représentera.t une dépense par bec de 5,37 manchons.

L'économie de gaz réalisée est suffisante pour payer la casse des verres et des manchons, et pour parer à l'imprévu. Par conséquent, sans augmenter les charges annuelles d'entrztien, on a pu réaliser un éclairement triple.

Il est intéressant de rechercher quelle est l'économie, quand on établit la comparaison avec un éclairage à becs à récupération. Considérons l'éclairage de la rue du 4 Septembre, où les foyers sont des becs à récupération de 750 litres, placés en quinconce et espacés de 20 m.: nous trouvons que l'éclairage unité, ou l'éclairage pendant une heure d'une surface égale à un décamètre carré, et dont tous les points recevraient un éclairement d'une bougie, revient à 3 centimes 65 ; en opérant de même pour les fig. 75, 76, nous obtenons 2 centimes 27, et 1 centime 81 ; donc, l'éclairage unité coûte :

2 centimes 27 avec les becs Auer.

3 — 65 avec les becs à récupération.

6 — 81 avec les becs papillons.

L'éclairage à l'incandescence par le gaz, pour les voies publiques, apparait donc finalement comme un système des plus économiques.

L'éclairage unité avec les lampes à arc, avec courant de dix ampères dans les mêmes conditions, revient à 1 c., 62, mais généralement, ces dépenses ont été de beaucoup augmentées.

### Eclairage projeté du boulevard St-Germain.

La C<sup>ie</sup> du gaz prépare un projet d'éclairage par becs Auer, alimentés par de l'air pris sur la canalisation d'air comprimé alimentant les brûleurs ; ces becs, de deux types, consomment :

1° 300 litres, produisent 30 carcels et correspondent aux lampes à arc de 7 ampères.

2° 760 litres, produisent 70 carcels, correspond nt aux lampes à arc de 10 ampères.

### Eclairage des voitures de chemins de fer.

L'emploi des manchons dans les lanternes destinées à l'éclairage des voitures, présentait de grandes difficultés à cause de leur extrême fragilité. La S<sup>té</sup> Auer a installé, en 1895, des becs avec manchons dans une lanterne de wagon restaurant. La fig 70 représente la disposition adoptée ; la galerie D, qui supporte une cheminée à baguettes, absorbant une très faible quantité de lumière, dispersant la lumière et résistant parfaitement aux courants d'air, s'appuie sur une bague maintenue au moyen de quatre ressorts de suspension C. Cette cheminée est surmontée d'une rehausse en cuivre, qui s'engage dans un ressort spirale F, dont une des extrémités est fixée sur une cheminée en tôle, concentrique à cette rehausse. Le manchon, fabriqué à suspension centrale, peut être supporté par une potence latérale ou par une tige centrale.

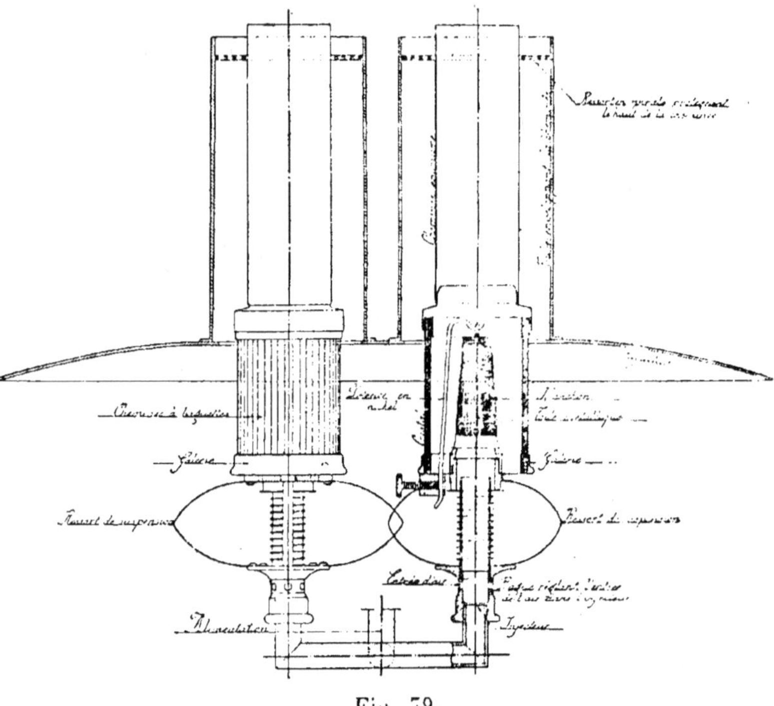

Fig. 79.

Les lanternes de la voiture faisant le trajet de Paris à Trouville, comprennent chacune deux becs (fig. 79) ; chaque bec consomme par heure 22 litres de gaz riche, et le pouvoir éclairant est de 2 carcels 1/2, c'est-à-dire 5 carcels par lanterne.

Les réservoirs sont placés sous les châssis de la voiture ; ils ont une capacité totale de 1 350 litres. Au moment du chargement. le gaz y est comprimé à une pression de 7 à 8 atmosphères ; la sortie du gaz est réglée par un détendeur, qui le fournit sous la pression de 70 mm. d'eau ; le gaz arrive à chaque bec avec une pression de 55 mm.

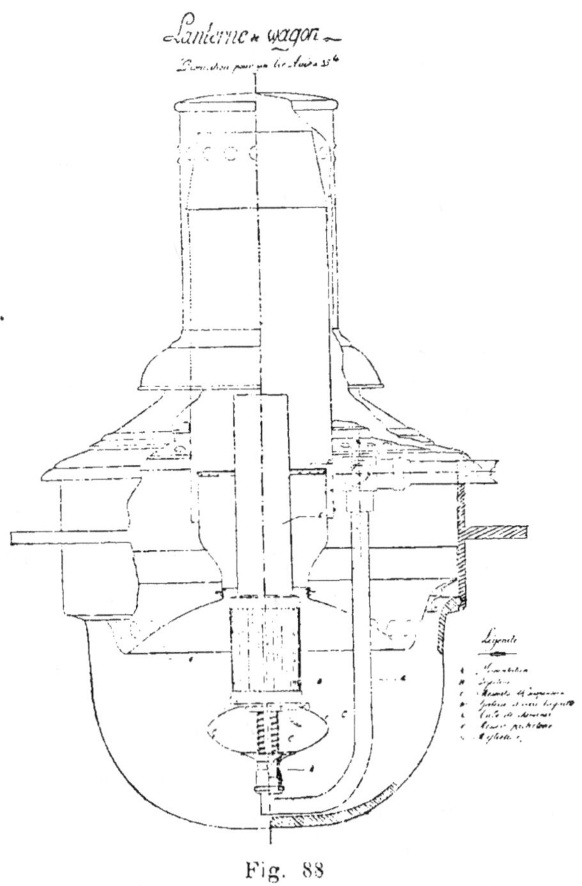

Fig. 88

Dans ces conditions, l'intensité lumineuse de chacun des becs est de 2 carcels 1/2, pour une consommation horaire de 22 litres : on obtient donc la carcel avec une dépense de 8 litres 80 par heure. Avec le bec papillon, on obtient le même éclairement avec une dépense horaire de 42 litres ; par conséquent, à lumière égale, ces becs consomment 5 fois moins que les becs papillons.

La durée des manchons n'est pas encore parfaitement établie ; on peut compter, dès à présent, sur une durée de 50 à 55 jours, correspondant à une distance de 20 à 25.000 kilomètres. L'économie réalisée serait de 33 0/0, en supposant le prix du gaz riche de 1 fr. à 1,25 le mètre cube. On fait actuellement des essais dans plusieurs grandes compagnies, pour remplacer le gaz riche par le gaz ordinaire (sans augmenter la capacité des réservoirs) ; un bec semblable à celui de la fig. 80 consomme de 36 à 38 litres de gaz ordinaire, à la pression de 70 mm., et donne un pouvoir éclairant de 1 carcel 25. Les anciens becs consommaient 35 à 40 litres de gaz riche à l'heure, et donnaient de 0,6 à 0,7 carcels ; l'ancien éclairage au gaz riche sera donc doublé, pour la même consommation de gaz ordinaire. Cette question est de la plus grande importance, en raison du prix élevé du gaz riche (1 fr. 25 le mètre cube), et de la facilité qu'il y aurait de recharger les réservoirs, en dehors des rares stations pourvues actuellement de gaz riche.

### Eclairage des Phares.

Les phares sont alimentés par le gaz d'huile, que l'on fait brûler sous pression ; les becs Auer, montés sur brûleurs spéciaux, peuvent fonctionner à partir d'une pression de 1 m. d'eau, mais en augmentant la pression, on augmente aussi l'intensité ; on peut alors obtenir, avec le même appareil, une intensité plus forte, ce qui a une grande importance. suivant l'état de l'atmosphère. Des essais faits au phare de première classe de Chassiron, près La Rochelle, ont prouvé qu'on pouvait obtenir, avec ces becs, une intensité triple, avec une dépense trois fois moindre ; un manchon n° 2 donne de 30 à 40 carcels, avec une pression de 1 m. 50 d'eau, et la durée des manchons a atteint 800 heures.

*Application à la photographie.* — D'après M. Kruger, on peut employer les becs à incandescence pour la photographie, en plaçant les brûleurs devant des écrans blancs, qui renvoient la lumière sur l'objet à photographier.

## Éclairage intérieur.

L'éclairage d'une pièce dépend de son ameublement, des couleurs des étoffes. des meubles, des murs, des plafonds et de la disposition adoptée. Il est difficile de donner des règles absolues.

En général, cependant, il est d'usage de compter, pour l'éclairage d'une salle, une puissance lumineuse exprimée en bougies, égale à la moitié ou au tiers du volume de cette salle, désigné en mètres cubes. L'unité pratique de puissance lumineuse adoptée est la bougie décimale, ou le 1/20 de l'unité de la conférence internationale de 1884 (Etalon de M. Violle). L'unité pratique d'éclairement est la bougie à un mètre.

En appliquant les règles précédentes, si nous avons une pièce de 5 m. de longueur et de 4 m. de largeur, avec une hauteur de 3 m., nous devrons installer une puissance lumineuse de 20 ou de 30 bougies.

On se contente quelquefois de déterminer la puissance lumineuse nécessaire pour un éclairage, d'après la surface du plancher à éclairer. On admet, en général, 2 à 4 bougies par mètre carré. Mais ces chiffres sont généralement dépassés quand il s'agit d'un éclairage brillant. Dans les théâtres de Paris, l'éclairement varie entre 6 et 30 bougies par m. carré. On évalue à 50 bougies à 1 mètre l'éclairement produit par un jour normal sur une surface bien exposée : pour lire et écrire sans fatigue, il faut au moins un éclairement de 10 bougies à 1 mètre.

Nous reproduisons, d'après M. Mascart, le tableau suivant :

| | Dimensions | | Nombre total | Nombre de bougies | |
| | Plan | Volume | de bougies | par mètre horizontal | par mètre cube |
|---|---|---|---|---|---|
| *Salle des glaces du palais de Versailles.* | | | | | |
| En 1745 | 720$^{m}$ | 9360$^{mc}$ | 1800 | 2,50 | 0,19 |
| 1873 | | | 4000 | 5,55 | 0,43 |
| 1878 | | | 8000 | 11,10 | 0,85 |
| *Salle des fêtes de Compiègne.* | | | | | |
| En 1888 | 440 | 3520 | 1000 | 2,28 | 0,28 |
| *Opéra (soirées de bal).* | | | | | |
| Foyer | 672 | 7392 | 6000 | 8,93 | 0,81 |
| Salle | 400 | 9200 | 11140 | 27,85 | 1,21 |
| Scène | 530 | 8000 | 4720 | 8,90 | 0,59 |
| *Hôtel de Ville (bals de 1888).* | | | | | |
| Salle des Fêtes | 1295 | 24000 | 18720 | 14,46 | 0,78 |
| Grands salons | 496 | 4067 | 7560 | 15,24 | 1,86 |
| *Théâtres (salle).* | | | | | |
| Odéon | 350 | 5600 | 2470 | 7,06 | 0,44 |
| Gaité | 250 | 4800 | 2360 | 9,44 | 0,55 |
| Comédie-Française | 240 | 3560 | 2340 | 9,75 | 0,67 |
| Palais-Royal | 90 | 1600 | 1560 | 21,10 | 1,90 |
| Porte-St-Martin | 200 | 3250 | 3200 | 16,00 | 0,98 |
| Renaissance | 96 | 1400 | 1970 | 20,52 | 1,40 |

## Viciation de l'air par les becs à incandescence.

Le gaz brûlant à flamme bleue, c'est-à-dire sa combustion étant complète, il ne peut se dégager aucun des
gaz méphitiques ou malsains qui sont toujours le résultat d'une combustion incomplète. D'après le Dr Rencke,
directeur de l'Institut d'hygiène de Halle, le taux de
viciation de l'air par l'acide carbonique et la chaleur,
est moindre que celui de tout autre bec, et moindre que
celui qui correspondrait au même volume de gaz, brûlé
à nu, à flamme bleue. D'après les expériences de M. Coin-
det, l'échauffement produit par un bec Auer n° 2, donnant 6 carcels, est à peu près le même que celui produit
par une lampe à huile ordinaire, donnant une carcel.

## Verrerie.

Pour les becs à incandescence, il faut une verrerie
absolument blanche, ou légèrement teintée de rose. Dans
le cas où le bec est exposé aux intempéries, il est préférable, au lieu de cheminées en mica, qui absorbent de
30 à 40 0/0, d'employer des cheminées à baguettes, qui
sont très résistantes, absorbent très peu de lumière, et
ont, en outre, l'avantage de cacher le manchon et d'é-
largir le foyer lumineux ; ces cheminées sont spécialement employées dans les lanternes d'éclairage public.

Ces verres se garnissent facilement de poussière, et ils
absorbent alors de 10 à 12 pour 100 de lumière. Mais
quand ils sont propres, certains d'entre eux sont plus
translucides que les verres ordinaires. Ce caractère est
peut-être dû à la qualité spéciale du verre.

## Globes holophanes.

Jusqu'ici on a employé, autour des foyers lumineux, des globes en verre clair ou en verre opalin ; avec les premiers, l'éclat d'une source de lumière un peu intense est insoutenable à l'œil ; avec les seconds, les pertes par absorption varient de 40 à 60 pour 100. Pour éviter ces pertes considérables, il était nécessaire d'établir un globe qui permettrait, en utilisant certaines propriétés optiques, de diffuser en tous sens l'intensité lumineuse d'un foyer, ou de la distribuer convenablement, suivant certaines directions.

Les globes *holophanes*, comme l'indique leur nom, paraissent uniformément lumineux sur toute leur surface; ils permettent à l'œil de tirer le meilleur parti possible de l'éclairage, en n'offrant à sa vue que des surfaces de faible éclat intrinsèque, et en évitant l'effet des contrastes, et ils permettent, de plus, de diriger les lumières sur les seules parties qui doivent être éclairées ; ils peuvent être diffuseurs, simplement, ou diffuseurs distributeurs. Ces propriétés ont été obtenues par l'emploi de cannelures croisées, sur des globes sphériques ou ovoïdes, de cristal pur et transparent, et par les formes spéciales de cannelures intérieures et extérieures. Celles-ci sont formées par des combinaisons de deux profils, l'un réfractant et l'autre réfléchissant, qui ont été calculés pour produire l'effet voulu. Les cannelures intérieures, toutes semblables entre elles, sont dirigées suivant les méridiens, et les cannelures extérieures, suivant les parallèles.

Ces globes sont exécutés à la presse, en deux moitiés séparées par un plan horizontal, et faites chacune dans un moule spécial. L'enveloppe extérieure du moule porte les cannelures extérieures, et le noyau, les cannelures intérieures, gravées à la fraise. Les deux parties du globe sont réunies par un treillage métallique.

Les différents types sont :

*Le cône garde-vue*, qui supprime les rayons trop éclatants, et rabat une portion importante de la lumière sur le plan horizontal.

*La tulipe* produit un effet analogue à celui du cône, et s'exerçant dans un périmètre de 3 à 4 mètres de rayon, elle est destinée aux cafés et aux magasins.

*Le globe diffuseur* est destiné à l'extérieur ; il rémédie au sérieux inconvénient qui existe actuellement, en matière d'éclairage, et qui fait que l'éclairement, sous l'incidence de 45°, est bien supérieur à celui des autres incidences. Il rapproche la courbe de distribution photométrique de la courbe idéale. L'absorption par ces globes ne dépasserait pas 15 pour 100.

**Inconvénients des éclairages intensifs intérieurs.**

Les éclairages électriques intenses des gares, des grands magasins, ne sont pas sans danger pour le système nerveux : ils déterminent un affaiblissement de l'ouïe, des insomnies, des troubles digestifs. Chez des névropathes et des arthritiques, on a constaté, sous l'influence de ces éclairages, des céphalalgies, de l'amblyopie, de la paralysie et de l'anesthésie du côté gauche. Les éclairages insuffisants déterminent de la dilatation pupillaire, de l'hypéresthésie, etc.

FIN DE LA PREMIÈRE PARTIE

## DEUXIÈME PARTIE

# ACÉTYLÈNE

## CHAPITRE I

Acétylène. — Préparations de laboratoire. — Préparations industrielles. — Propriétés physiques. — Réactions principales de l'acétylène. — Combustion de l'acétylène. — Produits de la combustion. — Quantité d'air nécessaire. — Considérations générales sur la combustion de l'acétylène. — Température d'inflammabilité. — Température de combustion. — Becs spéciaux pour brûler l'acétylène. — Comparaison des prix de revient des différentes sources de lumière avec l'acétylène. — Liquéfaction de l'acétylène. — Appareil Dickerson Suckert. — Explosibilité de l'acétylène. — Toxicité de l'acétylène. — Action de l'acétylène sur les métaux.

### Acétylène.

L'acétylène est un carbure d'hydrogène non saturé, qui a pour formule $C^2H^2$; il a été découvert par Ed. Davy, en 1836.

La synthèse en a été faite par M. Berthelot; elle est le point de départ de toutes les synthèses des composés organiques, en partant des éléments carbone et hydrogène libres.

M. Berthelot a montré que l'acétylène prend naissance dans un grand nombre de réactions, toutes les fois
que l'on fait passer dans un tube chauffé au rouge de l'é-
thylène $C^2H^4$, des vapeurs d'alcool ou d'éther, il se
forme également dans la combustion incomplète des

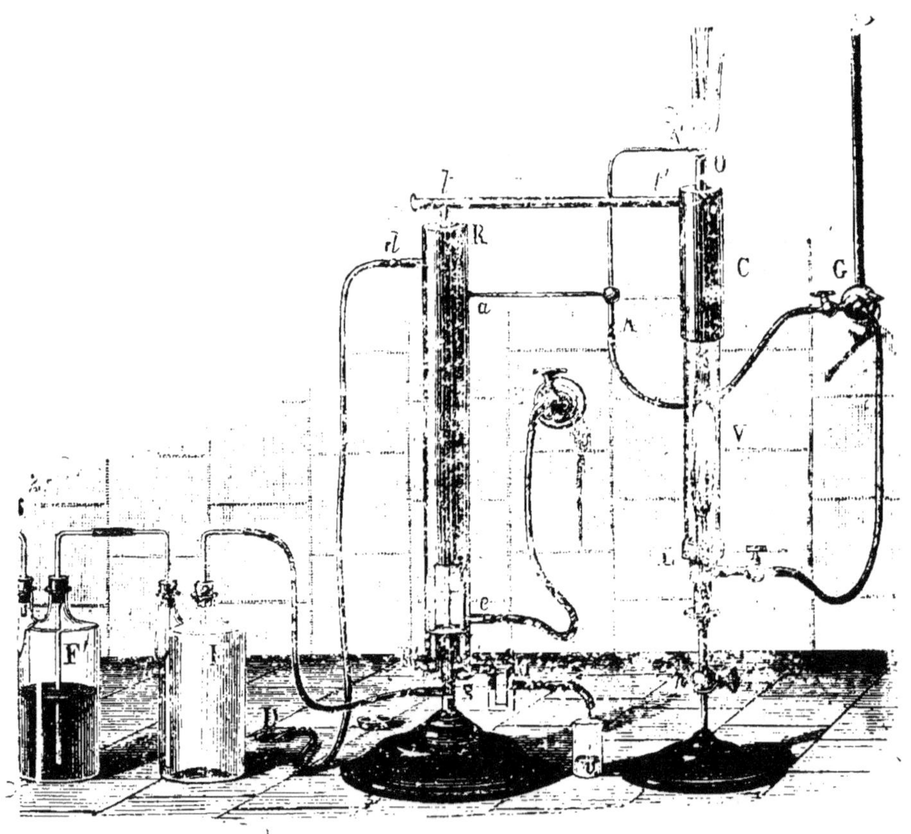

Fig. 81

matières organiques.
M. Berthelot en a réalisé la synthèse en faisant passer

un courant d'hydrogène pur et sec dans un ballon de
verre, où l'arc électrique jaillit entre deux baguettes de
charbon. Les gaz traversent, au sortir du ballon, un
flacon contenant une dissolution ammoniacale de chlorure cuivreux $Cu^2Cl^2$ ; il se dépose de l'acétylure de cuivre $C^2H^2Cu^2O$, de couleur rouge marron.

On le prépare dans les laboratoires, par la combustion incomplète du gaz d'éclairage. On produit cette
combustion au moyen d'un brûleur spécial, réalisé par
M. Jungfleisch, et représenté fg. 81. Un courant d'air
insuffisant arrive dans la flamme intérieure d'un bec
Bunsen ; le mélange d'acétylène et de gaz d'éclairage
en excès est aspiré par une trompe, et refroidi dans un
réfrigérant, puis traverse des flacons contenant le réactif
cuivreux.

Ce composé est lavé, et introduit humide dans un
petit ballon, avec de l'acide chlorhydrique concentré :
on chauffe légèrement, et il se dégage de l'acétylène
pur.

$$C^2H^2Cu^2O + 2\ HCl = C^2H^2 + Cu^2Cl^2 + H^2O.$$

On peut encore montrer la production de l'acétylène
par la combustion incomplète de l'éther ; on prend une
large éprouvette, dans laquelle on verse un peu d'éther,
puis une dissolution ammoniacale de chlorure cuivreux ;
on enflamme en faisant tourner l'éprouvette autour de
son axe, et en la maintenant presque horizontalement,
on constate sur les parois un dépôt rouge d'acétylure
cuivreux.

On prépare encore l'acétylène dans les laboratoires,
en décomposant dans un petit ballon de verre le bro-
mure d'éthylène, par une solution alcoolique de potasse
ajoutée goutte à goutte, et en chauffant.

$$C^2H^4Br^2 + 2\ KOH = 2\ KBr + 2\ H^2O + C^2H^2.$$

D'après Olding, on produit l'acétylène en faisant passer dans un tube chauffé au rouge un mélange d'oxyde de carbone et de formène.

$$CO + CH^4 = C^2H^2 + H^2O$$

Jusqu'à présent, l'acétylène ne s'obtenait que très difficilement par des méthodes onéreuses, et ne pouvait être considéré que comme un gaz de laboratoire ; différents modes de préparation plus ou moins coûteux avaient bien été indiqués, mais il était impossible de songer à les utiliser dans l'industrie.

Parmi ces tentatives de préparation industrielle, nous ne citerons que celles reposant sur la décomposition de l'eau par divers composés. Davy avait constaté que parmi les produits accidentels de la fabrication du potassium, certains décomposaient l'eau, et donnaient naissance à un mélange de carbures d'hydrogène, riche en acétylène.

Wœhler, en 1862, préparait à une très haute température un alliage de zinc et de calcium en présence d'un excès de charbon, dont la composition et les propriétés restaient à étudier. Cette combinaison avait la propriété de se décomposer par l'eau en gaz acétylène impur, et en hydrate de calcium.

Le gaz produit à l'aide du carbure de calcium, disait Wœhler, n'a pas encore été analysé, mais il est caractérisé par les trois propriétés suivantes de l'acétylène :

1° Il brûle avec une flamme très éclairante et fuligineuse.

2° Il forme un mélange détonant avec le chlore, même à la lumière diffuse, avec production de flamme et mise en liberté de carbone.

3° Il produit aussi un mélange explosif sous l'influence de la chaleur, avec une solution ammoniacale de sels d'argent.

Enfin, en 1892, M. L. Maquenne, reprenant les expériences de Winkler sur la réduction des métaux alcalino-terreux par le magnésium, démontrait que le gaz obtenu par ce dernier procédé n'est autre qu'un mélange d'hydrogène et d'acétylène, en volumes sensiblement égaux. Il exprimait la réaction par la formule

$$2\ BaCO^3 + 6\ Mg = 6\ MgO + Ba + C^2Ba.$$

En ajoutant un excès de charbon, M. L. Maquenne obtenait un carbure amorphe. Le mélange obtenu contient de la magnésie ; il est d'un aspect gris, noirâtre et absolument amorphe. Mis en contact avec l'eau, il donne naissance à de l'acétylène contenant de 4 à 7 0/0 d'hydrogène. Le rendement est de 50 litres par kilo. A la fin de sa note du 5 décembre 1891 (*Bulletin de la Société chimique*, tomes 7, 8, 3e série, n° 23), L. Maquenne s'exprimait ainsi: « Je ferai remarquer que le carbonate de baryum est le seul des composés alcalino-terreux qui puisse se transformer en carbure, sous l'action du magnésium ; les autres, et surtout le carbonate de calcium, ne sont qu'incomplètement attaqués, et donnent alors, quand on les traite par l'eau, un mélange d'hydrogène et d'acétylène *peu riche*.

Peu de temps après, M. Travers, en Angleterre, a essayé de réduire directement le chlorure de calcium par le sodium en présence du charbon, et il a obtenu un produit friable, contenant un carbure de calcium, du carbone libre, du chlorure de calcium en excès, et du cyanure de sodium ; ce produit dégageait sous l'action de l'eau un mélange gazeux, contenant de l'acétylène.

Les produits préparés par ces deux procédés sont des

mélanges de composition variable, contenant des cyanures, de l'oxyde, quelquefois du métal libre, et donnant, sous l'action de l'eau, un rendement d'acétylène
n'excédant jamais 50 litres au kilo, avec un dégagement
constant de 4 à 7 0/0 d'hydrogène pour les plus purs.

Il ressort clairement de tout ce qui précède que, par
ces procédés, les carbures des métaux alcalino-terreux
n'avaient jamais été obtenus à l'état pur, et ne donnaient que des mélanges gazeux d'acétylène et d'hydrogène.

Mais pour que l'acétylène pût être obtenu pratiquement, il a fallu qu'un nouvel appareil, susceptible de
réaliser des températures fort élevées, ait permis de
fondre la chaux en présence du charbon, et d'obtenir ainsi
un carbure de calcium défini, fondu, pur et cristallisé.

Dans les célèbres expériences qu'il avait effectuées
dans son four électrique, M. Moissan avait remarqué que
la masse du four, constitué par de la chaux soumise à
la température excessive de l'arc voltaïque, avait amené
la formation, sur les électrodes en charbon, d'un composé qui était un carbure de calcium mal défini. Il avait
fait part de cette remarque dans une communication
adressée à l'Académie des Sciences, en 1892.

L'un des collaborateurs de M. Moissan M. Bullier,
frappé de ce fait, chercha alors les moyens d'obtenir
pratiquement et industriellement un carbure de calcium
pur, ayant une composition bien définie, et il y parvint,
après de nombreuses essais, en fondant au four électrique un mélange de 36 parties de charbon, et de 56 parties de chaux vive.

Ce procédé a fait l'objet d'un brevet français, déposé
par M. Bullier le 9 février 1894, et d'une communication
à l'Académie des Sciences, présentée par M. Moissan le
5 mars 1894.

Le carbure de calcium pur et cristallisé, obtenu ainsi par fusion, répond à la formule $CaC^2$, et traité par l'eau, il fournit un dégagement d'acétylène pur, d'après la réaction :

$$Ca\ C^2 + 2H^2O = C^2\ H^2 + CaO\ H^2O.$$

Aux Etats-Unis, un ingénieur, M. Wilson (de la Wilson Aluminium Company), avait bien indiqué, dans un brevet déposé à la date du 9 août 1892, et délivré le 21 février 1893, que le procédé qu'il revendiquait dans la description de sa patente pour la préparation de l'aluminium, pouvait servir à la fabrication du carbure de calcium. Mais M. Wilson n'opère pas par fusion, et insiste au contraire, dans le texte de son brevet, sur la nécessité d'éviter la fusion, en ajoutant dans le four un excès de charbon, pour empêcher la masse de fondre.

Dans ces conditions, il est difficile de concevoir la production du carbure de calcium, l'auteur ne donnant, d'ailleurs, dans son brevet, aucun détail sur les propriétés de ce corps.

La découverte et la préparation du carbure de calcium pur et cristallisé, obtenu par voie de fusion, sont donc bien une découverte française, dont tout le mérite revient à M. Moissan et à M. Bullier.

Pratiquement, 1 kilog. de carbure de calcium se combine avec 562 gr. d'eau, pour produire 115 gr. de chaux hydratée, et 406 grammes d'acétylène, correspondant à 340 litres de gaz à 0°, et à la pression de 760 mm.

Mais le carbure de calcium du commerce est impur ; il ne donne pratiquement que de 280 à 300 litres de gaz par kilo.

Voici les résultats d'une analyse du gaz acétylène.

| | |
|---|---|
| Acétylène | 98,10 |
| Oxygène | 1,18 |
| Azote | 0.35 |
| Hydrogène **sulfuré** | 0,10 |
| Hydrogène | 0,27 |

La présence de l'hydrogène sulfuré est due aux traces de sulfate de chaux contenues dans la chaux employée, et aux pyrites contenues dans la houille.

## Propriétés de l'acétylène.

L'acétylène est un gaz incolore, ayant une odeur fortement alliacée. D'après M. Moissan l'acétylène pur aurait une odeur éthérée agréable ; cette odeur alliacée proviendrait de l'emploi de houille et de chaux impures, et de la présence, dans le carbure de calcium, de sulfure et de phosphure de calcium.

L'acétylène contient 92,3 pour 100 de carbone et 7,7 0/0 d'hydrogène ; sa chaleur de formation, en partant du carbone amorphe, est de — 51,5 calories, sa chaleur de combustion de 318 calories.

L'eau, le sulfure de carbone dissolvent environ leur volume de gaz acétylène. A $0^{\circ}$ et sous la pression de 4,65 atmosphères, le coefficient de solubilité est égal à 1,6 ; le pétrole d'éclairage en dissout 1 1/2 volume, l'essence de térébenthine 2 volumes, le chloroforme, la benzine 4 volumes, l'alcool absolu et l'acide acétique près de 6 volumes ; 100 volumes d'eau saturée de sel marin ne dissolvent que 5 volumes de gaz.

La densité de l'acétylène est 0,91, le poids du litre est de 1,169 grammes, son volume spécifique 855 litres par kilo, sa température critique $37^{\circ}$, et sa pression critique 68 atmosphères.

*Action de la chaleur.* — Soumis à l'action de la chaleur, dans une cloche courbe. il donne divers produits polymères de condensation, parmi lesquels le principal est la benzine $C^6H^6$ ; du styrolène $C^8H^8$, de la naphtaline $C^{10}H^8$, de l'anthracène $C^{14}H^{10}$ et du rétène $C^{18}H^{18}$.

L'acétylène, qui a absorbé pour sa formation 51,5 calories (corps endothermique), se décompose avec une violente explosion et une grande flamme, quand on fait éclater au milieu de ce gaz une très petite cartouche de fulminate de mercure, au moyen d'un fil métallique très fin, rougi par le courant électrique ; il se produit de l'hydrogène et du carbone amorphe $C^2H^2 = C^2 + H^2$.

L'acétylène, qui est un carbure non saturé, se combine directement avec un grand nombre de corps simples, et dégage, en se combinant, la chaleur qu'il avait absorbée au moment de sa formation.

*Action de l'hydrogène.* — L'acétylène chauffé dans une cloche courbe avec de l'hydrogène, donne de l'éthylène $C^2H^4$ et de l'éthane $C^2H^6$, mélangés aux produits de l'action de la chaleur sur l'acétylène et sur l'éthane.

*Action du chlore.* — Le chlore, mêlé à l'acétylène, réagit souvent avec détonation sous l'influence de la lumière. La réaction se produit quelquefois lentement, avec production de composés d'addition $C^2H^2Cl^2$ et $C^2H^2Cl^4$. En laissant tomber des fragments de carbure de calcium $C^2Ca$, dans l'eau saturée de chlore, on voit se dégager de l'acétylène, qui s'enflamme au contact du chlore.

Le brome donne à froid $C^2H^2Br^2$, et $C^2H^2Br^4$, à 100° ; l'iode donne $C^2H^2I^2$.

*Action de l'oxygène.* — L'acétylène enflammé au contact de l'air, brûle avec une flamme éclairante fuligineuse ; il se produit de l'eau et de l'anhydride carbonique ; 2 vol. d'acétylène mêlés avec 5 vol. d'oxygène, détonent au contact d'une flamme, en dégageant 318 calories.

$$C^2H^2 + 5\,O = H^2O + 2\,CO^2.$$

Quand on enflamme un mélange de 1 volume d'acétylène et un volume d'air, le cylindre est parcouru par une flamme rouge sombre, laissant derrière elle un nuage de noir de fumée. Quand l'acétylène est mélangé avec 1,25 fois son volume d'air, le mélange commence à devenir légèrement explosible, et la violence de l'explosion augmente, atteignant un maximum à environ 12 fois le volume d'air ; le mélange cesse d'être explosible dans la proportion d'un volume d'acétylène pour 20 volumes d'air.

La réaction obtenue est différente en faisant réagir des corps oxydants, tels que le permanganate de potassium ou l'acide chromique.

Une solution de permanganate avec excès de potasse, versée dans un flacon contenant de l'acétylène, se décolore par l'agitation, et donne un dépôt brun d'hydrate de bioxyde de manganèse ; il se forme de l'acide oxalique.

$$C^2H^2 + O^4 = C^2H^2O^4.$$

Avec l'acide chromique étendu, une dissolution d'acétylène dans l'eau donne peu à peu de l'acide acétique

$$C^2H^2 + H^2O + O = C^2H^4O^2.$$

*Action de l'azote.* — L'azote se combine avec un volume égal d'acétylène, sous l'influence des étincelles électriques, pour former l'acide cyanhydrique.

$$C^2H^2 + Az^2 = 2\,CAzH.$$

Le potassium, chauffé avec l'acétylène dans une cloche courbe prend feu, et donne les acétylures de potassium $C^2HK$ et $C^2K^2$.

*Combinaison de l'acétylène avec l'acide sulfurique.* —

L'acide sulfurique absorbe lentement l'acétylène, pour former l'acide acétylsulfurique $C^2H^2SO^4H^2$.

En partant de l'acétylène, M. Berthelot a établi la synthèse de l'alcool.

L'acétylène produit par la combinaison directe du carbone et de l'hydrogène, sous l'influence de l'arc électrique, et chauffé dans une cloche courbe avec l'hydrogène, donne l'éthylène $C^2H^4$.

On fait absorber l'éthylène $C^2H^4$ par l'acide sulfurique et on soumet l'acide éthylsulfurique ainsi produit à l'ébullition, après l'avoir étendu de 10 volumes d'eau.

*Action de l'acétylène sur le chlorure cuivreux ammoniacal.* — L'acétylène donne, avec la solution de chlorure cuivreux ammoniacal, un précipité rouge marron d'acétylure cuivreux $C^2H^2Cu^2O$ ; cette réaction est caractéristique. Ce réactif, d'une grande sensibilité, permet de reconnaître la présence d'un $200^e$ de milligramme d'acétylène, mélangé à l'hydrogène.

En présence de l'air, la réaction peut être manifestée jusqu'à un centième de milligramme.

L'acétylure de cuivre fait explosion par le choc ; chauffé, il détone entre $95^0$ et $120^0$, en produisant de l'eau, du cuivre, du carbone, de l'acide carbonique, et des traces d'oxyde de carbone.

L'acide chlorhydrique dilué attaque l'acétylure cuivreux ; il se forme un sel de cuivre, et de l'acétylène.

*Action de l'acide cyanhydrique.* — Si l'on fait passer un mélange d'acétylène et d'acide cyanhydrique par un tube chauffé au rouge, il se forme de la *pyridine* ; si l'on substitue l'ammoniaque à l'acide cyanhydrique, on obtient une petite quantité de *pyrol*.

*Action de l'acétylène sur une solution de nitrate d'argent ammoniacale.* — La présence de l'acétylène peut être reconnue par son composé $C^2HAg.AgOH$, qui donne un précipité jaune, par un courant d'acétylène dans une solution ammoniacale de nitrate d'argent.

*Hydrate d'acétylène.* — L'hydrate d'acétylène se forme dans les mêmes conditions que celui de protoxyde d'azote ou d'acide carbonique ; il est, comme eux, plus dense que l'eau, et ses cristaux sont, de même, sans action sur la lumière polarisée.

Il présente les tensions de dissociation suivantes :

| Température | Pression atm. |
|---|---|
| 0° | 3,75 |
| + 4,6 | 9,4 |
| + 7,0 | 12.0 |
| + 9,6 | 16,4 |
| + 15,0 | 33,0 |

A + 16°, la tension de l'hydrate est égale à celle du gaz liquéfié humide.

L'acétylène ne se combine pas avec la glace, et son hydrate ne se décompose pas sensiblement sous la pression ordinaire, au-dessous de — 0°5. L'hydrate d'acétylène serait formé de 5,95 molécules d'eau, pour une molécule d'acétylène, et d'après M. Villard, sa composition serait représentée par la formule $C^2H^2 6 H^2O$.

La chaleur de combinaison pour 1 gramme d'eau se transformant en hydrate, dégagerait 0.143 calorie, soit 15,4 calories pour une molécule du composé.

*Homologues de l'acétylène* — L'acétylène est le premier terme d'une série de carbures d'hydrogène homologues, tels que l'allylène $C^3H^4$, le crotonylène. $C^4H^6$ etc.

*Combustion de l'acétylène.* — Le pouvoir éclairant considérable du gaz acétylène provient : 1° de sa forte teneur en carbone : 92,3 pour 100. Cette grande quantité de carbone en suspension dans la flamme de l'acétylène, lui donne un éclat merveilleux, d'une très grande blancheur, auprès duquel les lampes électriques à incandescence paraissent ternes et jaunes.

2° De la température élevée de sa combustion. Il doit être brûlé en flamme assez mince, et sous une pression plus forte que pour le gaz d'éclairage : environ 100 mm. d'eau, pour permettre une combustion complète, car sa flamme devient en effet facilement fuligineuse, en raison même de sa grande richesse en carbone.

On se rendra compte du pouvoir éclairant de l'acétylène, en comparant les nombres du tableau suivant :

| Gaz illuminants | Valeur des illuminants en carcels-heure par mètre cube. |
|---|---|
| Méthane | 3,5 |
| Gaz normal de ville à Paris | 9,6 |
| » Londres | 11,5 |
| Éthane | 25,0 |
| Propane | 40,0 |
| Éthylène | 49,0 |
| Butylène | 86,0 |
| Acétylène | 168,0 |

On peut admettre que l'acétylène produit, à volume égal, seize fois plus de lumière que le gaz de Paris, brûlant dans le bec Bengel étalon normal, donnant la carcel pour 105 litres par heure. Avec son étalon, M. Violle a trouvé plus de vingt fois.

*Chaleur dégagée par le gaz acétylène.* — L'acétylène dégage peu de chaleur ; on peut sans inconvénient approcher la main de la flamme, tandis qu'elle serait certainement brûlée avec le gaz d'éclairage. Pour une même quantité de lumière émise, la quantité de chaleur dégagée par la combustion du gaz acétylène, dépasse très peu celle dégagée par la lampe à incandescence.

Ce phénomène particulier a toutefois une raison scientifique, car l'acétylène contient proportionnellement beaucoup plus de carbone éclairant, et beaucoup moins d'hydrogène non éclairant, mais d'une plus grande puissance calorifique que le gaz de houille. De plus, à intensité lumineuse égale, la quantité d'acétylène brûlée est beaucoup moindre que la quantité de gaz de houille.

La puissance calorifique de l'acétylène égale 14.340 calories par mètre cube, et 12.200 calories par kilo.

*Produits de la combustion.* — Quant au développement des produits de la combustion, les résultats obtenus sont également favorables à l'acétylène. En prenant un gaz de houille contenant 115 grammes d'hydrogène, et 326 grammes de carbone, les 115 grammes d'hydrogène, produisent 9 fois leur poids de vapeur d'eau, ou 1.035 grammes, qui correspondent à 1.30 mètre cube ; les 326 grammes de carbone produisent les $\frac{11}{3}$ de leur poids d'acide carbonique, ou 1195 grammes, qui correspondent environ à 0.60 mètre cube d'acide carbonique. Dans les conditions les plus avantageuses, le bec Auer exige en moyenne 2.7 litres de gaz par bougie-heure, lesquels produisent par conséquent $0,0027 \times 1,30 = 0,00351$ mètre cube ou 3.51 litres de vapeur d'eau ; il y a donc une production de 5,13 litres par bougie-heure pour le gaz de houille, et $0,0027 \times 0.60 = 0,00162$ mètre cube, 1,62 litre d'acide carbonique. L'acétylène consomme par bougie-heure environ 0,6 litre, qui ne produisent que 0,6 litres de vapeur d'eau et 1,20 litre d'acide carbonique par heure, soit 1,80 litre pour l'acétylène.

*Consommation d'air.* — La consommation d'air est également en faveur de l'acétylène. Si nous comparons avec le bec Auer, présentant le meilleur rendement pour le gaz de houille. nous trouvons qu'il faut par bougie-heure, pour la combustion de l'hydrogène, une quantité d'oxygène égale à 8 fois le poids de l'hydrogène, ou $8 \times 0,0027 \times 115$ grammes, ou 0.00248 kg , et pour la combustion du carbone (déduction faite de celui qui se trouve déjà dans le gaz sous forme d'acide carbonique), une quantité d'oxygène égale aux $\frac{8}{3}$ du poids du carbone,

ou $\frac{8}{3} \times 0,0027 \times 303$ grammes, ou 0,00218 kilog., ensemble 0,00466 kg. ou 3.26 litres, correspondant à un minimum de 16 litres d'air. L'éclairage à l'acétylène consomme, par bougie-heure. 0,6 litre d'acétylène, correspondant à 1,52 litre d'oxygène, ou environ 7,5 litres d'air, par conséquent moitié moins que le gaz de houille pour le même éclairage.

Il faut, pour brûler l'acétylène, employer des becs à fente très fine,et donner un peu de pression au gaz,de 60 mm. à 100 mm. d'eau environ, car il faut remarquer que le gaz acétylène a un poids spécifique presque double de celui du gaz de houille, ce qui exige une pression plus grande pour lui communiquer la vitesse nécessaire dans les canalisations.

Si l'on cherche à brûler l'acétylène à la pression ordinaire du gaz d'éclairage, 30 à 40 mm., la flamme produite est *fuligineuse* et *rouge*. Cette teinte est due au car-

bone provenant de la décomposition de l'acétylène, carbone qui échappe à la combustion, et qui, par suite, ne
peut être utilisé dans les flammes comme corps incandescent.

L'acétylène exige, comme les autres carbures d'hydrogène lourds, comme les gaz d'huile, une grande
quantité d'air pour donner une flamme blanche ; les
brûleurs à fente ordinaire ne pourraient convenir à cet
effet ; d'après Hempel, il faudrait envoyer aux brûleurs
un mélange de 2 p. d'air et 3 p. d'acétylène, mais on
peut le brûler pur, en se servant de becs spéciaux. En
présence de ce grand excès de carbone, qui paraissait
rendre illusoire l'emploi de l'acétylène comme mode
d'éclairage, M. Bullier a cherché à augmenter le pouvoir lumineux des gaz déjà éclairants.

En vue d'augmenter les surfaces de contact avec l'o-
xygène de l'air ambiant, il a dilué l'acétylène dans l'air
ou dans des gaz inertes, effectuant ainsi une véritable
*carburation*.

M Berthelot a établi que l'acétylène était un corps
endothermique ; on sait d'ailleurs que l'acétylène, dilué
avec l'oxygène de l'air, est susceptible de former des mélanges détonants, qui sont extrêmement dangereux.
Malgré toutes les précautions prises pour le brûler,
même sans pression, on peut craindre des retours au
gazomètre ou dans les conduites, retours capables d'oc-
casionner de graves accidents dans une exploitation industrielle.

Pour éviter ces inconvénients, l'acétylène est dilué
dans l'azote. Par ce moyen, il sera possible de prendre
comme diluant du gaz acétylène, un produit n'augmentant en rien son prix de revient ; en effet, les produits
gazeux qui s'échappent des cheminées de nos grandes

usines, où le chauffage à l'aide de l'oxyde de carbone est mis en pratique, pourront servir à la composition de mélanges éclairants. quoique l'emploi de l'anhydride carbonique paraisse critiquable au point de vue physiologique.

## Considérations générales sur la combustion de l'acétylène

Les mélanges de l'acétylène avec l'air, renfermant une proportion de ce gaz inférieure à 7,74 pour 100 du volume total, brûlent pour acide carbonique et eau, en donnant une flamme jaunâtre peu éclairante, dont l'éclat croît avec la proportion de gaz comprise entre 7,74 et 17,37 pour 100; la flamme est bleu pâle, avec une faible auréole jaunâtre ; les produits de la combustion sont composés d'acide carbonique, d'oxyde de carbone, de vapeur d'eau et d'hydrogène.

Pour les proportions d'acétylène supérieures à 17,37 pour 100, il se produit des réactions incomplètes, donnant naissance à la fois à de l'oxyde de carbone, de l'hydrogène, du carbone libre, et il reste de l'acétylène non brûlé. La précipitation du carbone, sous forme de noir de fumée. est très nette à partir de la teneur de 20 pour 100. La flamme devient alors lumineuse, d'une couleur rouge, et de plus en plus fuligineuse, à mesure que la proportion de gaz combustible augmente. Il reste, après le passage de la flamme, un nuage noir opaque de carbone précipité.

*Limites d'inflammabilité.* — Les mélanges d'acétylène et d'air ne commencent à être inflammables, c'est-à-dire que l'inflammation mise en un point ne s'étend à toute la masse, que lorsque la proportion de gaz combustible est renfermée entre les deux limites extrêmes.

|  | avec l'oxygène | avec l'air |
|---|---|---|
| Limite inférieure d'inflammabilité | 2,8 0/0 | 2,8 0/0 |
| Limite supérieure d'inflammabilité | 93 | 65 |

Comme terme de comparaison, le gaz de houille ne commence à donner des mélanges inflammables, qu'à partir de 8,4 pour 100.

*Vitesse de propagation de la flamme.* — Les mélanges les plus combustibles, renfermant des proportions de gaz comprises entre 5 et 15 pour 100, ont une vitesse de propagation comprise entre 4 m. et 8 m. Au delà de 25 pour 100, la vitesse tombe au-dessous de 0 m. 40. par seconde ; elle n'est plus que de 0 m. 05 par seconde à la limite supérieure d'inflammabilité, correspondant à la teneur de 60 0/0. Dans les mélanges à vitesse maxima, correspondant aux teneurs de 8 a 10 0/0, la flamme remonte à travers des tubes de 1mm. de diamètre, mais elle est arrêtée par les tubes de 0 mm. 5 de diamètre.

*Température d'inflammation.* — L'acétylène est beaucoup plus inflammable que les autres gaz, même l'hydrogène.

La température d'inflammabilité de ce gaz est voisine de 500°, c'est-à dire beaucoup plus basse que celle des autres gaz combustibles, qui est pour la plupart d'entre eux, voisine de 600°. On enflamme très facilement les mélanges explosifs d'acétylène, enfermés dans les tubes en verre ; en chauffant quelques instants ces tubes sur une lampe à alcool, l'explosion se produit bien **avant** le commencement du ramollissement du verre.

3° *Température de combustion.* — On peut aisément calculer la température de combustion des mélanges d'acétylène avec l'air, en partant des chaleurs spécifiques des corps gazeux.

On trouve :

Mélange : 7.74 pour 100 de $C^2H^2$, $t = 2420°C$ d'après la réaction admise.

$$C^2H^2 + 2.5O^2 + 9.4\,Az^2 = CO^2 + H^2O + 9,4\,Az^2$$

Mélange 12,2 pour 100 $C^2H^2$, $t = 2260°C$.

L'acétylène en brûlant, donne donc, en raison de sa constitution endothermique, une température beaucoup plus élevée que les autres gaz combustibles, et supérieure de 500° à la température de combustion du gaz d'éclairage, qui est de 1900° (1).

Brûlé avec son volume d'oxygène, il donnerait une température de 4000°, supérieure de 1000°, par conséquent, à la flamme du mélange oxhydrique, avec des produits de combustion entièrement formés d'oxyde de carbone et d'hydrogène, c'est à dire de gaz réducteurs. Cette double propriété rendra très précieux, pour les laboratoires, l'emploi de l'acétylène, soit dans le chalumeau à gaz tonnant pour la production *des températures élevées*, soit dans les brûleurs à air pour l'analyse spectrale.

*Becs pour la combustion de l'acétylène.* — La combustion de l'acétylène s'effectue généralement au moyen du bec en stéatite, système Manchester, à écrasement, que nous avons représenté fig. 82. Il peut également être

(1) D'après des expériences faites en Angleterre, la flamme de l'acétylène est entourée d'une enveloppe lumineuse, où la température est maximum, et dans laquelle le thermo-couple **Le-chatellier** fond, dès qu'il est introduit.

employé pour brûler de l'acétylène liquide ; il est
formé d'un cylindre, terminé à la partie supérieure par

Fig. 82.

un disque, dans l'épaisseur duquel on a ménagé deux
trous inclinés ; en s'échappant par ces trous. les veines
gazeuses viennent se rencontrer, et produisent, en s'é-
crasant l'une contre l'autre, une flamme plate, analogue
à celle du papillon, mais plus haute ; ce bec est caractérisé par la constance de la largeur de la flamme ; lorsque
la consommation devient exagérée, il fait entendre un
sifflement. Ce modèle, adopté pour l'acétylène, est celui
employé pour la combustion du gaz d'huile.

*Brûleurs spéciaux pour l'acétylène, système Bullier*. —
Ils comportent en principe, un ou plusieurs conduits latéraux qui forment appel d'air, de manière à produire
la combustion complète de l'acétylène.

La fig. 84 en représente l'application à un bec Manchester ; le gaz arrive par les canaux *a*, vers lesquels
convergent les conduits *b*, où de l'air extérieur est entraîné, par le courant de gaz, en quantité convenable
pour que le mélange brûle complètement.

La fig. 83 représente la disposition pour un bec à
fente circulaire ; une couronne *e* ménage entre elle et le
bec deux vides *bb*, destinés au passage de l'air ; les conduits d'air sont inclinés par rapport à celui du gaz.

Un troisième modèle est basé sur le principe du brû-

leur Bunsen (fig. 85). L'orifice d'accès d'air est percé
latéralement dans un tube, à la base duquel prend naissance un ajutage pour l'arrivée du gaz ; l'ajutage $a$ est

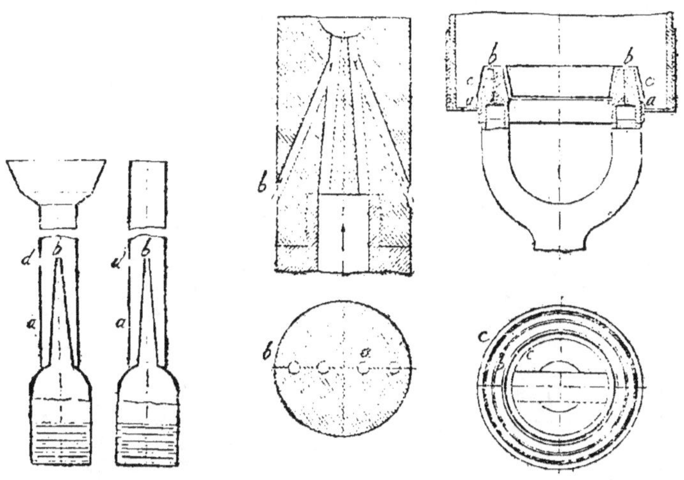

Fig. 83, 84, 85, 86.

terminé par un petit orifice $b$, qui se trouve à la hauteur de l'orifice d'arrivée d'air $d$ ; la flamme est cylindrique avec le brûleur représenté fig. 86, et plate à papillon avec le brûleur fig. 85.


### Comparaison de l'acétylène au gaz d'éclairage.

D'après les expériences de M. Hempel, de Berlin, avec
brûleurs à fente, on obtient :

| Brûleur n° I | 35 litres par heure | 45 bougies |
| --- | --- | --- |
| —      II | 45 — | 62 — |
| —      III | 67 — | 97 — |
| —      IV | 82 — | 138 — |
| —      V | 92 — | 143 — |

La consommation d'acétylène était de **2/3** de litre environ, par bougie et par heure.

Le tableau suivant représente la comparaison de ces résultats avec l'intensité lumineuse moyenne, obtenue pratiquement avec du gaz de houille, par différents brûleurs à fente, lampes à récupération, brûleurs

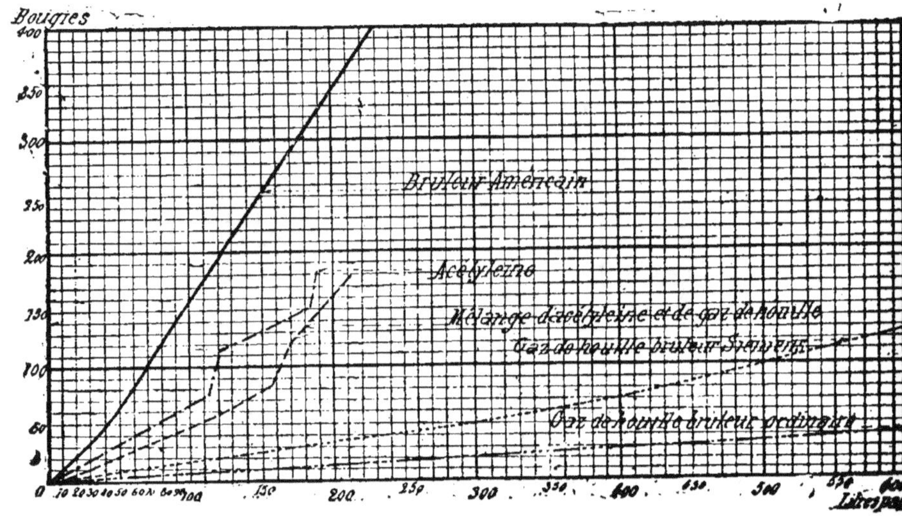



Fig. 87.

Argand et bec Auer; il donne la consommation totale du gaz par heure, et par bougie-heure.

Sur les diagrammes (fig. 87), la consommation par heure est représentée par l'abscisse, et l'intensité lumineuse par l'ordonnée. On constate la différence des ordonnées, représentant la différence entre l'intensité lumineuse de l'acétylène et celle du gaz, pour un même débit :

*Consommation et pouvoir éclairant de différents brûleurs.*

| Genre de brûleur. | Consommation horaire en litres. | Pouvoir éclairant en bougies. | Litres de gaz consommés par bougie. | Pression en mm. |
|---|---|---|---|---|
| Brûleur à tête creuse. | 150 | 13 | 11,5 | » |
| Brûleur Argand (ordinaire). | 160 | 16 | 10 | » |
| Lampe Siemens n° IV. | 200 | 33 | 6 | » |
| — III. | 350 | 60 | 5,8 | » |
| — II. | 600 | 130 | 4,6 | » |
| — I. | 1,400 | 300 | 4,6 | » |
| — 0. | 2.000 | 500 | 4 | » |
| — 0. | 2,400 | 650 | 3,7 | » |

*Éclairage au gaz par l'incandescence.*

| Ancien brûleur Auer. | 70 | 13 | 5,4 | » |
| Nouveau brûleur Auer | 100 | 13 | 5 | » |
| — | 120 | 45 | 2,7 | » |

*Éclairage à l'acétylène.*

| Bec papillon I. | 35 | 45 | 0,77 | 63 |
| — II. | 45 | 62 | 0,73 | 62 |
| — III. | 67 | 78 | 0,69 | 60 |
| — IV. | 82 | 91 | 0,59 | 69 |
| — V. | 92 | 143 | 0.64 | 58 |

Il est probable qu'avec un brûleur consommant environ 140 à 150 litres par heure, on peut obtenir une intensité lumineuse de 240 bougies-heure, correspondant à une consommation de 0,6 litre d'acétylène par bougie-heure. D'après Lewes, le pouvoir éclairant serait de 240 bougies pour une consommation de 140 litres à l'heure, soit de 20 à 25 bougies pour 14 litres à l'heure.

D'après les expériences de M. Bullier, la dépense des becs intensifs serait de 7 litres par carcel, et de 9 litres pour les petits becs.

La supériorité de l'acétylène sur le gaz de houille est donc facile à établir ; sa puissance lumineuse est environ de 15 à 19 fois celle du gaz de houille, et dépasse d'environ 1,5 fois la valeur du gaz d'éclairage ordinaire dans le brûleur Auer, qui est, à ce point vue, le plus avantageux.

Le tableau suivant, d'après Lewes, contient une comparaison des produits de la combustion du gaz de Londres, consommé dans différents brûleurs, et donnant un pouvoir éclairant de 48 bougies, ce qui correspondrait à l'éclairage nécessaire pour une salle à manger de dimension moyenne.

| Brûleur | Consommation de gaz | Production acide carbonique | Personnes |
|---|---|---|---|
| Flamme plate N° 6 | 19,2 | 10,1 | 16,8 |
| « N° 6 | 22,9 | 12,1 | 20,1 |
| « N° 4 | 25,3 | 13,4 | 22,3 |
| Brûleur Argand de Londres....... | 15 | 7,9 | 13,1 |
| Acétylène .......... | 1 | 2 | 3,6 |

Nous voyons comparativement la quantité de produits de la combustion que l'acétylène donnerait, pour la même intensité lumineuse. La dernière colonne représente le nombre de personnes qui exhalent la même quantité d'acide carbonique, dans le même intervalle de temps.

*Comparaison des prix de revient.* — Le prix de revient de l'éclairage par l'acétylène, dépend uniquement du prix de revient du carbure de calcium, lequel est fonction de la force motrice.

Les prix que nous allons indiquer ne doivent pas être considérés comme absolus ; le prix de revient du carbure de calcium commercial n'étant pas encore établi :

On peut actuellement compter sur un prix d'avenir de 300 fr. la tonne, ce qui porte le mètre cube, en supposant un rendement de 280 litres par kilo de carbure de calcium, à 1,07 fr.

Nous supposerons qu'à débit égal, l'acétylène produit 16 à 17 fois plus de lumière que le gaz de Paris.

1 tonne de houille produit 280 m³ de gaz de ville, qui brûlés dans un bec Bengel, fournissent 2.800 carcels-heure.

1 tonne de carbure de calcium produira 280 m³ de gaz acétylène, qui produiront 40.000 carcels-heure ; une tonne de carbure équivaut, au point de vue lumière, à 15 tonnes de houille.

Nous allons établir la comparaison entre les différentes sources de lumière et l'acétylène, et les quantités de chaleur dégagées.

| | | Prix en centimes par carcel-heure | Chaleur de gaz en calories par carcel-heure |
|---|---|---|---|
| Bec bougie à gaz (200 l. par carcel-heure) | | 6 | 1,040 |
| Bec papillon | 127 | 3,8 | 660 |
| Bec Benzel | 105 | 3,0 | 320 |
| Bec Auer (dans ce prix ne sont pas compris le prix et le renouvellement des manchons). | 120 | 0,6 | 100 |
| Lampe électrique à incandescence (3 watts par bougie, 1 fr. le kilowatt-heure)......... | | 3,0 | 26 |
| Acétylène (7 litres par carcel-heure)........... | | 0,7 | 84 |

Il est probable que le prix de la tonne de carbure de calcium pourra descendre au-dessous de 300 fr. ; on pense déjà au prix de 200 fr. la tonne et que le rendement de 280 litres pourra être augmenté, car on a déjà constaté, sur des échantillons de carbure de calcium, des rendements pouvant atteindre plus de 300 litres, ce qui porterait la carcel-heure à 0 cent. 46, prix bien inférieur au prix de revient du bec à incandescence, pour lequel il n'a pas été tenu compte du renouvellement des manchons. Ce chiffre de 0,7 peut donc, quant à présent, être adopté, et considéré comme un prix maximum. Nous pouvons constater que l'éclairage à l'acétylène est celui qui, après l'incandescence, produit le moins de chaleur pour une quantité donnée de lumière.

### Liquéfaction de l'acétylène.

Le gaz acétylène peut être liquéfié par la pression, car son point critique est de 37°. A 0°, sa tension de vapeur est de 26,5 atmosphères ; il ne suit pas la loi de Mariotte ; il se liquéfie plus facilement que l'acide carbonique ; le tableau (1) indique, aux diverses températures, les pressions nécessaires pour liquéfier ces deux gaz, et le tableau (2) les tensions de vapeur de l'acétylène à différentes températures.

La densité de l'acétylène liquide, à la température ordinaire, serait environ 0,50.

*Densité de l'acétylène à différentes températures.*

| | | |
|---|---|---|
| Densité à — 7° C. . . . . . . . | 460 | gr. par litre |
| — + 0. . . . . . . . | 451 | |
| — + 16°4. . . . . . . . | 420 | |
| — + 35°8. . . . . . . | 364 | |

| C²H² | | | CO² | | |
|---|---|---|---|---|---|
| TEMPÉRATURE | PRESSION | | TEMPÉRATURE | PRESSION | |
| — 82° | 1 | atm. | — 81° | 1 | atm. |
| — 30 | 9 | » | — 30 | 12.7 | » |
| — 23 | 11.01 | » | — 20 | 19.93 | » |
| — 10 | 17.06 | » | — 10 | 26.76 | » |
| 0 | 21.53 | » | 0 | 35.40 | » |
| 5 | 25.48 | » | 5 | 40.47 | » |
| 13 | 32.77 | » | 14 | 52 17 | » |
| 20 | 39.76 | » | 20 | 58.84 | » |

*Propriétés élastiques de l'acétylène*, d'après M. Villard.

| Température en degrés C. | Pression en atmosphères. | Observations. |
|---|---|---|
| — 90 | 0,69 | État solide. |
| — 85 | 1.00 | — |
| — 81 | 1,25 | Point de fusion. |
| — 70 | 2,22 | État liquide. |
| — 60 | 3,35 | — |
| — 50 | 5,3 | — |
| — 40 | 7,7 | — |
| — 23,8 | 13,2 | — |
| 0 | 26,05 | — |
| + 5,8 | 30,3 | — |
| + 11,5 | 34,8 | — |
| + 15 | 37,9 | — |
| + 20 | 42,8 | — |
| + 37 | 68,0 | Pression critique. |

De sorte qu'un mètre cube d'acétylène à l'état liquide, occuperait un volume un peu supérieur à *deux litres*, et posséderait, sous ce faible volume, un pouvoir éclairant égal à celui de 15 mètres cubes de gaz ordinaire, en supposant le pouvoir éclairant de l'acétylène 15 fois celui du gaz de houille, ou de 5 litres de pétrole.

Les procédés employés pour liquéfier l'acétylène sont les mêmes que ceux qui servent couramment pour la liquéfaction de l'ammoniaque, et de l'acide carbonique.

Une seule précaution à observer, c'est d'employer des corps de pompe absolument exempts de cuivre, l'acétylène se combinant avec le cuivre pour former l'acétylure de cuivre explosible. On peut employer impunément dans les appareils à acétylène, le fer, le plomb et l'étain.

L'acétylène liquide est un liquide mobile, très réfringent, plus léger que l'eau ; en s'évaporant à l'air, il se convertit en neige, absolument comme l'acide carbonique à sa température d'ébullition, sous la pression ordinaire ( — 85°). Mais cette neige possède la curieuse propriété de brûler ; son point de fusion est à — 81°.

*Appareil pour la liquéfaction de l'acétylène.* — La température critique de l'acétylène étant de 37° C, on peut obtenir sa liquéfaction par la pression à la température ordinaire ; on peut employer les mêmes appareils, pompes de compression en cascades, que pour la liquéfaction de l'anhydride carbonique, mais, dans cette opération, il peut se produire des explosions ; ou bien on peut liquéfier l'acétylène sous sa propre pression, comme dans l'ancien appareil de Thilorier ; c'est sur ce principe qu'est basé le procédé Dickerson et Suckert.

*Procédé Dickerson et Suckert.* — (fig. 88). L'appareil
se compose de deux générateurs A A₁ en fer forgé, pourvus d'orifices de charge 1 1₁ et de nettoyage 2 et 2₁. Autour de ces générateurs, existe une circulation d'eau
froide, destinée à absorber la chaleur dégagée par la
décomposition de l'eau par le carbure de calcium.

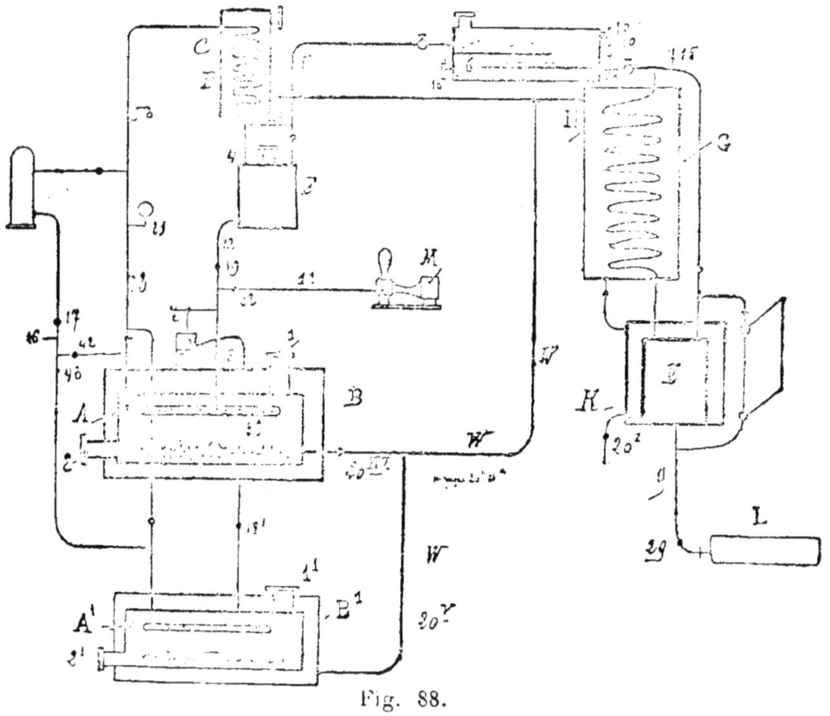

Fig. 88.

Le gaz produit, mélangé de vapeur d'eau, se dégage
par le tube 3, et se rend dans un serpentin refroidi par
un courant d'eau froide C, placé à l'intérieur d'un réservoir d'eau D ; l'eau provenant de la condensation de
la vapeur, est amenée par le tuyau 4 dans le réservoir

d'eau E, et le gaz sortant du serpentin C, est dirigé par les conduits $4_1$ et 5, vers le sécheur, qui enlève les dernières traces d'humidité ; à l'intérieur de ce dernier, se trouvent des tablettes 6 à grandes surfaces, recouvertes de carbure de calcium.

Du sécheur, les gaz passent au serpentin G de liquéfaction, placé à l'intérieur du réfrigérant H. Le gaz, liquéfié dans ce serpentin, arrive dans le récipient à gaz liquéfié I, entouré du réfrigérant K ; il est ensuite amené par le tuyau 29 dans les bouteilles L, destinées à contenir l'acétylène liquide.

Nous allons indiquer la marche des opérations : on introduit un poids connu de carbure de calcium, par les orifices de charge 1 et $1_1$ ; on l'étale sur la surface intérieure des générateurs, au moyen d'un rateau introduit par les orifices de vidange 2 et $2_1$.

On ferme ensuite, et on boulonne solidement les orifices 1, $1_1$ et 2 et $2_1$.

Le carbure de calcium est ensuite introduit dans le sécheur, par les orifices 10, 10, 10, 10, et on l'étale, sur une épaisseur uniforme, sur les tablettes 6. 6, et sur la surface inférieure du sécheur, après quoi on ferme bien les orifices.

En ouvrant ensuite les robinets $20^I$ $20^{II}$, $20^{III}$, $20^{IV}$, $20^V$ des tuyaux W, W, W, on fait circuler l'eau froide dans les réfrigérants.

A l'exception des robinets de purge 15 et 16, du robinet d'échappement du gaz 17, des robinets de conduite auxiliaire 42, 43 et des robinets 18 et $18_1$, des tuyaux d'arrivée d'eau, tous les robinets adaptés à l'appareil sont ouverts, la communication avec la bouteille L étant supprimée. On fait alors fonctionner la pompe M, et on envoie de l'eau par les tuyaux 11 et 12 et le robinet 19, dans le réservoir E, en quantité suffisante pour décomposer le carbure de calcium dans le générateur A.

Pour 454 kg. de carbure de calcium dans le générateur, il faudra environ 255 kg. d'eau ; on arrête alors la pompe M, on ferme le robinet 32 du tuyau 11, on ouvre graduellement le robinet 18 du tuyau 12, et on laisse arriver une petite quantité d'eau dans le générateur A, par le tuyau perforé 33, destiné à répandre l'eau sur le carbure de calcium. Le gaz acétylène ainsi produit traverse l'appareil tout entier, et chasse l'air par le tuyau 9, fixé au fond du récipient à gaz liquide I. Dès que l'appareil est débarrassé de l'air, on ferme le robinet 29 du tuyau 9, et on règle le robinet 18, de manière à introduire une faible quantité d'eau sur le carbure de calcium du générateur A.

En suivant la marche du manomètre d'après la température de l'eau du réfrigérant, on reconnaît le commencement de la liquéfaction.

*Explosibilité de l'acétylène.* — Quant aux dangers d'explosion, le maximum de la force explosive de l'acétylène ne s'obtient que pour un mélange de 12 parties d'air avec une partie d'acétylène, tandis que pour le gaz de houille, la proportion est de 6 parties d'air pour une partie de gaz, et pour le gaz à l'eau, 1 partie d'air pour une partie de gaz ; la fig. 89 représente la comparaison graphique de ces proportions, d'une façon frappante. Nous ferons remarquer, d'après M. Lothar Meyer, la nature dangereuse des mélanges explosifs d'acétylène et d'oxygène; on sait que les mélanges détonants d'hydrogène et d'oxygène, ou d'éthylène et d'oxygène, enflammés dans un cylindre en verre, ne donnent pas lieu à des explosions bien violentes, pourvu que le tube soit ouvert, et

ne comporte pas à son orifice, un étranglement de nature
a donner lieu à une augmentation de pression.

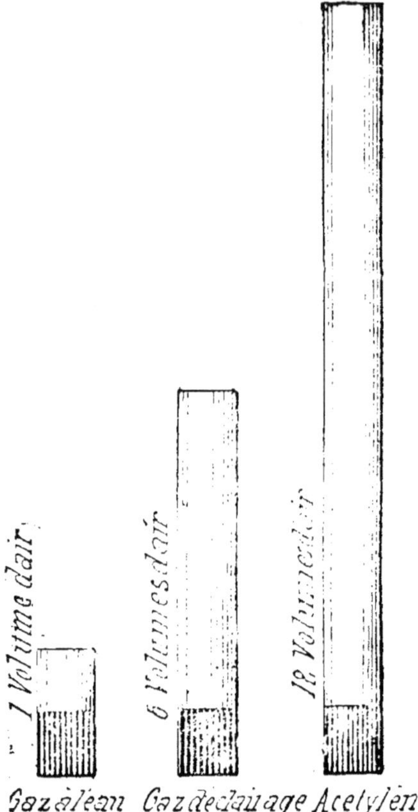



Fig. 89.

Avec un mélange d'acétylène et de deux fois et demie
à trois fois de son volume d'oxygène, l'expérience provoque au contraire une explosion des plus énergiques.
M. Meyer pense que l'acétylène contenant une moindre
proportion d'hydrogène que les autres hydro-carbures,

la combustion du mélange donne moins de vapeur d'eau
et plus d'acide carbonique, ce qui, combiné avec la température extrèmement élevée due à la combustion, peut
expliquer l'énergie extraordinaire développée par l'explosion de l'acétylène.

L'acétylène étant un gaz endothermique, peut se décomposer spontan'ment sous l'action d'un choc violent
ou d'un détonateur. Sa canalisation en grand, dans une
ville, pourrait donc présenter certains dangers.

*Toxicité de l'acétylène.* — L'acétylène, quoique véné-
neux, trahit sa présence par son odeur caractéristique;
même en quantité très faible, il est, sous ce rapport,
beaucoup moins dangereux que le gaz à l'eau, qui n'a
pas d'odeur, et il est certainement moins dangereux que
le gaz de houille, qui peut contenir jusqu'à 10 pour 100
d'oxyde de carbone, et qui perd son odeur en traversant
d'épaisses couches de terre; ce gaz a souvent été la cause
d'empoisonnements mortels. On avait attribué à l'acétylène des propriétés éminemment toxiques. Il résulte des
expériences récentes de M. Gréhant, que l'acétylène
n'est toxique qu'à dose élevée, dépassant 40 pour 100,
et que les animaux soumis à l'action de mélanges renfermant des doses considérables d'acétylène, ne succom-
bent pas même au bout de plusieurs heures, si l'on a
soin d'opérer en présence d'une quantité d'oxygène
suffisante, et de renouveler le mélange gazeux de manière à empêcher l'accumulation des produits de la res-
piration de l'animal.

M. Gréhant a constaté sur un chien qu'un mélange
d'acétylène à 20 0/0 n'est pas toxique au bout d'une
heure ; dans des mélanges contenant 40 0/0, l'animal
meurt au bout de 50 minutes, et dans des mélanges à
79 0/0, au bout de 27 minutes.

M. Gréhant a également étudié le temps nécessaire
pour produire l'élimination de l'acétylène contenu dans
le sang d'un animal, auquel il a fait respirer un mélange
contenant 40 0/0 d'acétylène ; et il a constaté que 100
centimètres cubes de sang, renfermant 31 centimètres
cubes d'acétylène, n'en contenaient plus, un quart
d'heure après, que 1,2, c'est-à-dire 26 fois moins ; et
une demi-heure après l'empoisonnement partiel, l'élimination du gaz était complète. On voit donc que l'é-
limination de l'acétylène qui a été absorbé par le sang
est très rapide. L'élimination de l'oxyde de carbone,
après un empoisonnement partiel, chez un chien, est
beaucoup plus longue : elle exige au moins 6 heures. Il
y a donc une grande différence, sous ce rapport, entre
l'acétylène et l'oxyde de carbone.

L'acétylène parait simplement dissous dans le plasma
du sang, tandis que l'oxyde de carbone est combiné avec
l'hémoglobine des globules du sang.

En résumé, l'acétylène n'est pas plus toxique que les
carbures ordinaires, formène, éthylène, propylène, etc.,
et que le gaz d'éclairage (1).

*Action sur les métaux.* — L'acétylène ne parait pas
attaquer à froid le zinc, le bronze et le laiton. Par conséquent, l'appareillage employé pour le gaz ordinaire
pourra être utilisé et conservé avec l'acétylène, car l'a-
cétylène ne se combine qu'avec l'oxyde de cuivre, et
cela uniquement, en présence de l'ammoniaque et de
l'eau. L'acétylène pur et sec, exempt d'ammoniaque, est
sans action sur le cuivre et ses alliages.

(1) D'après de nouvelles expériences de M. Gréhant, la combustion de l'acétylène est complète, et n'engendre pas de gaz combustibles renfermant du carbone. Ces expériences ont été faites
avec un bec Manchester.

# CHAPITRE II



*Propriétés du carbure de calcium.* — Le carbure de calcium a pour formule $CaC^2$, et contient 62,5 0/0 de calcium
et 37,5 de carbone ; c'est une matière d'un gris brun
foncé, présentant des irisations, et ayant une densité de
2,262. Il se clive avec une extrême facilité, et présente
une cassure nettement cristalline ; il est insoluble dans
tous les réactifs, dans le sulfure de carbone, dans le pétrole, dans la benzine. L'hydrogène et l'azote, même à
1200°, ne produisent aucune action, quelle que soit la
température. Il n'est pas inflammable par lui-même,
mais au contact de l'eau, il se décompose en oxyde de
calcium, et en acétylène.

Quand on met le carbure de calcium dans un flacon
de verre, et qu'on y fait tomber de l'eau goutte à goutte,
la décomposition commence instantanément, avec une
rapidité considérable, et l'acétylène se dégage en courant continu ; au fur et à mesure que la décomposition

s'opère $CaC^2 + H^2O = CaO + C^2H^2$, la matière solide se gonfle, et est finalement convertie en une masse de chaux hydratée ; en employant de l'eau sucrée, il se forme un sucrate de chaux soluble, sans dépôt.

1 kilo de carbure dégage 340 litres d'acétylène. Exposé à l'air humide, il se décompose superficiellement, et se recouvre d'une couche protectrice de chaux, lorsqu'il est en morceaux. Mais lorsqu'il est en poudre, sa détérioration est très rapide ; il extrait facilement l'eau de l'alcool, et aussi de l'ammoniaque liquide, qu'il rend anhydre. Sous l'action de la vapeur d'eau au rouge sombre, le carbure de calcium se décompose avec une énergie beaucoup plus faible.

Le carbure se recouvre, en effet, d'une couche de charbon et de carbonate qui limite l'action de la vapeur d'eau, et le dégagement gazeux, formé en grande partie d'hydrogène et d'acétylène, est beaucoup moins rapide. Les acides étendus dégagent de l'acétylène ; l'acide sulfurique ordinaire donne un dégagement de gaz, ayant l'odeur de l'aldéhyde ; l'acide sulfurique fumant donne une production moins grande de gaz, qui se trouve absorbé en grande partie. L'acide nitrique fumant n'a pas d'action à froid, et l'attaque est à peine sensible à l'ébullition. L'acide azotique très étendu fournit de l'acétylène. Le gaz chlorhydrique sec agit au rouge sur le carbure de calcium avec une vive incandescence, pour donner lieu à un dégagement de gaz, riche en hydrogène ; une solution étendue d'acide iodhydrique fournit un dégagement d'acétylène pur ; il en est de même avec une solution d'acide chlorhydrique.

L'acide acétique n'a pas d'action sur le carbure de calcium. Le chlore sec est sans action à froid. A la température de 245° dans une atmosphère de chlore, le car-

bure devient incandescent ; il se forme du chlorure de
calcium et du carbone.

Le brome réagit à 350°, et l'iode à 305° décompose
auss: le carbure, avec incandescence. Avec l'oxygène au
rouge sombre, il brûle en formant du carbonate de
calcium ; avec la vapeur de soufre, vers 500° il devient
incandescent, et il se produit du sulfure de calcium et
du sulfure de carbone.

La vapeur de phosphore au rouge transforme le carbure de calcium en phosphure, sans incandescence.

La vapeur d'arsenic, au contraire, réagit avec un
grand dégagement de chaleur, en produisant de l'arsé-
niure de calcium, au rouge blanc ; le silicium, le bore
sont sans action sur ce composé.

Le carbure de calcium ne réagit pas sur la plupart des
métaux.

Il n'est pas décomposé par le sodium et le magnésium, à la température de ramollissement du verre.
Avec le fer, il n'y a pas d'action au rouge sombre, mais
à haute température, il se forme un alliage carburé de
de fer et de calcium ; l'étain ne paraît pas avoir d'action
au rouge, tandis que l'antimoine fournit, à la même
température, un alliage cristallin, renfermant du calcium.

Les oxydants agissent avec une grande énergie sur le
carbure de calcium. L'acide chromique fondu devient
incandescent au contact du carbure de calcium, en dégageant de l'acide carbonique.

La solution d'acide chromique ne donne que de l'acétylène. Le chlorate de potassium et l'azotate de potassium en fusion n'attaquent pas sensiblement le carbure
de calcium. Il faut les porter au rouge pour que la décomposition se produise avec incandescence, et formation de carbonate de calcium.

13

Le bioxyde de plomb l'oxyde avec incandescence, au dessous du rouge sombre, et le plomb provenant de la réduction contient du calcium.

*Action des alcalis.* — En fondant quelques grammes de soude dans une capsule de nickel. et en ajoutant un morceau de carbure de calcium, il se produit une violente réaction, et il se dégage sans doute de l'acétylène; la même réaction se produit avec le bioxyde de sodium.

Broyé avec du fluorure de plomb, à la température ordinaire, le carbure de calcium devient incandescent. Chauffé en tube scellé avec l'alcool anhydre à 180°, le carbure de calcium fournit de l'acétylène et de l'éthylate de calcium.

$$2 (C^2H^5OH) + C^2Ca = C^2H^2 + (C^2H^5O) Ca.$$

D'après M. de Forcrand, la formation du carbure de calcium serait endothermique, et en partant du carbone amorphe, égale à — 0,65 calories.

*Conservation du carbure de calcium.* — Le carbure de calcium peut être conservé pendant un an ou deux sans détérioration, s'il est maintenu dans des boîtes bien étanches ; il est emballé actuellement dans des boîtes cylindriques en fer blanc ou en zinc, hermétiquement fermées, contenant 100 kilos. Le carbure de calcium reste totalement intact, s'il est plongé dans de l'huile de naphte.

## Préparation du carbure de calcium.

M. Moissan a préparé, en 1894, le carbure de calcium, en faisant un mélange intime de 120 g. de chaux de marbre, et de 70 gr. de charbon de sucre ; on place une partie de ce mélange dans le creuset du four électrique, que nous décrirons dans le chapitre suivant, et l'on chauffe pendant 15 à 20 minutes, avec un courant de 350 ampères et 70 volts.

On obtient dans ces conditions, un carbure ou acétylure répondant à la formule $C^2Ca$, d'après la formule $CaO + C^3 = C^2Ca + CO$. Le rendement est de 120 à 150 gram.

Le carbonate de chaux peut être substitué à la chaux dans ce mélange, mais ce procédé est moins avantageux.

La formule suivante indique les proportions de carbonate de chaux.

$$Co^3Ca + 4 C = C^2Ca + 3 CO.$$

Le produit obtenu dans les deux expériences présente le même aspect. C'est une masse noire, homogène, qui a été fondue, et qui a pris exactement la forme du creuset.

Il donne d'après différentes analyses :

|          | 1    | 2    | 3    | 4  | théorie |
|----------|------|------|------|----|---------|
| Calcium  | 62,7 | 62,1 | 61,7 | 62 | 62,5    |
| Carbone  | 37,3 | 37,8 | »    | »  | 37,5    |

Le dosage du calcium est effectué après la décomposition par l'eau du carbure de calcium. Le carbone a été dosé par différence, grâce à la perte de poids de l'acétylène gazeux, dans un petit appareil identique à celui dont on se sert pour analyser les carbonates.

On peut encore doser le carbone en recueillant. sur la cuve à mercure, le gaz dégagé par un poids donné de carbure de calcium placé dans un tube gradué, et additionné ensuite d'une petite quantité d'eau.

D'après une expérience de M. Moissan, 0 g. 1895 de
carbure ont dégagé 64 cc. de gaz, en présence de 4 cc.
d'eau. Le liquide dissolvant son volume d'acétylène, il
s'est donc produit 68 cc. de gaz ; théoriquement, à 15°
et à 760 mm., 0,1895 de carbure $CaC^2$, devraient donner
68 cc.

### Énergie nécessaire pour produire le carbure de calcium.

Nous allons essayer de calculer l'énergie nécessaire
pour fabriquer le carbure de calcium, en partant de la
formule

$$CaO + 3C = CaC^2 + CO$$
$$56 \text{ g.} \quad 36 \text{ g.} \quad 64 \text{ g.} \quad 28 \text{ g.}$$

La chaleur nécessaire se décompose ainsi :

1° Chaleur pour chauffer à 3000°, température de l'arc
électrique, 36 grammes de charbon.

$$36 \times 3000 \times 0,46 = 48,18 \text{ calories}$$

2° Réduction de 56 gram. de chaux en 40 gram. de
calcium et 16 gr. d'oxygène, soit 132,00 calories.

3° Chaleur nécessaire pour élever 56 gram. de chaux
à 3000°, ce qui représente 33,6 calories.

4° A déduire la chaleur produite par la combustion
de 12 grammes de carbone, transformés en oxyde de
carbone. 28,59 calories.

5° Chaleur de formation du carbure de calcium
0,65 calories.

Donc, il faut dépenser 184 calories pour la préparation
de 64 grammes de carbure de calcium, et pour 1 kilo, 2856

calories ; en ajoutant 15 pour 100 pour compenser les pertes par rayonnement, nous arrivons à 3273 calories.

Le cheval-heure correspond à 637 calories ; en supposant un rendement de 80 0/0, nous obtenons pour le cheval-heure électrique. $637 \times 0.80 = 510$ calories.

Pour fabriquer 1 kilo de carbure de calcium, il faudra 6,4 chevaux-heure, ou 3 kilos 75 par cheval-heure, en vingt-quatre heures.

Nous pouvons affirmer, comme résultat d'expériences, que la puissance nécessaire à la production d'un kilogramme de carbure de calcium est de 5 à 6,66 chevaux-heure ; nous insistons sur ce nombre, car il diffère notablement de celui donné primitivement dans les revues américaines.

### Prix de revient du carbure de calcium.

Pour déterminer le prix de revient, nous avons à tenir compte :

1° Du carbone qui se transforme en oxyde de carbone, c'est-à-dire les $\dfrac{12}{64}$ du poids du carbure de calcium.

2° Du carbone qui se combinera pour former le carbure de calcium, soit les $\dfrac{24}{64}$ du poids du carbure de calcium ; au total, 50,6 kilos de carbone par 100 kilos de carbure de calcium, ou environ 60 kilos de coke, en tenant compte des cendres et de l'humidité.

3° De la chaux à réduire, dont le poids sera égal aux $\dfrac{56}{64}$ du poids de carbure de calcium, ou 87 k. 5 de chaux par 100 kg. de carbure de calcium, ou bien, en chaux nouvellement calcinée, de qualité commerciale supérieure, environ 95 kilos par 100 kilos de carbure de calcium.

Le prix de fabrication d'une tonne de carbure de calcium s'établira d'après les éléments suivants :

(1) Puissance en chevaux-vapeur électriques, 6400 chevaux.

(2) Coke pulvérisé, transformé en oxyde de carbone et en carbure de calcium, 600 kg.

(3) Chaux fraichement calcinée, réduite en poudre, 950 kilos.

(4) Frais de transformation de courant.

(5) Prix des électrodes.

(6) Réparations du four.

(7) Main-d'œuvre.

(8) Emballage dans des barils hermétiques, et prix des barils.

(9) Prix de transport.

(10) Frais de bureaux, intérêts sur le matériel, capital d'exploitation, redevances, taxes, etc.

En supposant que l'on puisse obtenir une puissance électrique bon marché (chutes d'eau), il est possible que le prix le plus bas que l'on puisse obtenir soit de 100 fr. par cheval électrique, par année de $310 \times 24 = 7.440$ chevaux-heure.

Si l'on ne peut disposer de la puissance d'une chute d'eau, la quantité de puissance nécessaire obtenue au moyen du charbon coûterait probablement trois fois plus.

Le calcul suivant est basé sur l'emploi d'une chute d'eau à raison de 100 fr., et sur une production d'au moins 15 tonnes de matière par jour, ce qui exigerait environ une puissance de 4000 chevaux, par jour de 24 heures.

**Prix de revient d'une tonne de carbure de calcium.**

| | |
|---|---|
| Puissance électrique. . . . | fr. 86,02 |
| Poussier de coke, 600 kil. | 10,33 |
| Chaux vive en poudre 950 kil. . . . . . . . . . . . | 25,70 |
| Frais de transformation du courant 10 0/0 | 6,42 |
| Coût de l'énergie électrique et de la matière première | 128,47 |
| Réparations et dépenses des électrodes. . . . . . . | 13,00 |
| Préparation des matières. . | 29.00 |
| Emballage. . . . . . . . | 4,00 |
| Prix de fabrication. . . . | 174,47 |
| Frais de bureaux, intérêts des capitaux, assurances, etc. . . . . . . . . . . . | 30 |
| Prix de revient de la tonne de carbure. . . . . . . | fr. 204,47 |

Le prix de revient, déjà établi par une usine qui est actuellement dans sa période d'essai, serait de 250 fr. la tonne ; il est donc probable que le prix du carbure de calcium ne pourra descendre, en employant les procédés actuels, au-dessous de 300 fr. la tonne.

D'après une communication faite par M. Valter-R. Addicks, de Boston, sur le fonctionnement de l'usine de Spray, on emploie 1.17 de chaux pour 0,83 de coke. Le rendement en carbure par cheval 24 heures, dépend du voltage du courant électrique, des matières premières employées, et principalement, de la teneur du carbure en acétylène.

Les carbures de faible teneur exigent une quantité d'énergie électrique moindre que les carbures de forte teneur ; c'est de cette différence de rendement en acétylène, que résultent les nombres différents obtenus pour l'énergie dépensée, par kilo de carbure. Dans une expérience faite à Spray, avec un courant de 1310 ampères, sous 100 volts, énergie nette en chevaux électriques, 168.6 chevaux, pendant 2 heures 1/2, on a obtenu 104 kg. 6 de carbure, dont on a retiré 5 kg. 23, comme scories ou carbure impur, pouvant donner 101 litres d'acétylène par kilo. Les rendements de deux échantillons considérés comme bon carbure, ont donné une moyenne de 266.50 litres d'acétylène par kilo. Le rendement est 5,66 de carbure de calcium par cheval 24 heures, ce qui correspond à un rendement de 1508,5 litres d'acétylène par cheval électrique 24 heures.

M. Addick admet, pour la marche courante, 4 kilos 8 de carbure de calcium par cheval-heure, avec un rendement de 309 litres d'acétylène par kilo, et donne les renseignements suivants sur la force motrice et le prix de revient.

La puissance motrice est produite par 2 dynamos de 100 kilowatts ; chacune, essayée à 120 kilowatts, peut fournir 268 chevaux électriques, en leur supposant un rendement de 90 0/0, et une puissance motrice de 297.8 chevaux. Les appareils de broyage exigent 12,2 chevaux, de sorte que la puissance motrice nécessaire de l'usine sera de 310 chevaux, avec une chute d'eau, et une perte de 15 0/0 aux turbines ; la puissance hydraulique devrait être de 365 chevaux, donnant 257 chevaux électriques nets, à la pointe de l'électrode.

Le prix de revient de la tonne de carbure de calcium peut s'établir de la manière suivante :

1º Force motrice à raison de 25 fr. le cheval 24 heures . . . . . . . . . . . . . . . . . . . . . . . . . . .   20 fr. 25
2º Coke à 15 fr. 17 la tonne. . . . . . . . . . . .   12 fr. 60
3º Chaux à 19 fr. 42 la tonne . . . . . . . . . . .   22 fr. 60
4º Électrodes à 5 fr. 96 par tonne . . . . . . . . .    5 fr. 96
5º Divers, huile, chiffons . . . . . . . . . . . . .    2 fr. 00

6º intérêt, entretien, usure.

Pour 365 jours.

Machinerie électrique 20000 fr. à 15 0/0 3000 fr.
Turbines                 15000 fr. à  5 0/0  150 fr.
Construction             15000 fr à  5 0/0  750 fr.
Intérêt du capital       50000 fr. à  5 0/0 2500 fr.
Total pour 365 jours                        7000 fr.
Par jour                                   19 fr. 20

Et par tonne . . . . . . . . . . . . . . . . . . .   15 fr. 55
La tonne de 1000 kilos reviendrait à. . . . . . . .  126 fr. 54

Mais le prix de 25 fr. pour le cheval-an hydraulique est bien inférieur à celui que nous avons en France, où le prix minimum serait de 80 francs. Enfin la chaux et le coke seront à un prix plus élevé, ainsi que les frais de premier établissement d'une usine hydraulique de 365 chevaux, ce qui nous permet de prévoir que le prix de vente du carbure de calcium ne descendra pas au-dessous de 300 francs.

*Fabrication industrielle du carbure de calcium* (1). — D'après les renseignements fournis par les revues américaines, un traité serait préparé entre l'Electric Gas

(1) L'aspect du carbure de calcium varie suivant la fabrication. Le carbure Bullier est dur, à cassure cristalline et à reflets bruns moardorés. Le carbure de Neuhausen est moins dur, et présente une texture plus fine, quoique bien cristalline. Le carbure de Froges, plus friable que les précédents, présente une texture beaucoup plus grenue.

Company de New-York, et la Niagara-Falls Power Company, qui permettra d'employer immédiatement une puissance de 1000 chevaux-vapeur pour cette nouvelle fabrication, et bientôt 5000. L'eau du Niagara, prise avant la chute, est amenée dans des turbines dont l'axe, formé par un cylindre d'acier de 60 m. de longueur, actionne directement les machines dynamos. Chacune correspond à une puissance de 5000 chevaux. L'énorme puissance de la chute du Niagara peut être estimée à 1.700 000 chevaux.

D'après M. Wilkinson, on pourrait obtenir le carbure de calcium, comme sous-produit de la production électrolytique de l'aluminium, à des prix très bas (15 à 25 fr. la tonne). Ce carbure contiendra de fortes quantités d'acide silicique, mais malgré son impureté, il sera encore moins coûteux que celui obtenu directement, et pourra rendre les mêmes services.

D'après M. le docteur Willhem Borchers, l'arc électrique ne serait pas indispensable à la production du carbure de calcium.

Lorsqu'il s'agit d'obtenir des carbures parfaitement fondus, dont les températures de fusion sont extrêmement élevées, on doit se servir de l'arc électrique. Si, au contraire, il s'agit de porter de grandes masses à des températures élevées, on peut les chauffer comme de simples résistances. On pourra obtenir un carbure de calcium poreux, utilisable immédiatement.

Le carbure de calcium est actuellement fabriqué en Amérique, à Spray, par l'Electric Gas Company ; en Allemagne, par la Carbid de Berlin ; en Suisse, par l'Aluminium Industrie Action Gesellschaft de Neuhausen ; en France, par les usines électro-métallurgiques de Froges (cette dernière usine ne produit que 300 kilos par jour), et de Vallorbes.

Les prix actuels sont encore très élevés, car la fabrication n'est pas encore établie d'une façon courante. L'Aluminium Industrie Actien Gesellschaft de Neuhausen, offre aujourd'hui le carbure de calcium, pris aux usines par grandes quantités (de 5000 kilos), à 500 francs la tonne.

## Fours électriques.

*Arc voltaïque.* — Dans les fours électriques, on utilise la chaleur de l'arc voltaïque, qui peut être considérée comme une étincelle électrique entretenue, ainsi que l'a indiqué M. Violle, par les vapeurs de carbone résultant de l'ébullition de ce dernier ; cette étincelle produit une atmosphère rendue conductrice par sa haute température, évaluée à 3500° ; si l'on prend pour cathode un charbon creux, on peut constater au pôle négatif la condensation de la vapeur de carbone, qui vient former, à l'intérieur du tube, une trame cristalline, se développant à la manière des dépôts électrolytiques de plomb et d'argent, pour disparaître ensuite quand la cathode se sera suffisamment échauffée.

D'après M. Violle, cette conductibilité permet de maintenir l'arc avec une tension, entre le les deux charbons, inférieure à 50 volts, alors qu'il faudrait à l'électricité une tension énorme, pour franchir un intervalle semblable dans l'air, à la température ordinaire. Aussi est-il nécessaire de mettre les charbons en contact, et de les écarter progressivement. pour amener l'arc voltaïque à la longueur voulue. Lorsque le phénomène se produit dans le vide ou dans un gaz neutre, on constate un transport de matière dans le sens du courant ; le charbon en

relation avec le pôle positif du générateur se consume
en se creusant, tandis que le charbon négatif se couvre
d'une protubérance, résultant de la matière transportée ;
en même temps, on observe que du carbone volatilisé
se condense contre les parois du récipient, qu'il obscur-
cit rapidement.

L'arc proprement dit a une teinte bleuâtre ; dans
l'air, il est entouré d'une flamme rougeâtre, due à la
combustion du carbone volatilisé. Dans les grands arcs,
cette flamme s'élève latéralement, en léchant le crayon
supérieur.

Le charbon positif se creuse en forme de cratère, tandis que le charbon négatif prend une forme arrondie.
Lorsque les crayons ont même diamètre et même composition, on constate que le charbon positif s'use deux
fois plus vite que le charbon négatif. Le spectre de l'arc
est sillonné de raies brillantes, provenant de la vapeur
de carbone.

## Four électrique de M. Moissan.

Le premier modèle de four électrique employé par

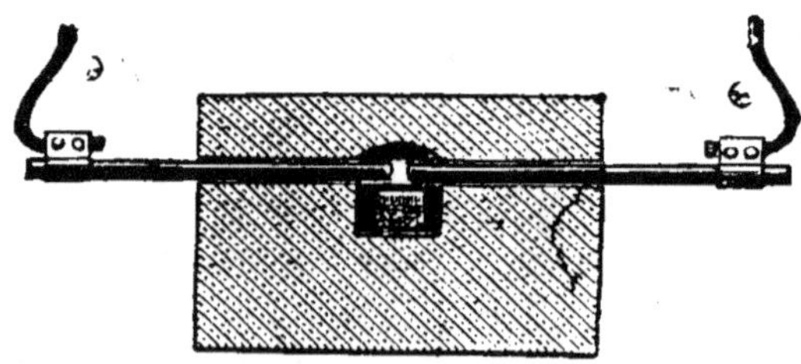

Fig. 90.

M. Moissan, se composait de deux briques de chaux bien

dressées, et appliquées l'une sur l'autre ; la brique inférieure porte une rainure longitudinale qui reçoit les
deux électrodes, et au milieu, se trouve une petite cavité servant de creuset ; fig. 90.

Cette cavité peut être plus ou moins profonde, et contient une couche de quelques centimètres de la substance
sur laquelle doit porter l'action calorifique de l'arc. On
peut aussi y installer un petit creuset de charbon, renfermant la matière qui doit être calcinée. La brique supérieure est légèrement creusée dans la partie qui se
trouve au-dessus de l'arc. Comme la puissance calorifique du courant ne tarde pas à fondre la surface de la
chaux, et à lui donner par cela même un beau poli, on
obtient, dans ces conditions un dôme qui réfléchit toute
la chaleur sur la petite cavité contenant le creuset.

Fig. 91.

Les électrodes sont rendues facilement mobiles, au
moyen de deux supports que l'on déplace, ou mieux, de
deux glissières, qui se meuvent sur un madrier, fig. 91.

Ce qui différencie ce four électrique de ceux employés
jusqu'ici, c'est que la matière à chauffer ne se trouve

pas en contact avec l'arc électrique, c'est-à-dire avec la vapeur de carbone. Cet appareil est un four électrique à réverbère, avec électrodes mobiles. Ce dernier point a aussi son importance, car la mobilité des électrodes donne une très grande facilité pour établir l'arc, pour l'étendre ou le raccourcir à volonté ; en un mot, elle simplifie la conduite des expériences.

Dans les premières expériences, le courant employé était de 35 à 40 ampères et de 55 volts ; la brique inférieure en chaux vive avait pour dimensions 16 c. à 18 c. de long, sur 15 c. de large, et sur 8 c. d'épaisseur.

Avec des fours de 22 c. à 25 c. de long, on peut très bien employer l'arc d'un courant de 450 ampères et 75 volts.

La chaux employée était une chaux légèrement hydraulique, appartenant au bassin Parisien, dite (du banc vert) ; elle se taille et se tourne avec facilité.

*Electrodes.* — Les électrodes étaient formées par des cylindres de charbon, aussi exempts que possible, de matières minérales ; elles sont fabriquées avec du charbon de cornue réduit en poudre, et choisi dans le dôme de la cornue. Cette poussière de charbon est lavée aux acides pour la débarrasser, autant que possible, du fer qu'elle contient ; elle est ensuite lavée et calcinée, et finalement, agglomérée au moyen de goudron. Les cylindres sont formés par une pression qui doit être très élevée et très régulière ; enfin, ils sont séchés avec précaution, et calcinés à une température très élevée.

Il faut éviter la présence de l'acide borique et des silicates. Pour les petits fours en chaux vive, on emploie des électrodes de 20 c. de longueur et de 12 mm. de diamètre ; pour des courants de 120 ampères sous **50** volts, des cylindres de 40 c. de longueur, et de 16 à 18 mm. de diamètre. Les extrémités des électrodes entre lesquels l'arc doit jaillir, sont taillées en cône bien pointu. Pour des courants de 350 ampères et 60 volts, on n'emploie qu'une seule électrode, terminée en pointe, la section de l'autre restant plane. Les câbles qui amènent le courant sont réunis aux charbons, au moyen de machines en cuivre, serrées par des écrous.

*Conduite du four.* — Nous allons prendre comme exemple, pour expliquer le fonctionnement du four électrique, l'expérience de la volatilisation de la chaux vive.

Les électrodes sont rapprochées l'une de l'autre de 2 à 3 c.; on fait passer le courant de la dynamo dans le circuit, en approchant lentement la seconde électrode de la première ; on établit le contact, et l'arc jaillit.

On perçoit aussitôt une odeur très pénétrante d'acide cyanhydrique. La petite quantité de vapeur d'eau qui se trouve dans les électrodes, fournit de l'acétylène avec le carbone.

Ce gaz, en présence de l'azote que renferme le four au début de l'expérience, réalise, sous l'action puissante de l'arc, la belle synthèse de l'acide cyanhydrique, découverte par M. Berthelot.

La lumière émise par le four électrique, colorée par la flamme du cyanogène, a pris tout d'abord une belle teinte pourpre, qui disparait bientôt. Il faut avoir soin, dès le début, de ne pas trop écarter les électrodes ; lorsque le four est encore froid, l'arc s'éteint avec facilité. Au début, l'arc, même avec des courants intenses, n'atteint pas 1 cm., tandis qu'à la fin de l'expérience, il possède en général une longueur de 2 c. à 2 c 1/2 Si le four est rempli d'une vapeur métallique, d'aluminium par

exemple, on doit éloigner les électrodes de 5 c. à 6 c.
La grandeur de l'arc sera donc réglée d'après la marche
du voltmètre et de l'ampère-mètre, de façon à avoir
toujours une résistance à peu près constante, et à maintenir la dynamo dans son régime normal.

Après trois à quatre minutes, avec un courant de 360
ampères et 70 volts, les électrodes ne tardent pas à rou-
gir ; des flammes éclatantes, de 40 c. à 50 c. de longueur,
jaillissent avec force par les ouvertures qui donnent passage aux électrodes, de chaque côté du four (fig. 92). Ces
flammes sont surmontées de torrents de fumée blanche,
qui sont produits par la volatilisation de la chaux.

Fig. 92.

Avec un courant de 400 ampères et 80 volts, l'expérience se réalise en 5 minutes. Au début de la chauffe,
l'arc possède une certaine mobilité, et le four ronfle
beaucoup ; mais en peu d'instants, les vapeurs métalliques augmentent la conductibilité ; l'écoulement de l'é-
lectricité se fait avec régularité et sans bruit.

La mauvaise conductibilité de la chaux vive est entièrement favorable à ce genre d'expérience ; elle empêche la déperdition de la chaleur, que l'on cherche à emmagasiner dans le plus petit espace possible.

Après l'expérience, le charbon positif ne présente que peu d'usure, tandis que le négatif est rongé plus ou moins profondément. Les extrémités des électrodes, sur une longueur de 8 à 10 cent. sont entièrement transformées en graphite. Il est indispensable de ne pas exposer le visage à une action prolongée de la lumière électrique, et de toujours garantir les yeux avec des lunettes à verres très foncés ; il peut se produire des coups de soleil électrique, et l'irritation produite par l'arc sur les yeux, peut amener des congestions très douloureuses.

Enfin, il est encore un point à signaler : lorsqu'on emploie un four en pierre calcaire, il se forme une grande quantité d'acide carbonique. Ce composé, au contact des électrodes portées au rouge et de la vapeur de carbone, produit d'une façon continue un dégagement d'oxyde de carbone. Les cylindres de charbon qui constituent les électrodes, en fournissent aussi une petite quantité.

Ce gaz n'est brûlé qu'incomplètement, et si l'on ne prend pas de grandes précautions pour ventiler le local, les opérateurs ne tardent pas à présenter les symptômes de l'empoisonnement par l'oxyde de carbone. Lorsqu'on emploie des courants de 1200 à 1400 ampères et 100 volts, les fours en chaux, si leur cavité n'est pas très grande, sont rapidement mis hors d'usage.

Lorsque l'on veut utiliser de grandes intensités, on creuse la pierre d'une cavité assez grande, qui présente la forme d'un parallélipipède, et qui contient des plaques alternées, de 0 m. 01 d'épaisseur, d'abord de magnésie, et ensuite de charbon. Ces plaques, au nombre de quatre, sont disposées de telle sorte que la magnésie soit toujours au contact de la chaux vive, et la plaquette de charbon à l'intérieur du four ; l'oxyde de magnésium, étant irréductible par le charbon, ne pourra donc disparaître que par volatilisation, tandis qu'à ces hautes températures, la chaux fondrait au contact du charbon, et produirait avec facilité du carbure de calcium liquide.

C'est au moyen de ce four que M. Moissan a préparé le carbure de calcium ; il a constaté que la température augmentait avec la puissance de la machine ; nous rappellerons que dans ces fours électriques, on n'utilise que l'action calorifique du courant, et non l'action électrolytique.

Ces appareils permettent d'atteindre avec facilité des températures voisines, au minimum, de 3500°.

*Four Héroult* (1). — Aux usines de Froges, on prépare le carbure de calcium avec un four Héroult, destiné à la fabrication de l'aluminium ; il se compose d'un creuset en charbon formant la cathode; l'anode est formée par un charbon placé dans l'axe du creuset ; sur le côté, se trouve le trou de coulée pour la sortie du carbure de calcium fondu. Le mélange de chaux et de coke est chargé d'une manière continue dans le creuset.

*Four Wilson*, (fig. 93). — Ce four se compose d'un creuset de graphite B, reposant sur la partie centrale d'une plaque de charbon carrée B, de 0,30 de côté, et de 0,025 m. d'épaisseur, encastrée dans des briques A, qui entourent le creuset. Cette plaque communique avec l'une des bornes de la dynamo D, l'autre borne étant reliée à un

(1) Voir à la note I le fonctionnement et la description du four Héroult, à l'usine de Froges.

crayon de charbon mobile C, qui pénètre à l'intérieur
du creuset.

Pour mettre le four en marche, on place le crayon de
charbon en contact avec le fond du creuset, au moyen
de la vis G ; on l'écarte ensuite au fur et à mesure qu'augmente la force électromotrice de la machine, lentement
excitée.

L'arc jaillit et fond la substance à traiter, que l'on introduit par une ouverture ménagée dans le couvercle E,
isolé électriquement du creuset.

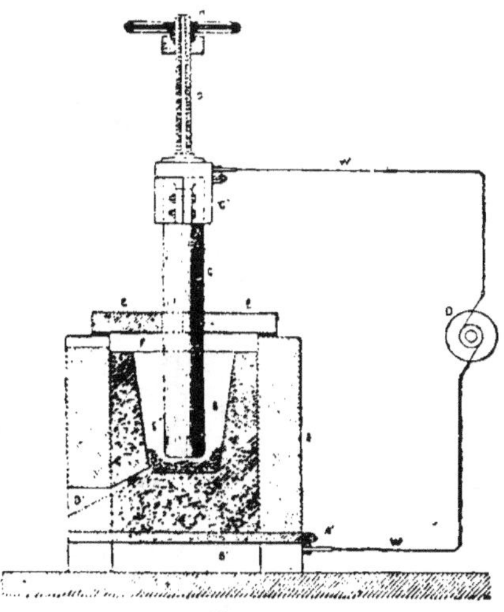

Fig. 93.

Le crayon de charbon a une longueur de 0,30 m. ; il
est recouvert extérieurement d'un dépôt de cuivre électrolytique, pour augmenter sa conductibilité.

Le trou de coulée D' est fermé, pendant l'opération, par
un bouchon d'argile. On peut employer, soit des courants continus, soit des courants alternatifs, mais d'après les derniers essais, ce serait à ces derniers courants qu'il conviendrait de donner la préférence.

*Description d'une usine pour la fabrication du carbure de calcium.* — Cette usine se composera : 1° d'un atelier de de broyage, où seront broyés, pulvérisés et mélangés, la chaux et le coke ; 2° de la salle des fours électriques ; 3° d'un laboratoire d'essais ; 4° d'un atelier de triage ; 5° d'une salle contenant les transformateurs, destinés à réduire le voltage de 2200 volts à 100 volts.

L'usine comprendra 4 fours, contenant chacun un creuset de fonte de 1 m. 066 de long, de 0 m. 813 de profondeur, et de 0 m. 660 de large.

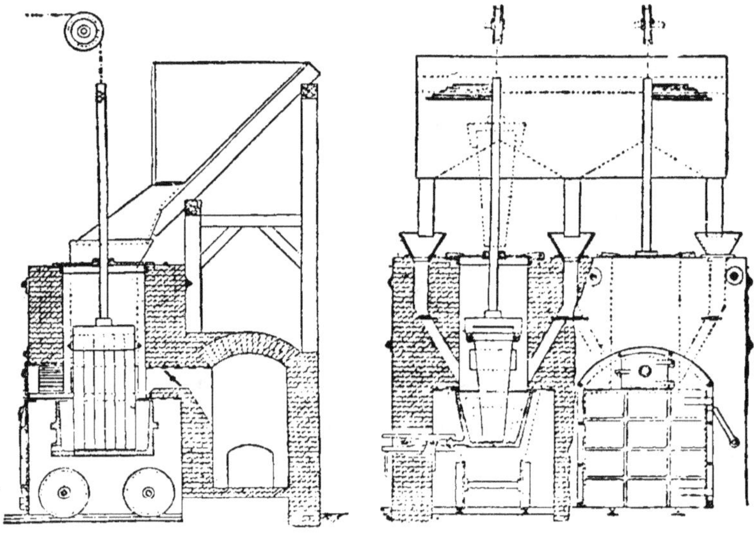

Fig. 34.

Les fours ne fonctionneront que d'une façon discontinue, l'opération de la fusion se faisant au bout de 3 heures, et produisant 567 kilos de carbure de calcium.

On emploiera des courants alternatifs.

Les fours employés à la S. Spray N. C., sont disposés

par deux, dans un foyer en briques, de forme rectangulaire, avec deux portes en fonte à charnière placées
l'une au-dessus de l'autre ; chaque compartiment est
muni d'une cheminée de 9 cent. 16, pour le dégagement
de l'anhydride carbonique et de la vapeur produits
pendant l'opération ; le fond du four est formé par une
plaque de fonte de 5 c. 08 d'épaisseur, recouverte par
une couche de charbon tassé, de 30 c. 5 d'épaisseur, des_
tinée à protéger la fonte contre la chaleur de l'arc.

La plaque de fonte forme l'une des électrodes ; l'autre
électrode est formée de 6 charbons, de 0 m. 91 sur 10
c. 16, formant un crayon de 0,91 de long, de 30 c. 5 de
large, et de 19 c. 32 d'épaisseur, soit une section
0 mq. 617 ; les intervalles existant entre les prismes du
crayon sont remplis avec un mélange de coke pulvérisé
et de goudron de houille, le tout cuit au four, pour assurer une complète conductibilité électrique.

Le crayon est fixé dans un support, à l'extrémité d'une
barre de fer de 10 c. 16 sur 10 c. 16, qui peut se déplacer verticalement, à travers une ouverture percée
dans le couvercle du four ; ce dernier est suspendu à
l'extrémité d'une chaine passant sur une poulie, et peut
être élevé ou abaissé, par l'intermédiaire d'une vis et
d'un volant à main muni d'un écrou, afin de régler la
distance entre la partie inférieure du crayon, et la couche de charbon recouvrant la plaque de fonte ; la partie
supérieure du charbon est protégée de l'oxydation de
l'air par un manchon en tôle de fer.

Le crayon étant abaissé au contact du fond du four,
le mélange de coke pulvérisé et de chaux en poudre est
chargé dans l'espace libre entre le crayon, et les parois du
creuset ; ce mélange, avant sa transformation, est mauvais conducteur de la chaleur et de l'électricité ; il pro-

tège les parois du four contre la chaleur de l'arc, et évite les pertes de courant par les parois latérales ; le carbure formé, au contraire, est bon conducteur de la chaleur et de l'électricité à chaud, et établit la conductibilité électrique entre les deux électrodes ; on soulève le crayon de 0 m. 84 : il se forme alors une masse, de forme cylindrique, de carbure de calcium, après le passage du courant.

D'après la théorie, nous avons les proportions suivantes : 64,1 de coke et 100 de chaux ; mais en pratique, on augmente la proportion de coke, parce qu'il renferme des impuretés et 2 0/0 d'eau, et la chaux éteinte, 7 0/0. Le coke est pulvérisé, et la chaux se délite lentement à l'air. Quand les proportions sont pesées, 403 kg. 59 sont introduits pour la première charge.

Le courant est lancé, et l'arc établi entre les deux électrodes, on soulève lentement le crayon ; la chaleur de l'arc produit immédiatement la fusion du mélange qui l'entoure, et la réaction chimique ; le niveau du carbure de calcium fondu étant exactement au-dessous du crayon, ce dernier est lentement soulevé ; il est réglé d'après les indications du voltmètre ; à la fin de la fusion, qui dure de 3 à 5 heures, on arrête le courant, et on laisse refroidir la masse pendant une heure, puis on procède à l'enlèvement du produit, qui se compose :

1° D'une masse cylindrique de carbure de calcium ;

2° D'un mélange de chaux et de coke, qui l'entoure, et qui est débarrassé d'humidité, et destiné à être chargé de nouveau dans une opération subséquente ; d'après les expériences faites à Spray, le courant employé était de 2000 ampères et de 65 volts ; la perte aux électrodes était de 7 volts 1/2, l'usure de l'électrode était de 2 c. 54, ou de 78 kilos pour 11 charges.

Ainsi, chaque charbon pourra servir pour une production de 21 tonnes de carbure de calcium. Le four est
chargé de temps en temps, et les gaz formés par l'arc
se dégagent à travers la matière, non transformés ; ce dégagement empêche les dernières matières chargées dans
le four, de tomber à l'intérieur de l'arc électrique. Lorsque le courant devient trop fort, l'ouvrier soulève le
crayon.

Si l'arc est interrompu, il faudra rapidement abaisser
le crayon. On a employé à Spray des courants continus,
mais les courants alternatifs suppriment complètement
les inconvénients des phénomènes d'électrolyse. Un
faible voltage donne un carbure de calcium de meilleure
qualité.

La partie inférieure des nouveaux fours (fig. 94) (1)
est formée par un chariot mobile sur rails ; le charge
ment se fait mécaniquement. Le travail se fait d'une manière continue dans chaque four, en remplaçant successivement les wagonnets, l'opération terminée.

Nous allons déterminer le prix de revient :

| | |
|---|---:|
| Chaux 906 kilos. . . . . . . . . . | 26,25 |
| Coke 680,4 à 15,90 la tonne. . . . | 11,25 |
| Préparation. . . . . . . . . . . | 28,87 |
| Intérêt à 6 0/0 sur 52,500. . . . . | 10,50 |
| Carbone des électrodes . . . . . . | 2,62 |
| Puissance électrique, à 52,50 par | |
|    cheval-vapeur, par an. . . . . . | 28,70 |
| Réparations, taxes, assurances et | |
|    imprévu. . . . . . . . . . . | 5.25 |
| | 108,80 |

Ce qui mettrait à fr. 120,10 la tonne de 1000 kilos.

(1) Voir à la note II, description et fonctionnement des fours
de l'usine du Niagara.

M. Walter R. Addicks, de Boston. indique comme rendement obtenu à l'usine de la Willson Aluminium Company. à Spray, 4,8 kilogrammes par cheval électrique par 24 heures.

*Four de M. Bullier.* — Dans ce four, on dispose l'arc au sein même du mélange de chaux et de charbon.

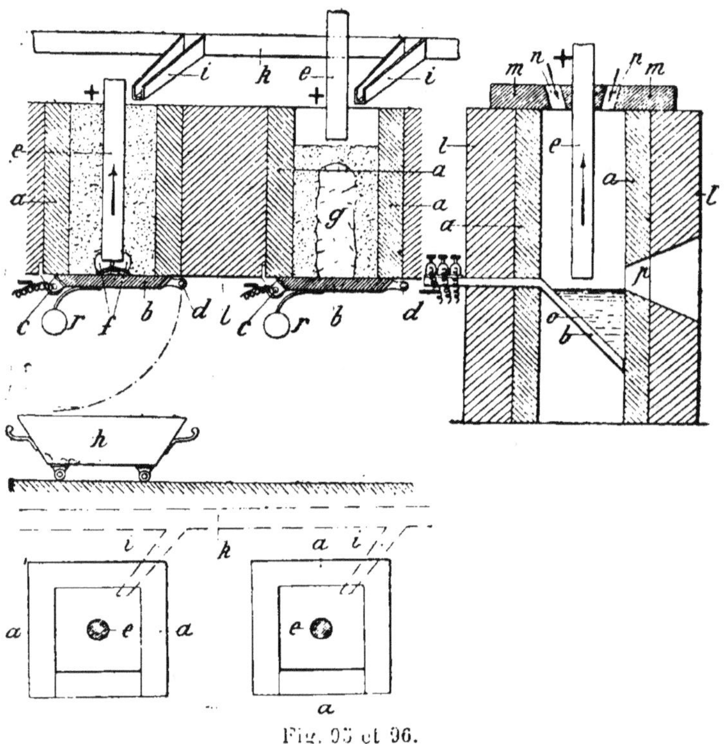

Fig. 95 et 96.

La fig. 95 représente une coupe verticale de ce four, et un plan. Ce four est à section carrée ; les parois *a* sont formées de briques en magnésie, ou en chaux, la sole *b* est métallique ou en charbon ; elle est articulée autour du point $c$, et maintenue en place pendant l'opération, par un contrepoids $r$ ; elle est reliée avec le pôle $+$ d'une machine dynamo, et forme l'une des électrodes.

Le charbon $e$, positif, constitue la deuxième électrode, et plonge dans le mélange de chaux et de charbon.

Au début de l'opération, on rapproche le charbon $e$ du fond $b$, pour faire jaillir l'arc, dont la chaleur produit la fusion du mélange qui l'entoure.

Au fur et à mesure que la réaction s'opère, il se produit autour du charbon une cavité au fond de laquelle se dépose le carbure fondu, et au fur et à mesure que le mélange formant les parois de cette cavité entre en réaction, on relève le charbon $e$, et la masse de carbure augmente progressivement de volume.

A la fin de l'opération, on rompt le circuit électrique, et le four contient un bloc $g$ de carbure. En faisant alors basculer le fond $b$, le bloc $g$, ainsi que la matière qui n'est pas entrée en réaction, tombent dans un wagonnet $h$, pour être transportés sur un tamis, où a lieu la séparation du carbure de calcium et de la matière non traitée.

Chaque four ainsi constitué, peut être alimenté de matière à traiter par un conduit mobile $i$, branché sur un collecteur $k$.

De cette façon, aussitôt le four vidé, il suffit de refermer le fond, de descendre le charbon, et de charger à nouveau.

L'espace entre chaque four peut être rempli par de la magnésie pulvérisée, formant autour des fours une sorte de revêtement $l$.

La fig. 96 représente un dispositif différent ; le fond $b$ incliné est relié à l'un des pôles de la machine dynamo ; les parois sont constituées par des briques en magnésie, chaux ou carbonate de chaux, et munies d'un revêtement de même matière, qui peut être maintenu, soit par des briques, soit par une garniture métallique.

Le four est surmonté d'un couvercle *m*, également en magnésie, et muni d'orifices *n*, pour l'introduction de la matière à traiter et le passage du charbon *e*, constituant l'autre électrode.

Dans ce dispositif, la partie inférieure du four forme une chambre *o*, dans laquelle on place préalablement du carbure de calcium, sur lequel on amène le charbon *e* au contact, lors de la mise en marche.

L'appareil est muni d'un trou de coulée *p*, qui permet d'évacuer le carbure fondu.

On peut, en augmentant la section transversale du four, y disposer un garnissage intérieur très épais de matières qui n'entreront pas en réaction, ce qui permet d'opérer la fusion dans un four dont les parois extérieures ne sont plus nécessairement construites en matériaux réfractaires.

*Four du docteur Borchers.* — Le docteur Borchers a présenté à la société électro-chimique allemande, un appareil qu'il prétend employer depuis 10 ans pour la préparation du carbure de calcium, se basant sur l'observation que les divers oxydes considérés comme irréductibles, peuvent être réduits par le charbon, dans certaines conditions.

L'appareil représenté fig. 97 est un petit four en briques réfractaires, à travers les parois duquel en A, B, G et D passent deux gros crayons de charbon K, de 40 mm. de diamètre, réunis à l'intérieur du four par un crayon plus petit *k*, de 4 mm. de diamètre, et de 40 mm. de longueur ; les câbles LL et les bornes VV

relient ces charbons à la source d'énergie électrique ;
la cavité autour du crayon *k*, est remplie d'un mélange
de chaux et de charbon pulvérisé ; on fait passer le
courant, et l'on observe immédiatement un dégagement
d'oxyde de carbone. Quelques minutes après, toute la
masse située entre les crayons KK est transformée en carbure de calcium. La partie du mélange qui n'est pas réduite sert à empêcher l'entrée de l'air, et la souillure

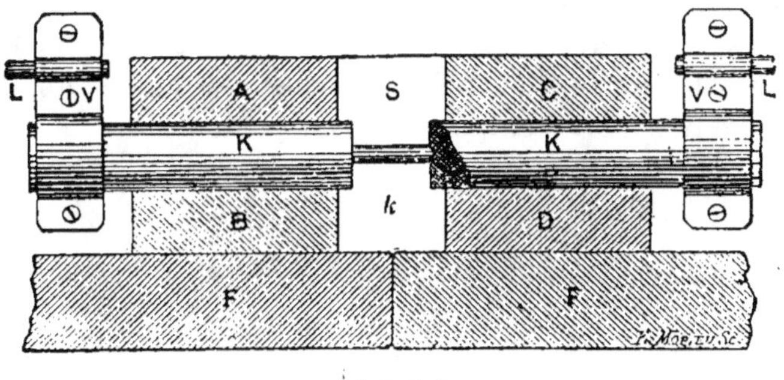


du produit de la réduction par les parois du four. La
matière agglomérée ou fondue est retirée après refroidissement ; un courant de 12 volts et de 90 ampères suffirait ; ce ne serait pas une action électrolytique proprement dite, mais ce courant suffirait pour porter la chaux
à une température à laquelle elle serait réduite par le
charbon.


**Four électrique de fusion, continu, système Vincent.**


Ce four se compose d'un canal horizontal, à la partie
inférieure duquel se trouvent des blocs de charbon fixes,
formant l'une des électrodes. A la partie opposée est ins-

tallée l'autre électrode, formée d'un bloc de charbon à
section rectangulaire, maintenu dans une armature
verticale mobile, au moyen d'un treuil. Au fur et à mesure de l'usure du charbon, il est abaissé; il existe une
fermeture hermétique de l'armature verticale, pour éviter les rentrées d'air, qui produiraient une usure rapide
des charbons.

La matière à traiter est pulvérisée, et introduite dans
un entonnoir à trémie, placé latéralement; une vis d'a-
limentation la pousse à travers le canal entre les électrodes; les matières non fondues, amenées par le haut,
poussent la partie fondue dans une fosse, où elle est maintenue à une haute température, jusqu'à enlèvement.

# CHAPITRE III.



## Principaux minéraux renfermant les oxydes utilisés pour produire l'incandescence.

*Thorite.* —Silicate de thorium riche, contenant jusqu'à
50 à 55 pour 100 d'oxyde de thorium, ou *thorine.* C'est
un minéral cristallisé dans le système cubique, de couleur brune ou noir brun. transparent en lame mince,
ou opaque ; éclat résineux, fragile, dureté 4,5, densité
variant de 4.6 à 4,8. La variété iaune orange se nomme
*orangite ;* elle est plus riche en thorine, et sa densité
varie de 5,4 à 5.9.

Il donne de l'eau dans le tube ; la variété *orangite*
devient brun sombre, et redevient jaune par le refroidissement ; avec le sel de phosphore, il donne un verre
coloré qui devient laiteux et verdâtre en refroidissant ;
il fait gelée avec l'acide chlorhydrique, mais pas après
calcination. Dans ce dernier cas, la variété noire de thorite devient brun rouge pâle.

Le générateur se compose d'un cylindre en fonte, à couvercle mobile, surmonté d'un manomètre; dans ce cy-

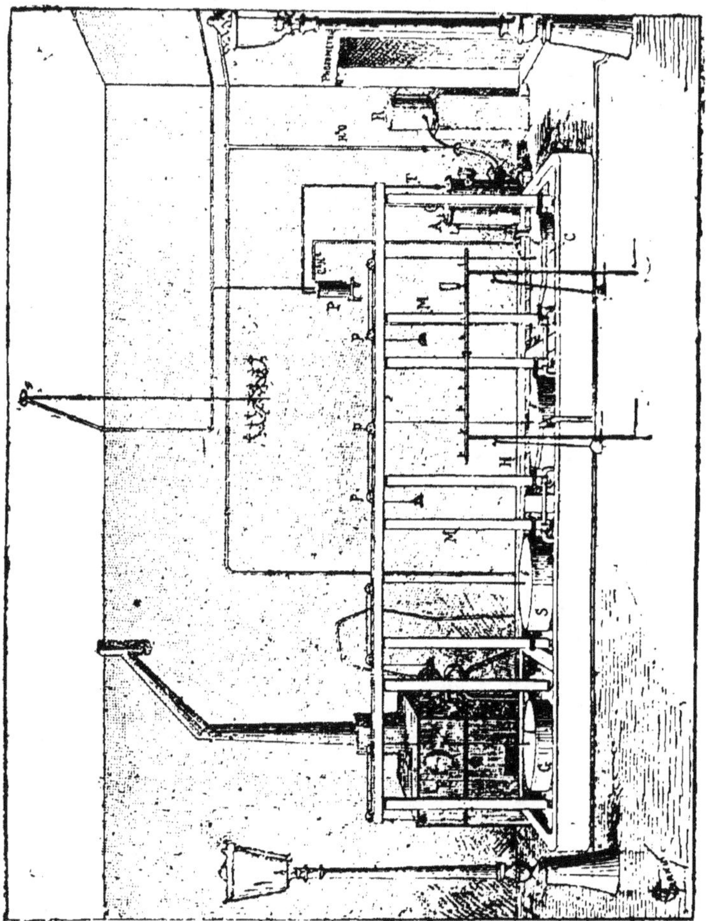

Fig. 98.

lindre, est placée une corbeille destinée à recevoir le carbure de calcium; à la partie inférieure, une conduite d'arrivée d'eau communique à un petit réservoir R, qui sert à la fois comme source d'eau et comme régulateur de pression; lorsque l'on veut arrêter la production du gaz, on ouvre le robinet de communication avec le réservoir; la pression augmentant dans le générateur par l'attaque du carbure de calcium, l'eau est refoulée dans le réservoir R, et le dégagement s'arrête. A la partie supérieure du générateur, se trouve un tube T en fer, qui sert pour le dégagement du gaz et traverse un serpentin plongé dans un réservoir d'eau froide P, puis se rend sous le gazomètre C', destiné à recueillir l'acétylène.

Le four à azote F se compose d'une série de tubes de fer, renfermant des fils de cuivre. Ces derniers sont portés au rouge blanc par la combustion du gaz, fourni par un petit gazogène.

Le courant d'air est chassé dans ces tubes au moyen du gazogène G, formant machine soufflante; l'azote, à sa sortie, est recueilli dans un gazomètre spécial S; cet azote renferme encore un peu d'acide carbonique, qui ne nuit du reste, en aucune façon, à l'usage auquel il est destiné.

Un système de canalisation en fer relie entre eux les gazomètres, de façon à pouvoir opérer facilement les différents mélanges. Les appareils d'utilisation se composent: 1° de deux candélabres, l'un surmonté de la lanterne de ville ordinaire, l'autre de la lanterne à 5 becs, dite quatre septembre; 2° d'une rampe d'expérience, placée entre les deux candélabres, la moitié alimentée avec le gaz de houille de la ville, l'autre reliée au gazomètre H.

Dans l'établissement des appareils devant servir à la production du gaz acétylène, il sera utile de tenir compte des résultats connus de quelques expériences. Il est nécessaire de faire agir le carbure de calcium sur une quantité d'eau suffisante, car si on réduit au minimum la quantité d'eau nécessaire à la décomposition de ce carbure, il se forme des produits, polymérisés sous l'influence de la chaleur dégagée pendant la réaction ; la chaux qui recouvre le carbure se dessèche, et le centre du morceau de carbure n'est plus attaqué.

Enfin, dans les appareils où l'alimentation d'eau est continue, il pourra se produire de brusques variations dans le dégagement du gaz, par le fait de la présence de morceaux de carbure de calcium impur.

La fig. 99 représente la disposition théorique d'un appareil très simple, pour la préparation de l'acétylène, basé sur le principe du briquet à hydrogène. Il se compose d'une bouteille à large goulot, fermée au moyen d'un bouchon de liège. Ce bouchon est traversé par une tige supportant une petite corbeille en toile métallique, où l'on place le carbure de calcium, et par un deuxième tube, qui aboutit au gazomètre dont le volume est d'un décimètre cube. Il est formé par deux boites métalliques à biscuits, dont l'une est fixée à l'intérieur de l'autre ; du sommet du gazomètre, part un deuxième tube, conduisant aux becs d'utilisation. Au sommet de ce gazomètre est attachée une corde, qui passe sur deux poulies, et à l'extrémité de laquelle se trouve suspendu un vase contenant de l'eau, dont le but principal est de recevoir l'eau refoulée par la pression du gaz, en évitant son contact avec le carbure de calcium, lorsque le dégagement devient trop considérable. Supposons la bouteille à demi remplie d'eau, et le carbure de calcium en contact avec l'eau ; la production du gaz commence aussitôt avec rapidité, et la cloche du gazomètre s'élève. Quand il atteint une hauteur convenable, on pourrait élever la corbeille à la main, et la production du gaz serait arrêtée. Mais on évite cette manipulation ; on établit une com-

munication entre le vase suspendu à la corde du gazomètre, et l'appareil générateur : à mesure que le gazomè-

Fig. 99.

tre s'élève, le vase descend, et reçoit l'eau de l'appareil

générateur. De cette façon, lorsque le gazomètre atteint sa hauteur maxima, le carbure n'est plus au contact de l'eau, et le dégagement du gaz s'arrête.

Si le gazomètre descend, une certaine quantité d'eau pénètre dans le générateur, et le dégagement du gaz recommence. Le niveau du gazomètre est maintenu constant avec une pression presque constante. S'il est nécessaire de regarnir la corbeille de carbure de calcium, on supprime la communication avec le gazomètre et le générateur.


### Appareils automatiques pour la production de l'acétylène, de E. Ducretet et L. Lejeune


Les appareils que nous allons décrire permettent d'obtenir automatiquement *le gaz acétylène* à toutes les pressions, depuis la plus faible jusqu'à celles nécessaires à la compression et à la liquéfaction de ce gaz.

La disposition intérieure assure une bonne répartition de l'eau au contact du carbure de calcium. La quantité totale d'eau à employer, au fur et à mesure de la décomposition du carbure, étant déterminée par le poids de carbure contenu dans les générateurs de gaz acétylène.

La figure 100 montre l'appareil pouvant produire le gaz acétylène à toutes les pressions. Il peut être construit en toutes dimensions. Il comprend essentiellement un récipient B, contenant le carbure de calcium. Nous verrons plus loin comment se trouve disposé ce carbure à l'intérieur de B, pour obtenir une bonne répartition

du liquide, et assurer le bon fonctionnement de cet appareil industriel.

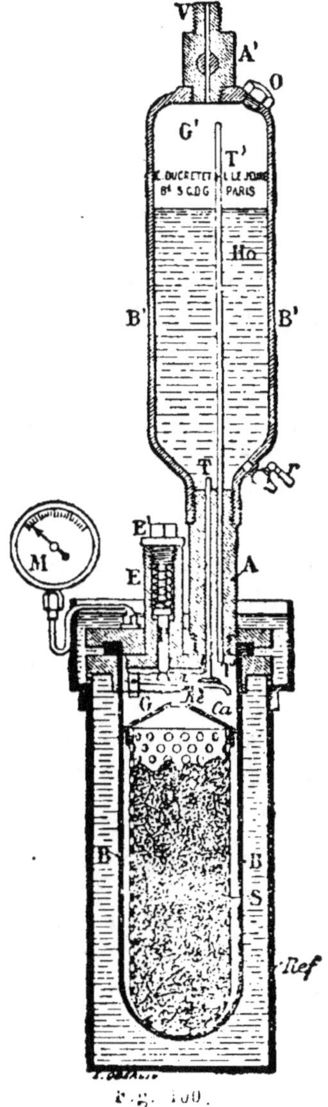

Fig. 100.

Le récipient B est fermé par un couvercle à fermeture rapide, avec joint hermétique bloqué. Un deuxième récipient B' contient la quantité d'eau connue et déterminée par le poids de carbure mis en B. Ce récipient B' est placé au dessus de B soit directement, soit à distance, en le raccordant avec des tubes de longueur convenable, munis de robinets d'arrêt, à pointeau, placés en A. Ces deux robinets d'arrêt servent à arrêter, à volonté, l'arrivée de l'eau de B' en B, et à interrompre la communication du gaz acétylène de G en G'.

L'eau se déverse de B' en B par le tube intérieur T. Le tube T' établit l'égalité de pression entre les deux récipients, en G G'; par suite, pour toutes les pressions, l'eau s'écoule en B par sa propre pression, donnée par la hauteur qui sépare les deux récipients. Les robinets placés en A obturent donc, à volonté, les deux tubes TT' ainsi qu'il a été dit.

Sous le couvercle, se trouve un régulateur Re, dont le réglage se fait à volonté. La figure 100 montre nettement le jeu de ce régulateur du débit de l'eau placée en B'. Cette eau, dès qu'elle arrive au contact du carbure de calcium, produit du gaz acétylène qui s'accumule en G G'; il est utilisé à la sortie du robinet A'. Le petit robinet r sert à se rendre compte si le récipient B contient encore de l'eau. Le manomètre M indique la pression. Dès que la pression que l'on s'est imposée dépasse la limite de réglage donnée par le ressort placé à l'intérieur de R, cette pression agit sur une membrane m, communiquant avec l'air extérieur; par suite, cette membrane se bloque sur son siège, et laisse libre le ressort intérieur: le clapet qu'il commande vient alors obturer l'orifice intérieur du tube T, et l'écoulement de l'eau s'arrête. Il reprend dès que la pression revient à la limite du réglage. — Sur le couvercle, se trouve une soupape de sûreté. L'égalité de pression qui existe entre G et G', fait que la pression sur le clapet de fermeture est celle donnée par le ressort intérieur, devenu libre par le déplacement de la membrane $m$.

Cet appareil permet le remplissage direct des récipients à gaz comprimé, tels qu'ils sont employés par les compagnies de chemins de fer pour l'éclairage des wagons par le gaz riche ; il en est de même pour l'éclairage de certains phares, feux flottants, bouées et balises. On peut ainsi utiliser le matériel qui existe dans ces administrations.

Il est utile de faire passer le gaz, à sa sortie de B' en A', dans un récipient dessicateur contenant un desséchant ; le carbure de calcium convient. On peut aussi régulariser la sortie du gaz par un réducteur de pression réglé à la pression extrême que doit avoir l'acétylène dans les récipients où il sera ainsi comprimé. A la fin de l'opération, le gaz comprimé en G' sera reçu dans un récipient d'attente, pour éviter une perte de gaz.

Pour la liquéfaction du gaz acétylène, on pourra distribuer le gaz à une pression plus élevée, suivant le réglage du régulateur Re. Il sera toujours facile, industriellement, d'abaisser le point de liquéfaction, en faisant circuler le gaz acétylène dans un récipient ou un serpentin, muni de tubulures d'entrée et de vidange, avant d'être amené dans le récipient de réception ; l'un et l'autre très refroidis par une machine industrielle à froid intense, à marche continue.

L'épuration du gaz peut être obtenue, dans tous les cas, par les procédés usités pour l'épuration du gaz d'éclairage, et dans les laboratoires.

L'appareil fig. 100 est plongé dans un bac réfrigérant Ref contenant de l'eau ; elle peut être courante.

Le même appareil peut être non automatique, en supprimant les organes du régulateur Re, l'introduction de l'eau sous pression de B' en B se faisant encore suivant ci-dessus, et le jeu des deux robinets, en A, permettant d'arrêter à volonté, à la main, l'écoulement de l'eau et la sortie du gaz.

Dans tous les cas, la régularité de l'éclairage avec le gaz acétylène est obtenue par un réducteur de pression, placé à la sortie des récipients contenant le gaz comprimé ou liquéfié.

Dans ces appareils, on réalise une bonne répartition de l'eau sur le carbure de calcium en le plaçant dans un ou plusieurs récipients perforés SS, figure 101, laissant un petit espace libre entre eux et le récipient B. L'eau se déverse à l'intérieur de l'entonnoir Ca (fig. 101); puis par le tube fendu D, elle arrive à la partie inférieure de B. L'eau déversée à la partie supérieure, attaque le carbure de calcium de bas en haut; il est ainsi décomposé régulièrement : l'hydrate de chaux se déverse en B, en traversant les ajourages de SS. On évite le bourrage du résidu, et les à-coups dans la production de l'acétylène. L'eau arrivant ainsi se déverse au-dessus du résidu, et elle continue à agir de bas en haut sur le carbure.

La figure 101 est celle d'un appareil à pression réduite. Il réunit encore tous les organes nécessaires à l'arrivée automatique de l'eau sur le carbure de calcium, et la bonne distribution de cette eau, ainsi qu'il a été dit. Le régulateur de débit de l'eau est en Re; il se compose d'une soupape libre, verticale, avec une petite colonne d'eau au-dessus; elle s'ouvre sous la pression que donne la hauteur où se trouve le réservoir d'eau Ho; elle se ferme dès que la pression en G est devenue supérieure ; par

suite, l'écoulement de l'eau s'arrête; il reprend dès que
la pression du gaz est redevenue normale.

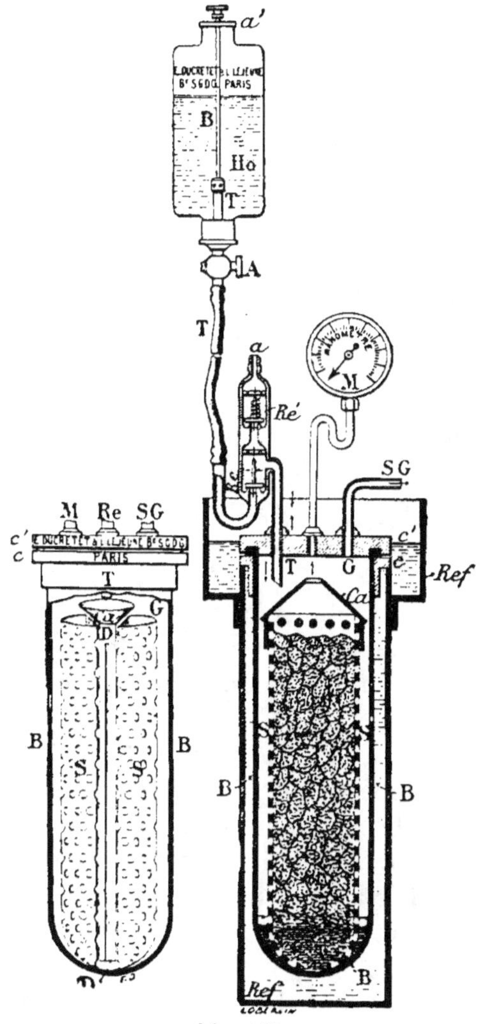

Fig. 101

Re' est une soupape de sûreté à réglage variable; elle

sert à la sortie du gaz, en *a*, dans le cas de pressions anormales ; il est expulsé au dehors, ou recueilli dans un récipient d'attente quelconque. M est un manomètre.

Le gaz, à la sortie de l'appareil, en SG, peut être utilisé directement en interposant un réducteur de pression à débit constant. Généralement, on interpose un gazomètre à cloche, alimenté par le réducteur de pression ; les branchements pour l'éclairage sont placés directement sur le gazomètre, muni d'un manomètre à eau, avec double robinet servant d'indique-fuite. Le modèle n° 2 contient 12 kilogr. de carbure de calcium, donnant 3600 litres d'acétylène, et le gazomètre a une cloche de 300 litres.

Cet appareil constitue un excellent système d'éclairage économique, domestique, pour les châteaux, villas, casinos, petites gares de chemins de fer, magasins, etc. etc., et dans toutes les localités ne possédant pas le gaz d'éclairage. Il peut servir de carburateur pour le gaz d'éclairage.

Le carbure de calcium pourrait être mis en briquettes, par compression énergique, et être ainsi d'un bon rendement ; les résidus en poudre peuvent être ainsi utilisés.

MM. Ducretet et Lejeune sont en train de créer tout une série de lampes pour l'éclairage par le gaz acétylène : lampes à bec simple et à becs multiples, de grande intensité, pouvant se réduire à volonté, lampes à récupération pour l'éclairage en plein air, lampes de wagon, lampes pour les phares, la télégraphie optique et les projections, etc., etc.

La figure 102 est celle d'un appareil de laboratoire ; il est destiné aux *essais* de réception du carbure de calcium. Il accuse, sans perte, le rendement *des carbures de*

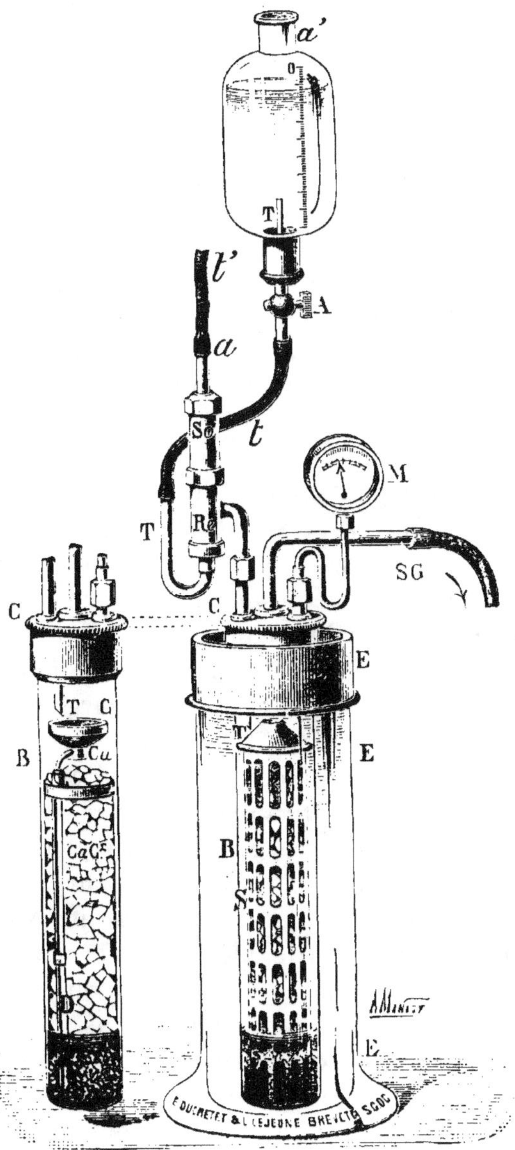

Fig. 102.

*calcium en acétylène.* Il peut servir pour tous les usages dans les laboratoires, et aux *essais* photométriques. Il peut alimenter, avec un réducteur de pression, pendant 1 h. 1/2 à 2 heures, un bec donnant environ 5 carcels. Le débit est constant avec ce réducteur de pression.

Toutes les explications données pour les figures ci-dessus s'appliquent à ce modèle de laboratoire.

*Appareils de M. Lequeux.* — Dans cet appareil, très bien étudié, représenté fig. 103, le gazomètre et le générateur sont réunis. Le gazomètre se compose d'une cuve, et d'une cloche guidée par deux tubes latéraux, dont l'un sert à recueillir le gaz.

A la partie supérieure du gazogène, se trouve un couvercle F, formant joint étanche avec le tube central C du générateur, au moyen d'un joint hydraulique ; pour charger l'appareil, on ouvre les robinets de purge et on retire le couvercle F, qui supporte lui-même un récipient cylindrique D. percé d'un trou à la partie inférieure, et un seau E ; on introduit en D le carbure de calcium en quantité suffisante. Le panier D étant chargé de carbure de calcium, on s'assure qu'il y a de l'eau dans la gouttière, on introduit rapidement le tout par l'ouverture laissée libre, et l'on voit immédiatement le gazomètre monter, par le fait du dégagement d'acétylène ; au bout d'un instant, on ferme les robinets de purge, et l'on a ainsi une certaine quantité de gaz à sa disposition ; un robinet H placé à la partie inférieure, permet de purger l'appareil à la suite des condensations qui peuvent se produire dans les tubes. Un bouchon à vis, placé au bas de la cuve, permet de nettoyer de temps en temps pour enlever la chaux. Le seau E permet d'enlever la majeure partie de la chaux produite après chaque opération.

La fig. 104 représente un deuxième modèle, dans lequel
le gazomètre, au lieu de plonger dans une cuve cylindri-

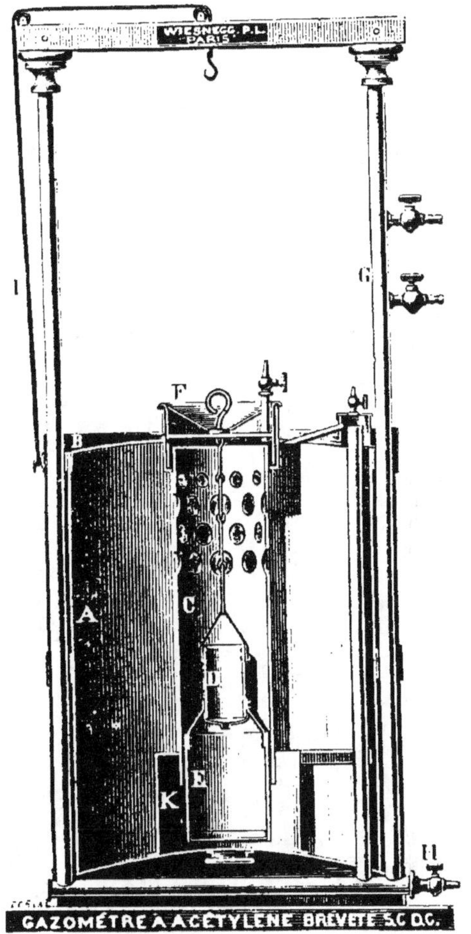


que pleine d'eau, plonge dans une cuve annulaire réduisant au minimum le contact de l'acétylène avec l'eau. Le

chargement continu se fait dans un petit appareil latéral E ; on jette de temps en temps un morceau de carbure

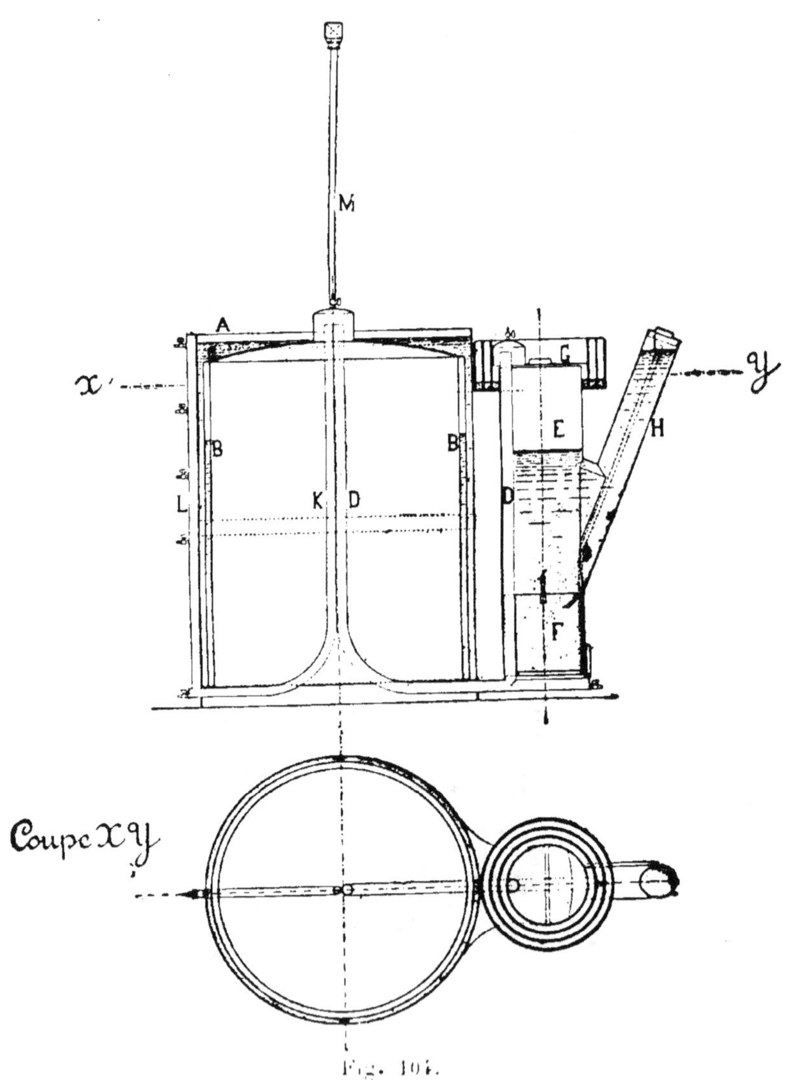

de calcium par la manche H du générateur E ; le gaz produit se dégage par un tube latéral D, et arrive à la partie supérieure de la cloche du gazomètre.

A la base du générateur E se trouve un seau F, qui permet de retirer de temps en temps la chaux produite pendant l'opération. R et R' sont des robinets de purge.

Si l'on désire purger l'appareil, il suffit d'ouvrir les robinets R R', et d'introduire dans la manche H quelques petits morceaux de carbure de calcium.

*Appareil de M. de Boismenu* (*Société du gaz acétyléne*) fig. 105. — Cet appareil, basé sur le principe de l'alimentation d'eau proportionnelle au débit gazeux, se compose : 1º d'un gazomètre d'un volume réduit ; 2º d'un gazogène ou récipient fermé, dans lequel se produit le gaz ; 3º d'un double robinet D, réglant l'introduction d'une quantité d'eau déterminée, fournie par un réservoir supérieur M. Cet appareil fonctionne automatiquement, le mouvement même d'ascension ou de descente de la cloche du gazomètre, déterminant l'arrivée de l'eau sur le carbure de calcium, au moment utile.

Le mouvement des robinets est d'ailleurs réglé de façon qu'il n'y ait jamais surproduction de gaz. Une soupape de sûreté C, fixée sur l'appareil générateur, et qui fonctionne à deux atmosphères, écarte tout danger dans le cas où le jeu des robinets viendrait à se déranger. Le gaz est amené au gazomètre par le conduit A, l'eau par le conduit B.

F est le conduit de dégagement du gaz.

Les joints de raccord sont du modèle employé pour les conduites d'air comprimé, et leur mise en place est

instantanée. Les couvercles de gazogènes sont interchan-
geables, et lorsqu'un appareil a épuisé tout son carbure,
il est remplacé très facilement par un autre tout chargé,

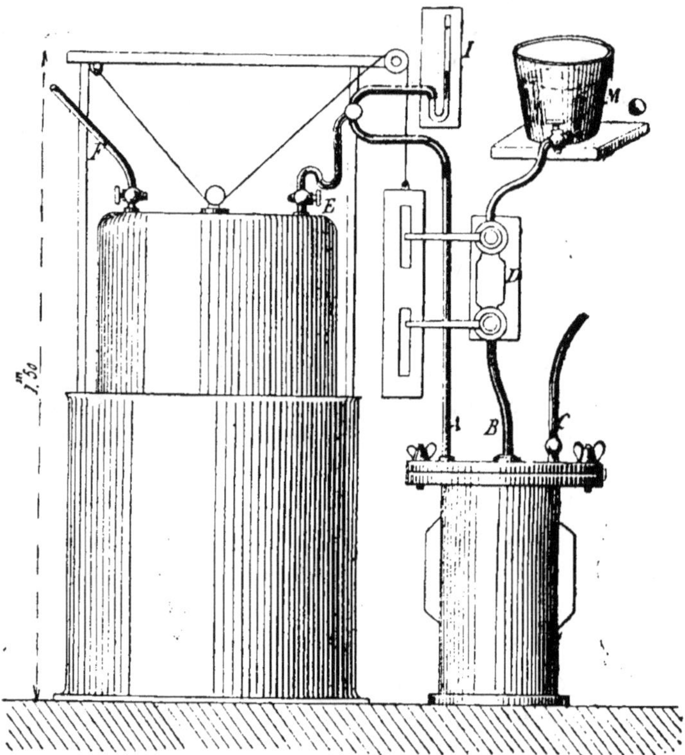

Fig. 105.

sur lequel se place le couvercle du précédent, sans qu'il
soit nécessaire de toucher aux tubes et tuyaux de raccord. Cet appareil se construit en trois grandeurs, et peut
fournir sans recharge de 1,5 à 6 mètres cubes de gaz.

*Appareil « at home »* fig. 106, *de la Société du gaz acétylène.* — Cet appareil se compose d'un gazomètre ordi-

naire, dont le poids est déterminé de telle façon qu'il
représente une pression de 20 centimètres d'eau. Le gazogène se compose d'un récipient, formé de deux parties réunies par des boulons, avec écrous à oreilles, qui
contient dans un panier en toile métallique E, de 5 à 10
kilos de carbure de calcium, et dans lequel l'eau arrive
par un tube étroit DD, dont la partie supérieure porte
un dispositif destiné à diffuser l'eau.

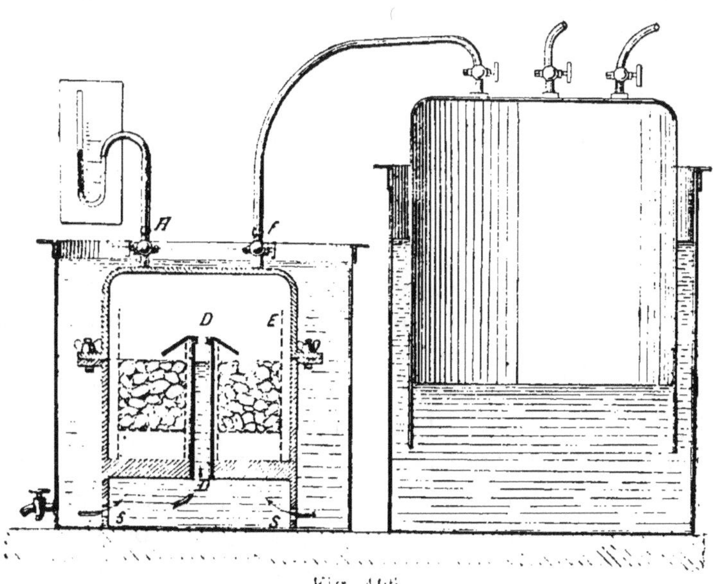


Fig. 106.

Quand on plonge ce gazogène dans une cuve remplie
d'eau, celle-ci pénètre par les trous placés à la partie
inférieure du gazogène en SS, et monte dans le tube DD.

Or, la différence entre le niveau de l'eau dans la cuve
et à l'intérieur du tube DD, est inférieure de 1 centimètre à la pression déterminée par le gazomètre ; il s'ensuit que tant qu'il reste assez de gaz pour soulever la

cloche du gazomètre, dont la pression se transmet dans le gazogène par les tuyaux de conduite, il n'y a pas d'introduction d'eau ; mais aussitôt que la cloche touche le fond de la cuve, et que la pression baisse d'un centimètre dans le gazomètre, il y a introduction d'eau et dégagement d'acétylène. Le dégagement est calculé pour fournir un volume de gaz un peu inférieur à celui du gazomètre, de façon que la légère surproduction provenant de la vapeur d'eau que fournit la petite surface liquide, ne puisse qu'achever lentement le remplissage du gazomètre.

Cet appareil, très simple. se construit actuellement en quatre modèles, pouvant alimenter de 4 à 100 becs, pendant 10 heures, sans recharge.

*Appareil pour projections de la Société du gaz acétylène.* — Cet appareil, très simple, est destiné à produire de la lumière pendant deux ou trois heures ; il se compose d'un gazogène, dont le couvercle est traversé par une tige filetée, supportant le panier métallique, pouvant contenir de 100 à 500 gr. de carbure de calcium ; du couvercle part un tube, portant en son milieu un ballon de caoutchouc, formant à la fois gazomètre, condensateur et régulateur de pression ; le ballon, qui se gonfle sous une pression de 120 c. d'eau, est entouré d'un filet et forme soupape de sûreté, en cas de surproduction. Le gonflement plus ou moins prononcé du ballon, indique à chaque instant à l'opérateur s'il doit plonger le carbure dans l'eau ou le retirer ; un bec spécial, de grande puissance, s'adapte à l'autre extrémité du tube de dégagement.

*Appareil de MM. Leroy et Janson*, fig. 107. — Cet appa-

reil se compose : 1° d'un gazomètre qui règle l'arrivée
d'eau sur le carbure de calcium ; 2° de deux gazogènes,
et 3° d'un réservoir contenant l'eau nécessaire pour l'attaque du carbure, contenu dans un gazogène. Sur le
bord de la cuve du gazomètre, se trouve un robinet,
chargé de distribuer l'eau du réservoir. Ce dernier porte
un levier flexible,et s'ouvre par l'intermédiaire d'un ta-
quet placé au sommet de la cloche du gazomètre, lorsque celle-ci est arrivée au bas de sa course ; un contact
électrique met une sonnerie en mouvement, lorsque le
robinet de distribution d'eau est ouvert en grand, ce qui
arrive lorsque le carbure de calcium est épuisé.

Chaque gazogène est formé d'un récipient, muni d'un
couvercle boulonné, avec joint en caoutchouc, qui porte
un tube central d'arrivée d'eau, et un tube de sortie du
gaz. Le carbure est placé dans un récipient intérieur, facile à enlever et à nettoyer.

Les deux gazogènes étant chargés, on remplit le réservoir d'eau ; la cloche étant au bas de sa course, le robinet régulateur est ouvert ; l'eau arrive sur le carbure
du gazogène en fonction ; l'acétylène se dégage, la cloche monte, le robinet se ferme. Si l'on utilise le gaz, la
cloche redescend et ouvre de nouveau le robinet. Lorsque le carbure est épuisé, la cloche continue à descendre, et la sonnerie retentit ; on ferme le robinet d'a-
limentation du gazogène, et l'on remplit le réservoir
d'eau ; l'éclairage n'est pas interrompu, car la sonnerie
retentit avant que le gazomètre soit vide.

*Appareil de M. Bullier.* — Cet appareil, représenté
fig. 108, 109, se compose essentiellement d'un cylindre métallique *a* en tôle d'acier, dont l'épaisseur et
la résistance seront déterminées d'après l'usage auquel
le générateur sera destiné.

16

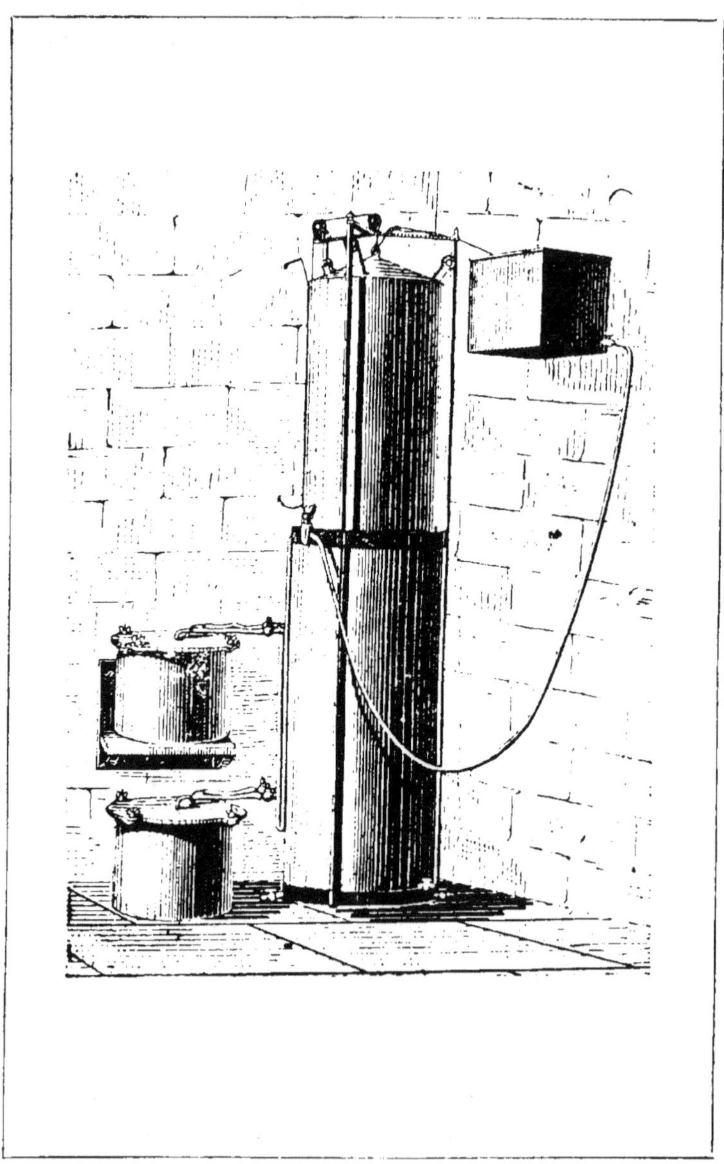

Fig. 107.

Ce cylindre *a* est surmonté d'un autre cylindre *b*, d'un diamètre plus petit, capable de contenir le panier perforé *c*, dans lequel est placé le carbure de calcium qui doit produire le gaz.

Le cylindre *a* est muni d'un robinet purgeur *d*, et d'un trou de vidange *e*, fermé par un bouchon à vis *f*, et à sa partie supérieure, d'une tubulure *g*, fermée également par un bouchon à vis *h*.

Sur ce cylindre est branchée la conduite *i*, qui débouche dans le dessicateur *j* ; sur ce dernier, vient s'adapter la conduite *k*, qui aboutit au gazomètre ; un robinet *l*, disposé sur cette conduite *k*, permet d'établir ou de fermer la communication entre le dessicateur et le gazomètre.

Le dessicateur est muni, en outre, d'un robinet purgeur *d*. Le cylindre *b* est fermé, à sa partie supérieure, par un couvercle boulonné *m*, traversé en son centre par la tige *n*, qui supporte le panier *c*. Cette tige, que l'on peut à volonté faire monter ou descendre, traverse un presse-étoupe, et est maintenue en position par une vis de serrage *p*.

Pour mettre l'appareil en train, le robinet *d* et le bouchon *f* étant fermés, on enlève le couvercle *m* et le bouchon *h*, et l'on remplit le cylindre *a* d'eau ; on introduit dans le panier *c* la quantité de carbure de calcium jugée nécessaire, on ajuste le couvercle *m*, le robinet *l* étant fermé ; on introduit par la tubulure *g*, quelques morceaux de carbure de calcium, en ayant soin de replacer rapidement le bouchon *h*, et d'ouvrir le robinet *d*.

L'acétylène prend immédiatement naissance, à la suite de la réaction du carbure de calcium sur l'eau ; l'air contenu dans l'appareil est chassé par le robinet *d*, l'acétylène qui se dégage refoule l'eau par le robinet *d* : au

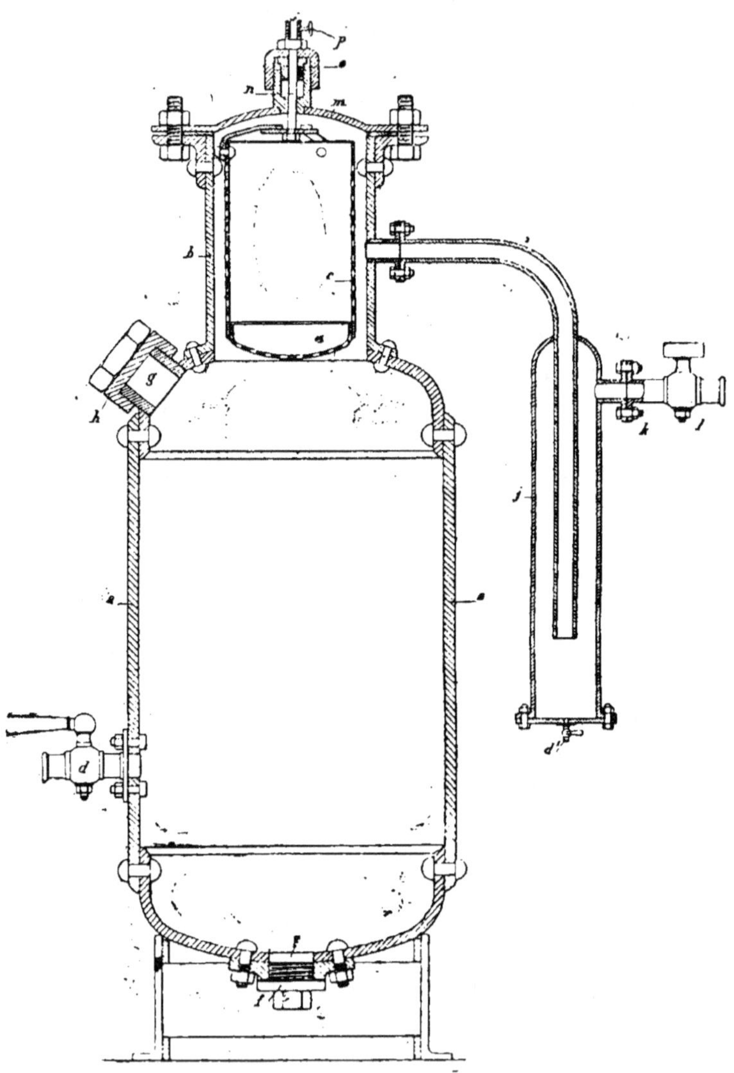

Fig. 108.

moment où le niveau de l'eau atteint ce robinet, il est
fermé. On fait descendre le panier *c*, en faisant glisser la

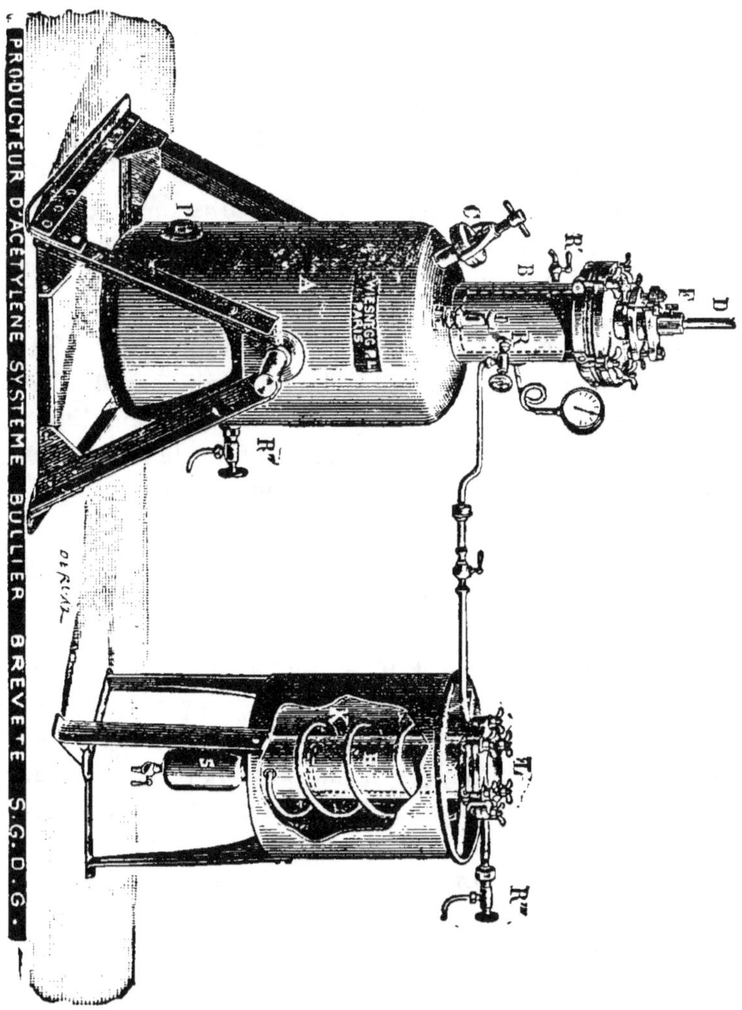


Fig. 109.

tige *n* dans le presse-étoupe *o*, à une hauteur convenable pour que l'attaque commence, et l'on ouvre le robinet *l*.

L'acétylène s'échappe par la conduite *i*, traverse le dessicateur *j*, au fond duquel se rassemblent les gouttelettes d'eau qui peuvent être entraînées par le dégagement de gaz, et est ensuite amené au gazomètre par le conduit *k*. L'eau qui se rassemble dans le dessicateur est évacuée, en ouvrant le robinet de purge *d*. On peut, au besoin, placer à la suite du dessicateur des récipients contenant de la laine de verre, avec des substances desséchantes, chlorure de calcium ou chaux vive. Cet appareil permettra d'emmagasiner directement le gaz, sous des pressions de plusieurs atmosphères, dans des réservoirs qu'il suffira de relier par une conduite au générateur, comme pour le remplissage des cylindres destinés à l'éclairage des trains, ou pour l'éclairage particulier.

Deux laboratoires de l'école supérieure de pharmacie sont éclairés avec de l'acétylène fourni par un cylindre, chargé au moyen de cet appareil.

L'appareil est muni de tous les dispositifs de sûreté, manomètre, soupapes, etc.

*Appareil Trouvé*. (fig. 110). — Cet appareil, basé sur le principe du briquet à hydrogène, est formé d'un générateur fixe avec gazomètre. Ce générateur se compose de deux vases en verre, entrant l'un dans l'autre ; un panier métallique, contenant le carbure de calcium, est suspendu au milieu du vase intérieur, dont le fond est percé d'une ouverture par laquelle l'eau sera refoulée, lorsque la pression du gaz, devenant trop considérable, supprimera le contact de l'eau et du carbure de calcium.

Cet appareil se prête à un éclairage de quelque importance : 10, 15, 20 becs ; il est muni d'un gazomètre d'une très faible capacité, puisque la production du gaz

se fait automatiquement, et toujours proportionnellement à la consommation. Comme plusieurs générateurs

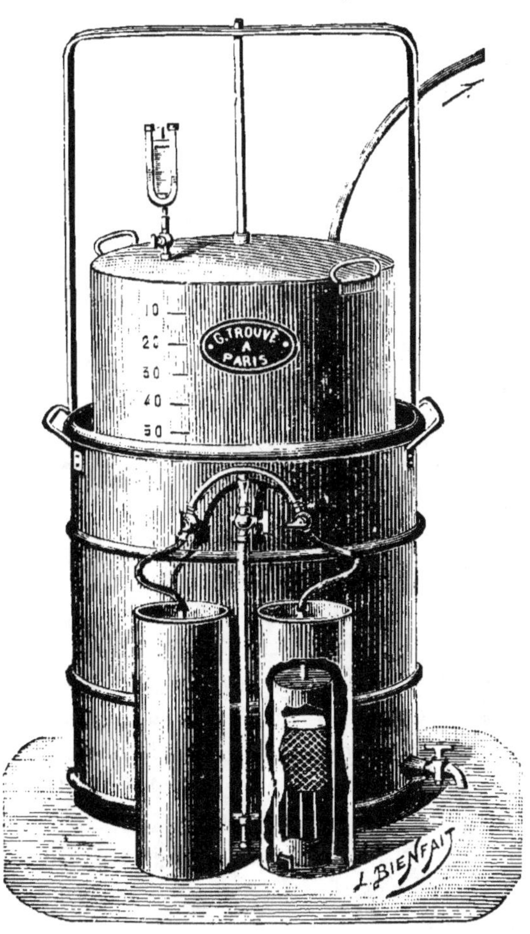

peuvent être branchés sur le gazomètre, de façon à renouveler au fur et à mesure des besoins le gaz consommé, il en résulte que la continuité de l'éclairage est
facilement réalisable. Un dispositif électrique avertit,

par une sonnerie, que l'appareil est trop plein, ou
au contraire, sur le point d'être épuisé.

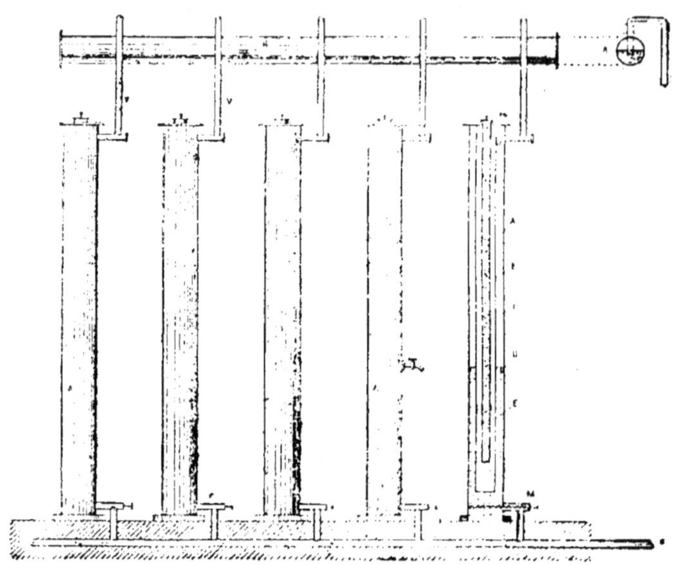

Fig. 111.

*Batterie pour la production du gaz acétylène.*(fig. 111).—
Cet appareil se compose d'une série de cylindres ; chaque cylindre A, en tôle de fer, contient un tube B en
tôle, ouvert en bas, et portant une série de trous en *a* ;
dans ce tube s'en trouve un autre, G, fermé en bas, et
portant un certain nombre de trous en E ; il dépasse un
peu le tube A, et est fermé par un couvercle *m*. C'est
dans ce tube qu'on introduit le carbure de calcium, par
son couvercle *m*. On introduit de l'eau dans le cylindre
A, au niveau D, indiqué par un robinet. Au contact de
l'eau, l'acétylène se dégage, et le gaz formé s'échappe
par le tube B, passe par les ouvertures *a*, et se rend, par
le tube V, dans le barillet R ; la chaux et l'eau résiduaire

sort enlevées par le tuyau M, muni d'une vis sans fin,
pour évacuer l'hydrate de chaux.

Fig. 112.

La fig. 112 représente l'un de premiers appareils construits en Amérique, pour la préparation de l'acétylène
employé pour l'éclairage, et qui se compose d'une cuve
cylindrique A, reliée à une cloche B, ouverte à sa partie
inférieure, et dont la partie supérieure est traversée par
une tige métallique C, passant dans un presse étoupe,
et soutenant un panier en fil métallique, de forme conique, contenant le carbure de calcium, qui peut être
soulevé ou abaissé ; une ouverture E, fermée par un bouchon à vis, est destinée à l'introduction du carbure de

calcium ; une ouverture placée à la partie inférieure du récipient A, permet de retirer l'hydrate de chaux formé ; un tube de dégagement *a* conduit le gaz à un régulateur de pression, destiné à maintenir une pression constante dans les brûleurs.

Aussitôt que l'eau se trouve au contact du carbure de calcium, le gaz acétylène se dégage, et sa pression fait monter l'eau dans la partie annulaire existant entre le récipient et la cloche ; le dégagement s'arrête si l'on ne prend pas de gaz sur la conduite.

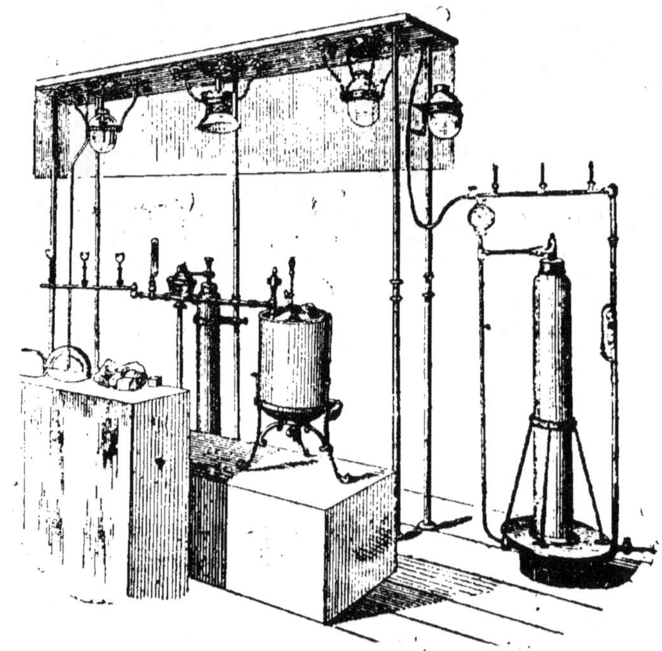

Fig. 113.

La fig. 113 représente la vue d'ensemble de cet appareil avec les brûleurs, et des appareils destinés à l'utilisation de l'acétylène liquide ; l'acétylène liquide **est**

renfermé dans des cylindres de 1 m. 15 de hauteur et
de 0 m. 125 de diamètre, montés sur une valve de réduction, qui règle la pression et qui forme la base sur
laquelle reposent les cylindres, et d'où part le condui
qui amène le gaz aux brûleurs.

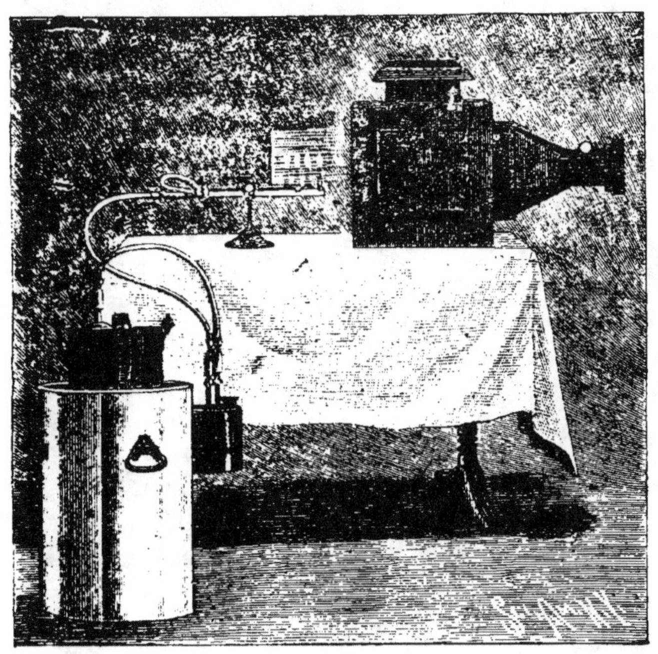

Fig. 114.

*Appareil Fuller.* — L'appareil représenté fig. 114 115,
est destiné aux projections scientifiques ; il se compose
d'un vase cylindrique contenant l'eau, présentant intérieurement une disposition pour réduire la quantité
d'eau nécessaire à le remplir ; à l'intérieur de ce réservoir, se trouve une cloche de gazomètre, dans le cou-

vercle de laquelle est une deuxième petite cloche, munie
d'un joint hydraulique, étanche ; cette cloche supporte
un panier contenant le carbure. Les proportions de l'ap-

Fig. 115.

pareil sont telles, que lorsque le gazomètre sera plongé
dans le réservoir contenant la quantité d'eau convenable, le panier contenant le carbure se trouvera au contact de l'eau ; le gaz sera rapidement formé, produisant une augmentation de pression dans la cloche du
gazomètre, et une dépression d'eau qui supprime son

contact avec le carbure, et arrête le dégagement du gaz. Si cette dépression est insuffisante, le gazomètre lui-même s'élève, et peut accumuler un volume de 28 litres de gaz ; si le gaz est utilisé, la pression tombe, et l'eau s'élève de nouveau au contact du carbure ; sur le côté, se trouve un petit réservoir servant de condenseur, refroidi par un courant d'eau froide, destiné à sécher le gaz, qui est recueilli au sommet de la cloche ; en s'élevant à ce point, il arrive au contact avec les couches supérieures du carbure de calcium, qui dessèche le gaz. La fig. 114 représente un brûleur à 4 becs, pour lanterne de projections ; la fig. 115, une disposition pour travaux microscopiques.

*Appareil de production d'acétylène, de M. E. Clausolles, construit par la maison Chardin.* — L'appareil se compose : 1° d'un *générateur* formé de deux récipients superposés A et C, communiquant entre eux par un tube *a*, muni à sa partie inférieure d'un robinet B, actionné par un levier D.

Le premier contient l'eau, le second le carbure de calcium.

2° d'un *régulateur-accumulateur*, destiné à recevoir et à emmagasiner le gaz produit.

Ce régulateur, qui se compose d'une cloche G, plongée dans un réservoir d'eau IIII, est relié au récipient G' par un tube EE. muni en *s* d'un robinet de fermeture, et débouchant, en V, dans une chambre destinée à produire la condensation de la vapeur d'eau entraînée par le gaz. De cette chambre. l'acétylène se rend soit à la canalisation, par le tube latéral de droite EE, fermé par le robinet *p*, soit dans la cloche du gazomètre, par le tube E'FF, qui traverse le réservoir IIH'.

La cloche G est munie à sa partie inférieure et interne d'un anneau de plomb UU, dont le poids est calculé de façon à lui donner une pression de dix centimè.

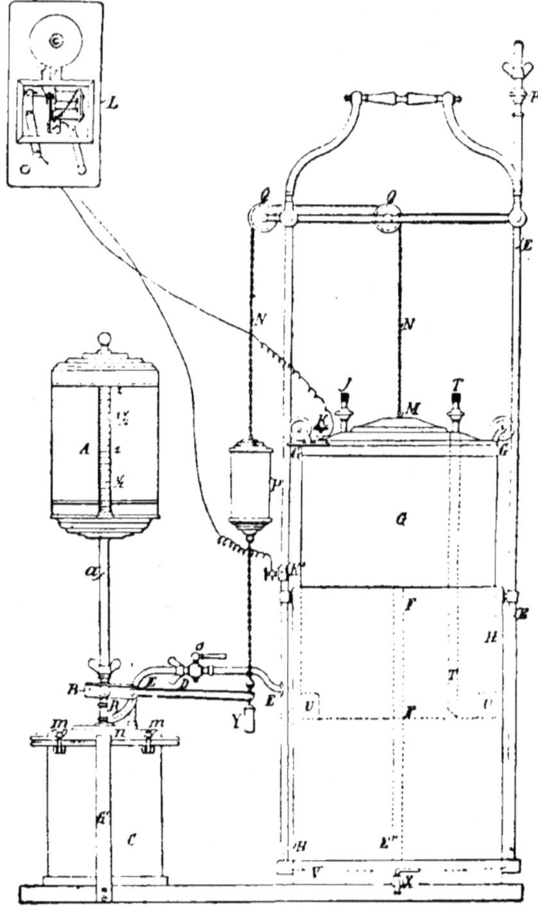

Fig. 115 bis.

tres d'eau ; et à sa partie supérieure, de deux robinets J et T. d'une borne K et d'un anneau M.

Le robinet J sert à purger la cloche de l'air qu'elle contient, avant d'y faire pénétrer l'acétylène.

Le robinet T est placé à l'extrémité d'un tube T, pénétrant à l'intérieur de la cloche, et destiné à laisser échapper le gaz au dehors, dans le cas d'une réaction trop vive.

Ce tube, laissé ouvert, est coupé en biseau un peu plus haut que le niveau du bord inférieur de la cloche G, de façon à y permettre le passage du gaz avant que celle-ci, trop soulevée, n'émerge du liquide où elle plonge.

La borne K, munie d'un ressort en cuivre, est destinée à fermer le circuit d'une sonnerie électrique, quand elle arrive au contact avec la borne K'. placée sur le montant de gauche du régulateur, et à avertir de la complète utilisation du gaz produit.

A l'anneau M, est assujettie l'extrémité d'une chaîne N, passant sur les deux poulies QQ, et portant un contrepoids P, que l'on peut facilement graduer pour donner à la cloche la pression voulue sur le gaz.

L'extrémité inférieure du contrepoids P porte une autre chaîne, aboutissant à l'extrémité du levier D, qui comme nous l'avons vu, actionne le robinet B.

Le levier D est assujetti sur un secteur R. qui permet d'ouvrir ou fermer le robinet B à la hauteur voulue de la cloche G, dont il est solidaire.

On commence par placer dans le récipient C' la charge de carbure de calcium nécessaire, et dans le récipient A. la quantité d'eau équivalente à deux fois et demie le poids du carbure de calcium introduit en C. On lève un peu le levier D, qui ouvrant le robinet B, laisse tomber une petite quantité d'eau du réservoir A sur le carbure. Le gaz se dégage par l'orifice du tube

E, se débarrasse de la vapeur d'eau en V, et pénètre soit par EE vers le robinet $p$ de la canalisation, soit en E"FF vers la cloche G, qui se soulève au fur et à mesure du dégagement.

La cloche G, se soulevant, fait descendre le contrepoids P, et en même temps, le levier D qui. nous l'avons vu, en est solidaire. Dans ce mouvement, D agit sur le robinet B qu'il actionne, et peu à peu, arrive à le fermer.

A ce moment, la réaction chimique cesse en C, et l'acétylène n'étant plus produit, s'il y a consommation, le gaz contenu en G tend à reprendre la direction FFE" et EEP, pour se rendre aux brûleurs.

Naturellement, la cloche baisse, et le robinet B s'ouvre à nouveau, etc.

Le réservoir A porte un tube de verre gradué, qui permet d'apprécier, d'après la quantité d'eau dépensée, la quantité de gaz qu'il reste à utiliser.

L'appareil est muni de deux récipients C. Lorsque le carbure est épuisé dans l'un des récipients, on ferme le robinet $s$, et on établit la communication avec un deuxième générateur.

Nous signalerons également l'emploi d'un bec spécial, en aluminium.

# CHAPITRE IV

Emploi de l'acétylène dans les lampes mobiles. — Classification.
— Appareil simple. — Lampe Trouvé. — Lampe Ducretet et
Lejeune. — Lampe Rossbach-Rousset. — Lampe Cerkcel. —
Lampe soleil de M. Goubet. — Lampes Kaestner et Korth. —
Lampe Gearing. — Appareil de la Maison J. Hermann-Lachapelle, H. Brûlé Sr. — Lampe Maréchal. — Lampe l'automo-
bile. — Lampes à acétylène liquide. — Régulateurs de pression. — Éclairage, par l'acétylène, des voitures de chemins de
fer et des tramways. — Emploi de l'acétylène dans les appareils de projections. — Application de l'acétylène à la photographie.

*Emploi de l'acétylène dans les lampes mobiles.* — Ces appareils sont basés sur cinq principes.

1° Appareils basés sur le principe du briquet à hydrogène ;

2° Appareils dans lesquels l'alimentation d'eau est
produite proportionnellement au débit d'acétylène.

3° Appareils dans lesquels l'eau est amenée au contact
du carbure de calcium, et produit sous une forte pression le gaz, qui est utilisé par l'intermédiaire d'un régulateur de pression.

4° Appareils à alimentation de carbure de calcium
proportionnellement au débit d'acétylène.

5° Lampe à acétylène liquide, avec régulateurs.

*Appareil simple.* — On peut construire une lampe à acétylène très simple (fig. 116), en prenant un vase en verre,
à l'intérieur duquel on dispose un verre de lampe à pétrole, fermé à son extrémité supérieure par un bouchon

17

en liège paraffiné ; on fixe sur ce bouchon un bec de gaz, percé d'un trou très petit, afin d'éviter une combustion fuligineuse ; ce bouchon est également traversé par une tige de fer, portant à sa partie inférieure une petite corbeille en fil métallique, dans laquelle on place préalablement quelques fragments de carbure de calcium.

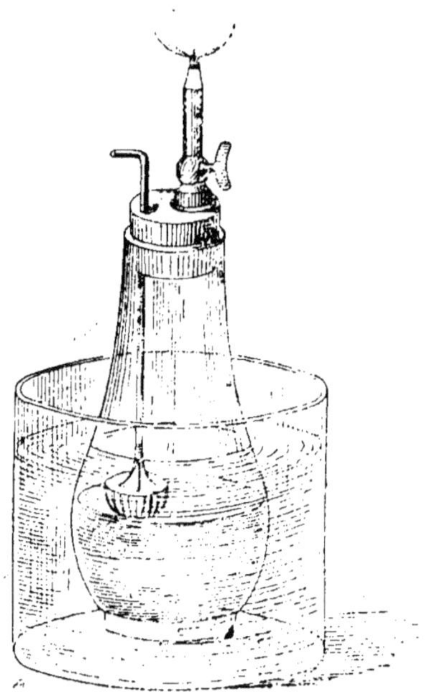

Fig. 116.

Après avoir monté le bouchon et placé le carbure de calcium dans la corbeille, on enfonce le verre de lampe dans le vase rempli d'eau, et on descend la corbeille à peu près au niveau de l'eau dans le vase.

En ouvrant le robinet. l'air s'échappe, et l'eau, montant dans le verre de lampe, vient bientôt mouiller le carbure : le dégagement de gaz commence, et après une

ou deux minutes, on peut allumer, le mélange détonant
formé pendant les premiers instants de la production,
ayant complètement disparu. La production est continue
et automatiquement réglée, tant qu'il reste du carbure
de calcium actif ; car si l'on ferme le robinet, la pression
du gaz fait baisser le niveau de l'eau dans le verre de
lampe, le carbure de calcium n'est plus en contact avec
l'eau, et la production du gaz cesse.

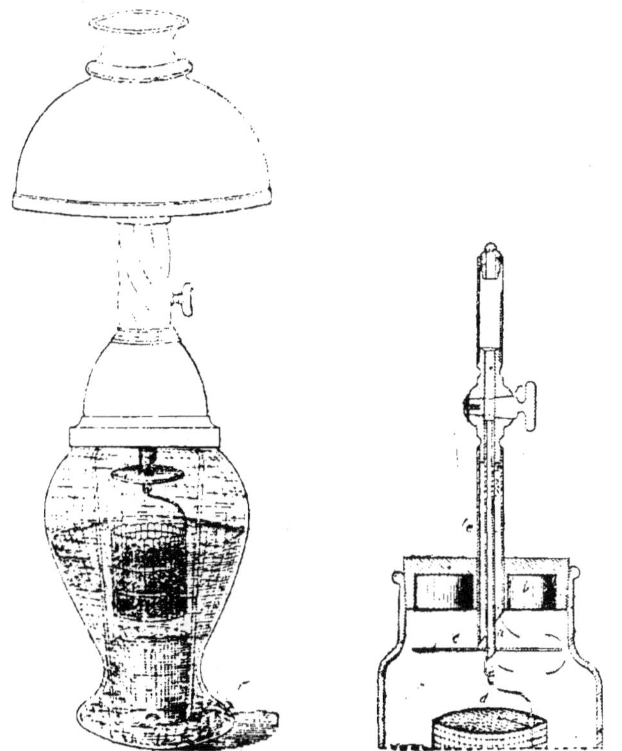

Fig. 117 et 118.

*Lampe portative, système Trouvé.* (fig. 117, 118). — Cette

lampe est encore basée sur le principe du briquet à hydrogène. Elle se compose de deux vases en verre, entrant l'un dans l'autre, et d'une partie métallique supportant un abat-jour, au centre duquel aboutit le bec
proprement dit ; un robinet est adjoint au bec. Enfin, un
petit panier métallique, destiné à recevoir le carbure
de calcium, est suspendu au milieu du vase intérieur,
composé d'une bouteille à large goulot, percée d'un trou
conique en son fond. Tout l'ensemble de l'appareil est
représenté par les fig. 117 et 118.

L'entrainement de vapeur d'eau est évité par un dispositif qui se compose de deux tubes concentriques $a$ $e$
taillés en sifflet, amenant le gaz au robinet $r$, et communiquant entre eux par de petits trous.

Au début, le gaz passe par les deux tubes pour se
rendre au robinet, ainsi que l'indiquent les flèches, mais
aussitôt qu'il y a condensation de la vapeur dans le tube
central $a$, il s'amorce et produit siphon. L'acétylène continue donc à arriver au robinet par le tube extérieur $e$,
en passant par les petits trous de communication entre
les deux tubes $x$ $y$ $z$.

Le tube central continue sans interruption son rôle de
siphon. c'est-à-dire ramène la vapeur d'eau condensée
dans le récipient, son point de départ.

Du reste, un disque de grande surface $c$, fixé à la partie
inférieure du tube $a$, condense déjà la plus grande partie
de la vapeur d'eau entrainée.

Il est très important de régulariser la production de
l'acétylène, car si le panier contient une grande quantité de carbure de calcium, la production du gaz ira
toujours en s'accélérant, du commencement à la fin.

Malgré le réglage précis des immersions successives,

la vapeur d'eau, qui traverse les fragments de carbure de
calcium de bas en haut, finit toujours par imprégner
toute la masse de ces fragments.

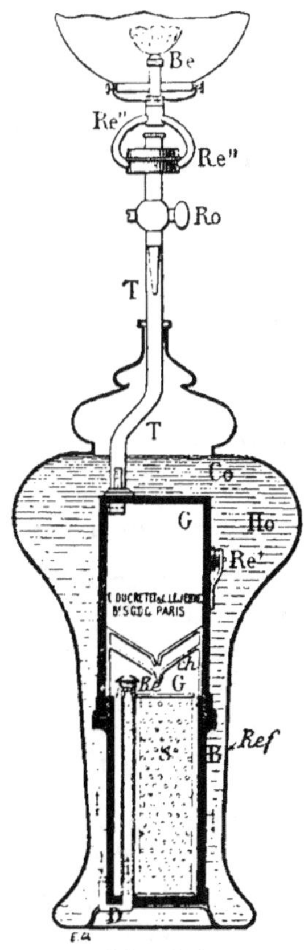


Fig. 119.

La production est régularisée en superposant par couches, séparées au moyen de lames de verre, les fragments
de carbure de calcium.

Ces plaques de verre empêchent la vapeur d'eau entraînée par le gaz, de traverser le carbure de calcium, qu'elles supportent, et la production de l'acétylène est régulière du commencement à la fin de l'éclairage.

La couche inférieure est d'abord réduite en chaux, puis en raison même de sa transformation, la seconde couche prend sa place, et ainsi de suite, jusqu'à ce que toute la matière disposée sur les disques de verre soit épuisée, et que les derniers reposent sur le fond du panier.

Ces lampes consomment en moyenne 100 grammes de carbure de calcium pour 4 carcels-heure. A raison de 300 fr. la tonne, la carcel heure reviendra seulement à 0,75 centimes.

*Lampe mobile de MM. Ducretet et Lejeune.* — La figure 119 est celle d'un appareil domestique très portatif ; il réunit encore tous les organes décrits dans les générateurs d'acétylène de ces constructeurs.

Le régulateur de débit de l'eau, à soupape, est en Re ; la répartition du liquide sur le carbure de calcium se fait encore de bas en haut, ainsi qu'il a été dit. Le récipient L possède des chicanes en G, et à l'intérieur de T. Le réducteur de pression est en Re.

Le brûleur Be, séparé du générateur, peut être disposé pour être placé dans une lanterne à projections, un appareil de télégraphie optique ; pour servir à la photographie et à des usages divers.

*Lampe de M. Rossbach-Roussel* (fig. 120). — Dans cette lampe, basée sur le deuxième principe, l'eau nécessaire pour l'opération est fournie proportionnellement à la quantité de gaz consommée dans le brûleur.

Pour cela, l'eau est puisée par des mèches, ou distri-

buée directement par un réservoir, d'où elle s'écoule
par une soupape, actionnée par un flotteur.

M représente la chambre extérieure, et N la chambre
de pression ; O, le récipient contenant le carbure de cal'-
cium ; PP les mèches, Q, un ressort avec arrêts, R un
tuyau allant au brûleur ; S le réservoir d'eau ; T, un
flotteur relié à la soupape U.

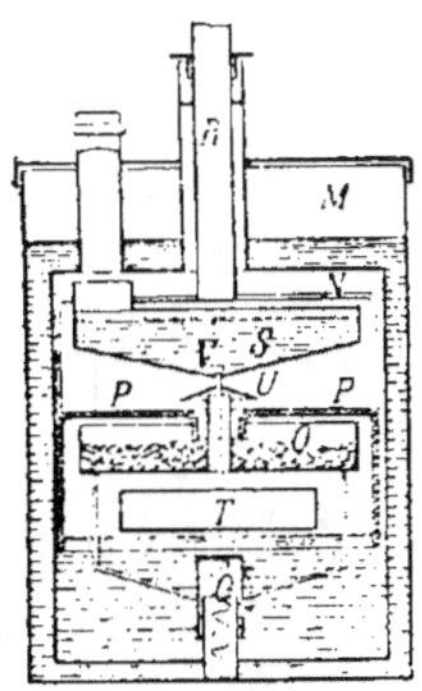

Fig. 120.

Le récipient contenant le carbure de calcium est pressé
normalement de bas en haut, par le ressort Q, et se meut
de haut en bas en pressant sur le ressort, à mesure que
le volume de carbure décomposé augmente ; son mouvement de bas en haut est limité par un arrêt à ressort,
s'engageant sous une des saillies d'une partie tubulaire
qui entoure le ressort, mais pouvant être déclanché à
volonté.

L'eau nécessaire à la décomposition du carbure est
puisée en partie au moyen des mèches P, qui la distri-
buent en petite quantité sur le carbure de calcium, et
aussi dans le réservoir d'eau S, d'où elle s'échappe par
la soupape U, que fait mouvoir ce flotteur T ; elle tombe

sur le distributeur conique V, et de là, se répand sur les
mèches.

Au début du dégagement du gaz, le flotteur, soulevé
par l'eau, ouvre la soupape U, et l'eau tombe en petite
quantité sur le carbure de calcium. Lorsque le gaz a atteint la pression voulue, le niveau de l'eau s'abaisse, le

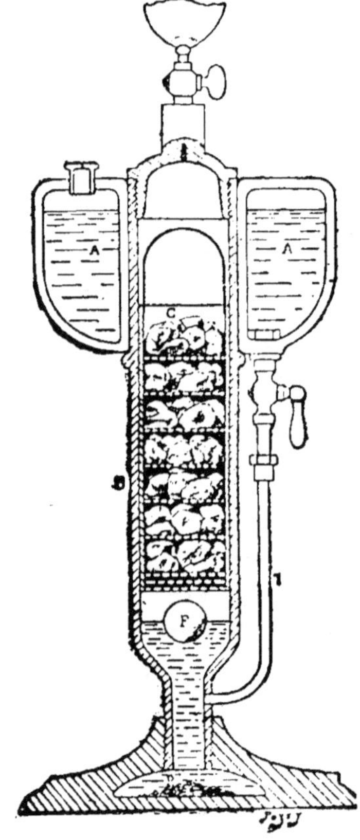

Fig. 121.

flotteur descend, et la soupape se ferme ; l'alimentation
d'eau sur le carbure de calcium se trouve ainsi réglée
automatiquement, par la pression du gaz.

*Lampe de M. Cerckel.* — La fig. 121 représente une lampe portative, qui se compose de deux réservoirs superposés A et B, communiquant entre eux par un tube T. Le premier, A, contient l'eau ; le deuxième, B, contient un panier renfermant le carbure de calcium, divisé par des disques métalliques perforés.

L'eau pénètre par la partie inférieure, en soulevant

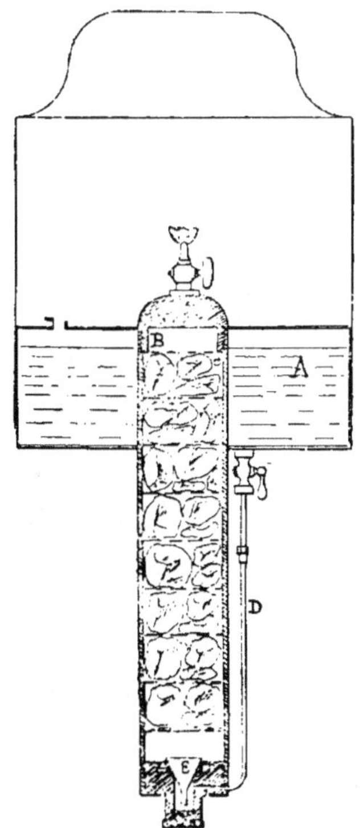

Fig. 122.

une petite boule en caoutchouc F; aussitôt le contact de l'eau et du carbure établi, l'acétylène se dégage, la pression du gaz refoule l'eau, et la petite boule de caout-

chouc obture le conduit d'arrivée d'eau T. La chaux se
dépose dans le cylindre, ou tombe dans le pied de l'appareil. On peut placer dans cette lampe 100 grammes
de carbure, suffisant pour produire 30 litres d'acétylène,
et donner pendant 4 heures la lumière d'une carcel.

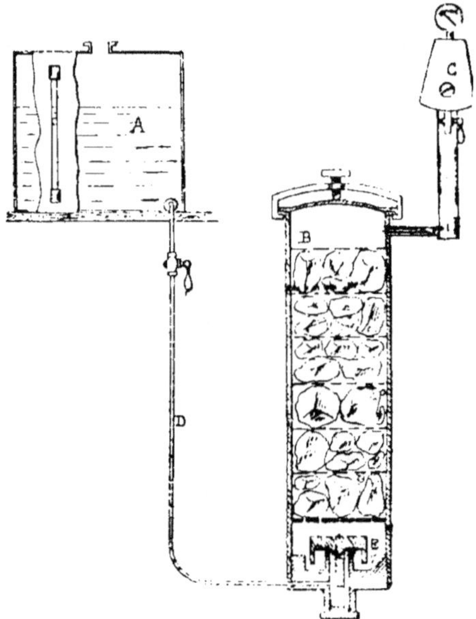

Fig. 123

La fig. 122 représente une lanterne de voiture ou de bicyclette, présentant la même disposition que l'appareil
précédent. L'eau du réservoir A arrive dans le tube B, à
carbure, par le petit tube D, fait soulever la soupape E,
qui flotte et vient se mettre au contact du carbure ; le
gaz se dégage, et refoule l'eau dans le réservoir, empêchant tout nouveau contact avec le carbure ; la soupape
E se ferme, empêchant le gaz de s'échapper par le tube
D ; dès que la pression du gaz, par suite de sa consommation, devient inférieure à la pression d'eau, l'eau revient en B, etc.

Le carbure se trouve séparé par couches, de manière
que le carbure supérieur puisse tomber sur la partie
mouillée.

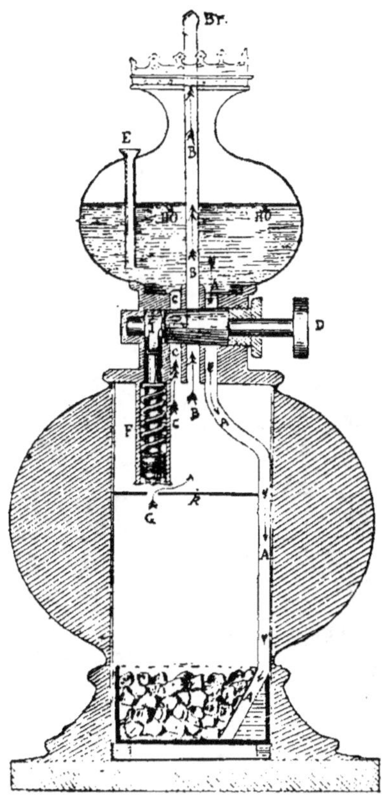

Fig. 123.

La fig. 123 représente un 3ᵉ appareil de production,
pour maison entière.

*Lampe soleil de M. Goubet fig. 124, 125.* — Cette lampe
se compose de deux compartiments superposés : le compartiment supérieur contenant l'eau, et le comparti-

ment inférieur contenant le carbure de calcium. La clef
D, J, qui les sépare, est percée de 3 trous ; deux correspondant aux canaux A et B, et le troisième. au canal C'.

Pendant l'arrêt de la lampe, les canaux C' B A sont
fermés, si l'on tourne la clef D de façon à faire corres-
pondre les deux ouvertures TT' avec le canal A et le canal B, l'ouverture T' du canal C étant fermé.

Alors, l'eau du récipient supérieur descend par le conduit A, qui l'amène au contact du carbure de calcium ;
le gaz se dégage, passe par l'orifice C, percé dans une
cloison R, se débarasse de la vapeur d'eau entrainée, et
arrive au brûleur Br, où on l'enflamme.

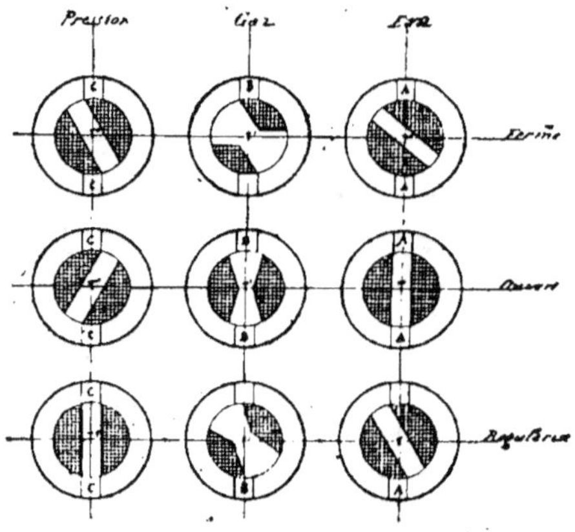


Fig. 125.

Si la pression devient trop forte, le gaz agit sur le piston F, réglé à la pression normale, le pousse, et par
l'intermédiaire d'une crémaillère I, déplace la clef D,
qui ferme le canal A (fig. 125), arrête l'écoulement de
l'eau, et par suite, la production du gaz. Mais grâce à la
forme tronconique de l'ouverture T', le gaz continue à
passer à travers le canal B, pour alimenter le brûleur.

Le canal C s'ouvre en grand par la nouvelle position

de l'ouverture T″, et le trop plein du gaz s'échappe par cette voie.

Aussitôt que la pression du gaz redevient normale, la pression cesse sur le piston F ; T″ se ferme, et T′ et T reprennent leur position première ; après extinction de la lampe, 2 cas peuvent se présenter : si la pression du gaz est inférieure à la pression normale de l'appareil, le gaz demeure en réserve ; si elle est supérieure, la crémaillère I, mise en mouvement par le piston F, ouvre à la fois les canaux C et B, et livre passage au gaz au dehors, sans introduire d'eau au contact du carbure de calcium.

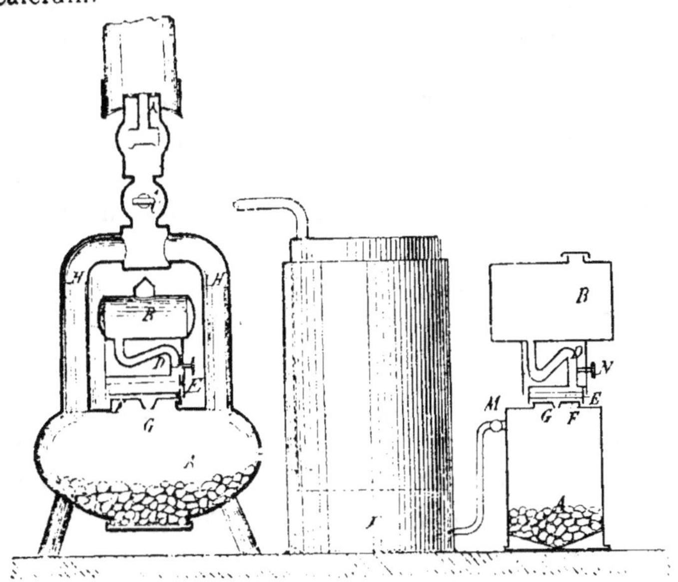

Fig. 126.

*Lampe Kaestner et Korth.* (fig. 126). — Dans cette lampe, le carbure de calcium est décomposé par une alimentation d'eau goutte à gouttte, produisant d'une manière continue le gaz dépensé par le brûleur. Elle se compose d'un récipient A, situé au-dessous d'un deuxième récipient B, duquel l'eau s'écoule par un tube coudé D, portant un robinet N et une soupape de retenue, qui la distribue au-dessus d'un disque de feutre E, au-dessous duquel est une plaque F, munie d'un ajutage conique G, dont l'ouverture est calculée suivant le débit d'acétylène. Le disque de feutre est destiné à arrêter les impuretés contenues dans l'eau, qui pourraient obstruer l'ouverture de l'ajutage G. A la base du récipient contenant le carbure de calcium, se trouve un bouchon à vis *d*, pour le nettoyage de la lampe. Aussitôt que l'eau arrive au contact du carbure de calcium, le gaz se forme, et monte par les tuyaux H au brûleur K, percé d'ouvertures extrêmement petites pour éviter la vacillation de la flamme. Si l'on veut éteindre la lampe, on ferme d'abord le robinet d'eau N, et ensuite le robinet du brûleur C.

La fig. 126 représente une disposition avec gazomètre, permettant l'alimentation d'une plus grande quantité de brûleurs.

Il est plus rationnel d'employer, dans ce cas, deux gazogènes, pour que la production du gaz soit continue.

*Lampe de M. Gearing*. (fig. 127). — Cette lampe, basée sur le 3° principe, se compose d'un générateur en acier M, de 10 centimètres de diamètre, et de 40 cent. de hauteur, percé d'une ouverture N, par laquelle on introduit l'eau, et les bâtons O, de carbure de calcium.

Un bouchon P vissé, sert d'obturateur ; il contient une petite chambre Q, garnie d'amiante, à la partie supérieure de laquelle existe un conduit R : ce conduit *d* communique avec une valve de réglage U, vissée sur la chambre.

Le brûleur, non représenté sur la fig. 127, est placé au-dessus de la valve de réglage. Au fond du générateur, se

trouve une seconde ouverture, fermée par un bouchon
S, et qui permet de retirer l'hydrate de chaux.

Le carbure est utilisé sous forme de cylindre, de 3 c.
de diamètre et de 30 cent. de hauteur, pesant 450 gram.

Ce bâton, d'après l'inventeur, doit ainsi se conserver
mieux, surtout s'il est recouvert d'une couche de géla-
tine, qui le met à l'abri de l'humidité atmosphérique ;

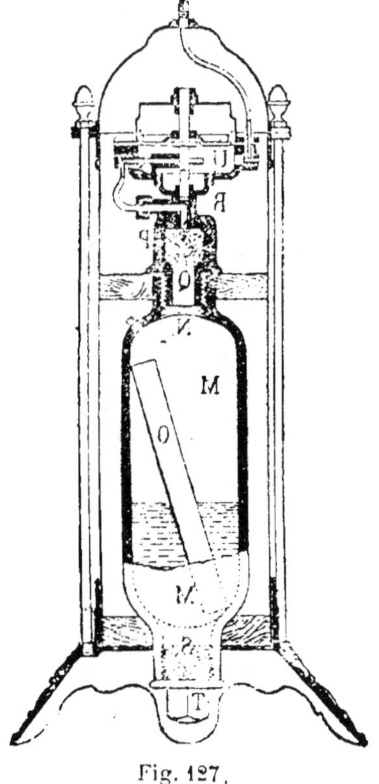

Fig. 127.

décomposé par l'eau, il produira 142 litres d'acétylène,
qui développeront dans le générateur M, une pression

de 56 kilogr. par centimètre carré. Cette lampe doit consommer 28 litres de gaz à l'heure, avec une intensité lumineuse de 45 bougies environ ; elle pourrait donner un éclairage durant 5 heures ; mais la pression

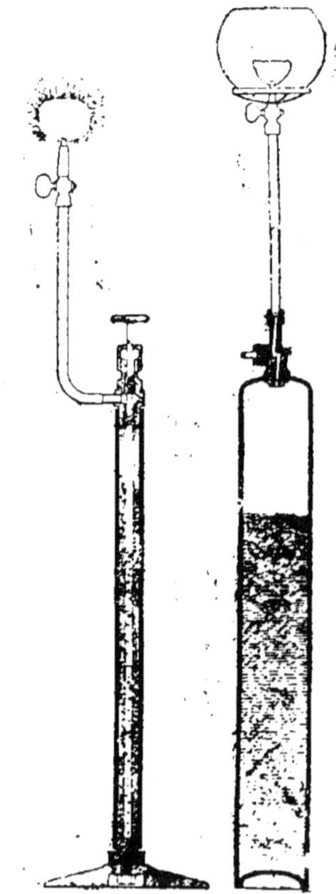

Fig. 128 et 129.

considérable qui existe dans le réservoir, **en fait un appareil dangereux** pour l'éclairage privé.

## Appareils à distribution de carbure en poudre

Ainsi que nous l'avons indiqué dans le chapitre précédent, il sera sans doute préférable, dans la construction des lampes portatives, d'introduire le carbure dans l'eau proportionnellement au débit d'acétylène, et de disposer un système de régulation agissant sous la pression du gaz, pour distribuer par petites quantités le carbure dans l'eau.

*Appareil de la Maison Hermann-Lachapelle, H.Brûlé, succ., brevet Bonneau.* — Cet appareil industriel de production automatique et continue d'acétylène, se compose d'un récipient en tôle de 0 m. 35 de diamètre, sur 1 mètre de hauteur, formant réservoir de gaz, et renfermant de l'eau à sa partie inférieure ; un appareil distributeur automatique placé au-dessus du récipient, verse le carbure en poudre dans l'eau qu'il contient.

L'appareil distributeur se compose d'une trémie contenant le carbure en poudre, et d'un barillet-révolver à alvéoles ; ce barillet est actionné par une roue à rochet, recevant elle-même son mouvement d'un piston équilibré, qui se meut quand la pression vient à varier, et à descendre au-dessous de 1 kilog. pression à laquelle le gaz se trouve dans le récipient.

La production de gaz se règle ainsi d'elle-même, automatiquement. L'appareil est complété par un détenteur, et un régulateur maintenant la pression aux becs brûleurs.

*Lampe Maréchal.* — Dans cette lampe, le carbure en poudre est placé dans une trémie, au-dessus du réser-

voir d'eau, dont le fond est fermé par une pièce cylindrique creusée d'une cavité ; l'axe de cette pièce cylindrique peut tourner de 180° par l'intermédiaire d'une
corde, actionnée par un piston soumis à la pression du
gaz intérieur. Lorsque le carbure vient de tomber, le
piston se soulève sous l'influence de l'excès de pression,
et le cylindre, sollicité par un ressort antagoniste,
amène vers le haut la cavité de distribution de carbure,
qui se remplit à nouveau. Si la pression diminue, le
piston descend sous l'influence d'un ressort, la pièce
cylindrique tourne, et laisse tomber le carbure.

*Lampe l'Automatique.* — Ce deuxième modèle est
basé sur le même principe. Le carbure est contenu dans
une trémie de forme tronconique superposée au réservoir d'eau, et fermée, à sa partie inférieure, par un
obturateur en forme de cône, supporté par une tige
verticale guidée ; cette dernière est commandée par le
mécanisme de réglage ; la pression qui doit produire
la régulation s'exerce non plus sur un petit piston,
mais sur une membrane flexible, à large surface, munie en son centre d'une plaque métallique, à laquelle
vient se fixer, au moyen d'une douille élastique, la tige
de l'obturateur. La membrane est équilibrée de l'autre
côté par un ressort ; lorsque la pression du gaz diminue, la membrane s'abaisse, ainsi que la tige et l'obturateur ; le carbure de calcium tombe, la pression
remonte, et l'orifice se referme.

*Emploi de l'acétylène liquide.* — Préparé industriellement, comme nous l'avons indiqué, d'après le procédé
Dickerson et Suckert, il pourra convenir à l'éclairage des
voitures, des phares, des bouées des navires, des projec-

teurs de marine de guerre, aux appareils de projections pour l'enseignement, et à la photographie. Les fig. (128, 129), représentent des lampes à acétylène liquide, sur lesquelles on disposera un régulateur de pression. Nous allons décrire,dans le paragraphe suivant,quelques modèles de régulateurs détendeurs, qui peuvent être employés sur les lampes à acétylène liquide, ou à gaz sous forte pression.

Un litre d'acétylène liquéfié donne à $17°,7$ C, 400 litres de gaz.

En supposant un débit de 7 litres d'acétylène par carcel-heure, chaque litre d'acétylène liquide représentera une puissance lumineuse de 55,5 carcels-heure. Il sera facile, d'après ce nombre, d'établir les dimensions du réservoir devant contenir l'acétylène liquide.

D'après l'Électrical World,l'éclairage privé obtenu par l'acétylène liquide réaliserait, pour la ville de Philadelphie, une économie annuelle de 520 000 fr ; il existerait à Philadelphie 10 400 lampes à la gazoline, dont le prix de revient annuel est de 105 fr. La lampe peut être remplacée par un petit cylindre d'acétylène liquide, d'un coût annuel de 35 fr., et qui sera renouvelé tous les deux mois ; en supposant une économie nette de 50 fr. par lampe, on réaliserait, sur les 10 400 lampes, une écono_ mi· annuelle de 520 000 fr.

### Régulateurs de pression pour l'utilisation de l'acétylène liquide ou sous forte pression.

*Détendeur de la Compagnie générale de produits antiseptiques* (fig. 130). — Cet appareil, d'un réglage facile, fonctionne dans de bonnes conditions. Il se compose

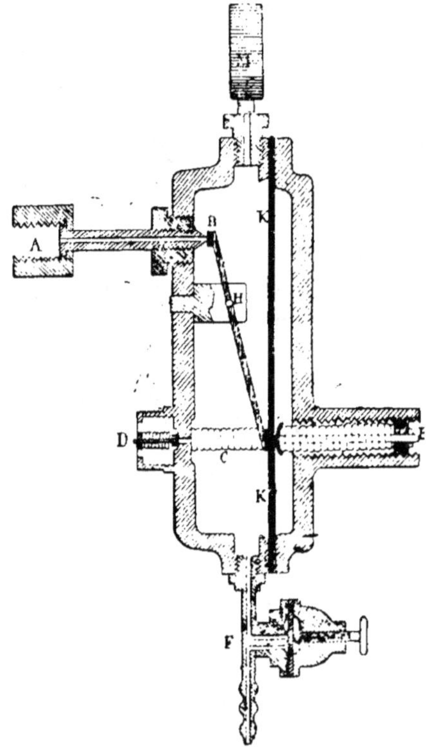

Fig. 130.

d'une chambre, formée de deux compartiments, séparés

par une épaisse membrane de caoutchouc K ; le compartiment de gauche communique avec le réservoir contenant le gaz sous forte pression, par un conduit A, aboutissant à l'ouverture B, de 1 mm. carré de section ; cette ouverture est obturée par un disque d'ébonite, fixé à l'extrémité d'un levier tournant autour d'un axe H ; un ressort C équilibre la pression exercée par le gaz sur le disque d'ébonite B ; en E, se trouve une vis pour régler la pression.

Pour obtenir la pression, il suffit de serrer la vis de réglage E, qui vient faire pression sur le ressort C ; de cette façon, le levier se soulève, l'ouverture B est débouchée, et le gaz pénètre dans le compartiment ; dès que la pression s'équilibre avec le ressort qui se trouve entre la membrane et la vis de réglage E, la membrane reprend sa position première, ainsi que le ressort C, qui par ce fait, referme l'ouverture B. Plus la vis de réglage aura été serrée, plus la pression du gaz devra être grande pour refermer la plaque d'ébonite, ce qui explique le réglage de l'appareil ; F est un robinet pour la sortie du gaz ; D, une soupape de sûreté ; M, le manomètre.

### Détendeur de pression, à soufflet métallique, de M. Fryer et C$^{io}$.

Un petit modèle de cet appareil est représenté fig. 131 ; le diaphragme en cuir ou en caoutchouc est remplacé par un soufflet métallique, qui commande la soupape conique, fixée à l'entrée du conduit d'arrivée de gaz sous pression. La fig. 132 représente un modèle permettant d'abaisser la pression de 1?0 kilo. à 0,035 kil. ; il peut être employé sur les cylindres de gaz comprimé, pour l'éclairage des trains.

*Essai d'éclairage, par l'acétylène, des voitures de chemins de fer.* — Des essais d'éclairage par l'acétylène viennent d'être entrepris par la C^io de l'Est, la C^io Paris-Lyon-Méditerrannée, et la C^io de l'Ouest.

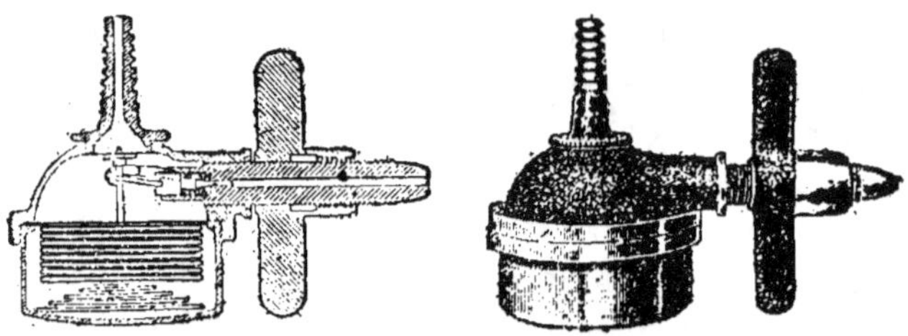

Fig. 131.

Fig. 132.

Tous ces essais ont été faits en utilisant les appareils existants, employés pour l'éclairage au gaz d'huile

La fig. 133 représente le dispositif employé à la C^ie de Paris-Lyon-Méditerrannée. Sur le toit du wagon, se trouvent deux réservoirs A, en tôle rivée, de 2 m. à 3,50 m. de longueur, et d'un diamètre qui varie de 50 à 70 centimètres, et de 5 à 8 millimètres d'épaisseur ; ils sont fermés, à chaque extrémité, par un fond demi-sphérique, vissé sur le corps du réservoir ; ils sont réunis entre eux par un tuyau de 9 mm., et un deuxième tuyau de 6 à 7 millim. les met en communication avec le régulateur C, d'où part la conduite F, qui alimente les brû-

leurs B. IIII représentent les bouches de chargement,
que l'on met en communication avec le générateur de
gaz ; G, le manomètre.

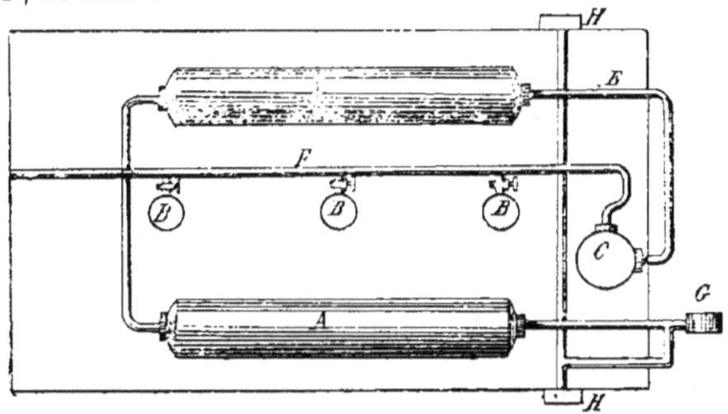

Fig. 133.

Le régulateur employé, du système Delamarre, sert à
maintenir constante la pression du gaz consommé, et
à compenser les secousses que subit le wagon ; il se
compose d'une cuvette, ayant une profondeur de 21
à 22 centimètres, et un diamètre de 42 à 43 centimètres,
fermée, à sa partie supérieure, par une membrane
rendue imperméable au gaz, et au centre de laquelle est
fixée une tige, qui peut se mouvoir autour d'une articu-
lation placée près du point d'attache. Cette tige est reliée
de même, à sa partie inférieure, à un levier qui sert à
régler l'introduction du gaz. Un ressort agissant en sens
contraire à l'action de la membrane, maintient ce levier,
qui se trouve ainsi rendu complètement indépendant des
cahots que subit le wagon. Il en résulte qu'il n'y a pas
de choc qui soit capable de produire l'extinction des
lumières. Ce régulateur est placé à l'abri de tout acci-
dent, sous la caisse de la voiture.

Les réservoirs de la Cie P.L.M. ont une capacité de 250
litres ; ils sont chargés d'acétylène sous la pression de 7
k., au moyen de l'appareil de M. Bullier, décrit page 241.

Les becs Manchester, de 25 litres, ont été remplacés par des becs Manchester d'un débit de 13 à 15 litres ; les becs à acétylène ont été réglés à une pression différente, en agissant sur la vis de réglage, commandant l'ouverture du conduit d'arrivée du gaz de chaque brûleur.

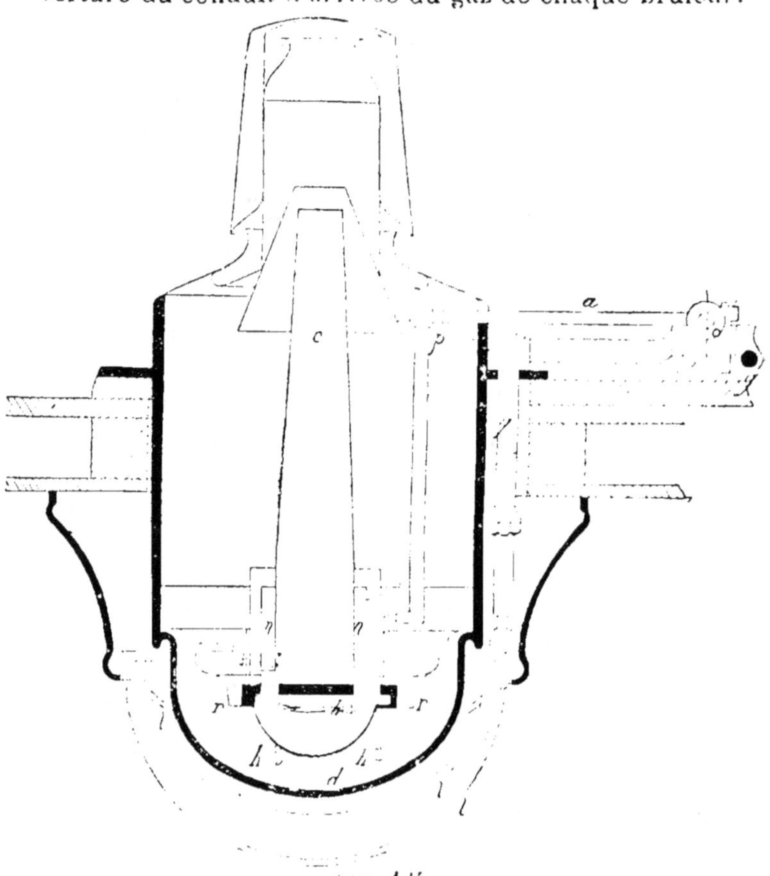

Fig. 134.

L'éclairage réalisé parait plus considérable qu'avec le gaz d'huile ; il est de 1 carcel 1/2 à 2 carcels, contre 2/3 de carcel, environ, avec le système précédent, ce qui correspond à 12 litres environ d'acétylène, contre 35 litres de gaz riche.

Les brûleurs sont enfermés dans une lanterne à récupération. La fig. 134 représente la lampe à gaz du chemin de fer de l'Est : *a* genouillère articulée autour de la conduite G ; *b* bec manchester ; *c* cheminée conique, terminée dans le bas par une pastille en lave, forçant la flamme à se diriger horizontalement ; *d* coupe en cristal ; *r* réflecteur en tôle émaillée, servant à maintenir en outre la petite coupe en cristal qui entoure la flamme ; *n n* chambre ou s'échauffe l'air de la combustion ; *p* robinet permettant d'isoler le brûleur de la conduite principale ; *l l* store dont la manœuvre met le bec en veilleuse, par l'intermédiaire de la tige *q*.

Ces essais, faits sur une ou deux voitures, ne permettent pas de tirer de conclusions fermes sur l'emploi de l'acétylène par les Cⁱᵉˢ de chemins de fer ; néanmoins, les résultats ont été très satisfaisants.

*Éclairage des tramways par l'acétylène.* — Des essais viennent d'être faits, sur une des voitures faisant le service entre la Madeleine et Genneviliers (1).

Le gazogène est placé sur la plate-forme d'arrière, sous l'escalier, et peut produire 1 mètre cube d'acétylène sans recharge ; la production du gaz se fait proportionnellement à la consommation, sous une pression de 13 centimètres d'eau.

La canalisation est reliée par un joint hydraulique au gazogène ; le bec central a une puissance de 6 carcels ; elle peut être doublée. On peut établir, dès à présent, qu'il y aura économie sur le pétrole ; l'absence de toute réserve de gaz, et la faible pression de 13 centimètres d'eau, écartent tout danger d'explosion.

(1) La dépense pour 6 heures d'éclairage ne dépasse pas 1.450 gr.

## Emploi de l'acétylène dans les appareils de projection.

L'intensité de la lumière d'acétylène permettra de l'employer pour les phares, les signaux de chemins de fer.

M. Trouvé a construit un bec destiné aux lanternes de projections, analogue au bec Bengel, formé d'une couronne de petits trous. La maison Chardin emploie des becs en aluminium, à tête creuse, percée de petits trous, et qui ne s'encrassent pas.

Pour les appareils de projections, d'après une série d'expériences faites d'après l'éclairement de l'écran par M. Molteni, en représentant la flamme de la bougie par 1, il a été établi la comparaison suivante :

Lampe à pétrole à 4 mèches, ou bec Auer.   20
Acétylène. . . . . . . . . . . . . . . . . 80
Lumière oxycalcique. . . . . . . . . . . 100
Lumière oxhydrique. . . . . . . . . . . 150 à 160
Gaz d'éclairage et oxygène jusqu'à. . . . 250
Lumière oxhydrique, hydrogène comprimé
    dans des tubes et oxygène, jusqu'à . . . 400
Lumière oxyéthérique, au moins. . . . . 300
Lumière électrique (arc). . . . . . . . . 1200

## Application de l'acétylène à la photographie.

La flamme d'acétylène est absolument blanche, et conserve aux objets leur couleur naturelle.

Le spectro-photomètre montre que dans toute l'étendue du spectre, depuis C jusqu'à F, la lumière de l'acétylène diffère peu de celle du platine en fusion.

Son éclat extraordinaire permet même de prendre des photographies. On peut obtenir une source lumineuse, douée d'un pouvoir photogénique convenable, en brûlant un mélange de 40 parties d'acétylène et de 60 parties d'air.

M. Vidal a expérimenté la lumière d'acétylène pour l'impression photographique, et a comparé une bougie, un bec Auer, et un bec à acétylène.

A ce point de vue, le bec Auer vaut 44 fois la bougie; le bec à acétylène, 150 fois environ, et le gaz d'éclairage, 12 fois.

Le temps de pose pour la lumière oxhydrique est de 12 secondes, et pour l'acétylène de 24 secondes ; mais il est probable que ce nombre 24 est trop élevé, et que l'on peut obtenir un bon résultat avec un temps beaucoup plus court.

*Étalon photométrique à l'acétylène.* — Si l'on brûle l'acétylène sous une pression un peu forte, et dans un bec qui l'étale en une large lame mince, on obtient une flamme parfaitement fixe, très éclairante, d'une blancheur remarquable, et d'un éclat sensiblement uniforme sur une assez grande surface. En plaçant devant la flamme un écran, percé d'une ouverture de grandeur variable, on obtient une source convenant très bien pour les mesures photométriques usuelles.

Dans cette lampe, l'acétylène arrive par un petit ajutage conique, en entraînant l'air nécesssaire ; puis il pénètre, par un trou étroit, dans un tube où se fait le mélange, et qui se termine par un bec papillon en stéatite. La flamme est enfermée dans une sorte de boîte, dont l'une des faces porte un diaphragme à iris, permettant de prendre immédiatement sur la lampe le

nombre de bougies dont on a besoin. La flamme entière
correspond à plus de 100 bougies, sous une pression de
0 m. 30 d'eau ; la dépense d'acétylène étant de 58 litres
à l'heure, on peut ainsi constater, d'après M. Violle, que
le pouvoir éclairant de l'acétylène est 20 fois supérieur
à celui du gaz de houille, brûlé dans un bec Bengel, donnant la carcel pour 105 litres, et 6 fois à celui du bec
Auer, donnant la carcel avec 30 litres : ce dernier nombre est sans doute trop fort, car on peut obtenir la carcel dans le bec Auer, avec un débit moyen de 25 litres.

# CHAPITRE V

Application de l'acétylène à la carburation du gaz de houille et
du gaz à l'eau. — Comparaison des différents procédés de carburation. — Dessication et carburation du gaz de houille. —
Emploi de l'acétylène dans les moteurs. — Tramway à gaz. —
Bateau à gaz. — Application de l'acétylène en métallurgie. —
Carburation du fer. — Fabrication des produits chimiques. —
Production de la benzine aniline. — Du diiodoforme. — Production artificielle de l'alcool. — Rôle géologique du carbure
de calcium.

## Carburation du gaz d'éclairage.

Une des applications les plus importantes de l'acétylène, sera celle qui permettra de l'employer de concert
avec le gaz d'éclairage ordinaire : le prix de revient de
ce dernier gaz est considérablement augmenté, par la
nécessité de lui donner un pouvoir éclairant déterminé;
de là, l'emploi de houilles très riches et très chères :
cannel-coal, boghead. Il serait possible de distribuer
un gaz moins riche en carbone, mieux approprié au
chauffage et à la force motrice, et qui pourrait être en-
richi, pour ses applications à l'éclairage, au moyen d'un
réservoir d'acétylène liquide ; il y aurait là certainement
une économie véritable.·
· Depuis longtemps, on cherche à utiliser le gaz à l'eau
pour l'éclairage, en le saturant avec des huiles de schiste,

ce qui présente certains inconvénients : production d'o-
**xy**de de carbone, et condensation d'hydrocarbures dans

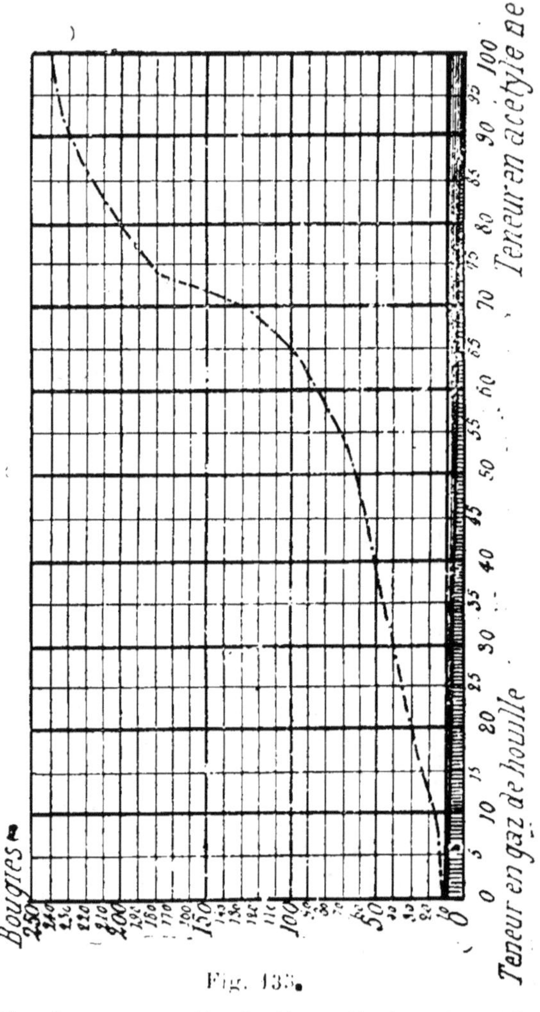


Fig. 135.

les canalisations ; avec l'acétylène, il n'y a rien de semblable à redouter : son odeur al iacée est facile à recon-

naitre, et sa liquéfaction ne peut être obtenue à 0° qu'à 26 atmosphères.

Des expériences ont été faites à ce sujet par M. Hempel. La fig. 135 représente un diagramme des résultats photométriques obtenus.

Les mélanges d'acétylène et de gaz de houille ont été faits dans différentes proportions, depuis 5 jusqu'à 73 0/0 d'acétylène ; dans ces conditions, l'intensité lumineuse augmente dans des proportions extraordinaires ; d'après M. Wilkinson, 2 à 3 pour 100 d'acétylène, mélangés au gaz de houille, portent le pouvoir éclairant de 16 candles à 20 et 23 candles ; la lumière obtenue devient plus blanche. Avec le gaz à l'eau et 10 0/0 d'acétylène, le gaz brûle encore bleu ; avec 20 pour 100 d'acétylène, le mélange commence à être éclairant ; avec 30 0/0, le pouvoir éclairant est inférieur à 20 candles ; avec 40 0/0, la lumière est belle. Dans les appareils à carburation d'air, on emploie 50 0/0 de vapeur de naphte, et 50 0/0 d'air ; il a suffi de 40 0/0 d'acétylène pour obtenir un haut pouvoir éclairant à flamme libre, mais ce mélange est très explosif. Différents procédés ont été proposés :

1° Le gaz peut être mélangé à la sortie des gazomètres, en proportion variant avec le pouvoir éclairant du gaz de houille, et celui que l'on veut obtenir du mélange ; cette introduction de l'acétylène à la sortie des gazomètres, aurait pour but d'empêcher la formation de couches de densités différentes, l'acétylène étant plus lourd que le gaz d'éclairage.

2° Le gaz de houille serait distribué pur au consommateur, et le mélange avec l'acétylène se ferait à la sortie du compteur (par le consommateur), au moyen d'un appareil à production d'acétylène, facile à régler.

L'usine à gaz fournirait jour et nuit un gaz d'un faible

pouvoir éclairant, convenant bien pour le chauffage et
pour actionner les moteurs, mais cet appareil devant
contenir de l'acétylène liquide, présenterait certains
dangers.

M. Wedding a exécuté une série d'expériences sur le
pouvoir éclairant du gaz d'éclairage, mélangé à l'acétylène.

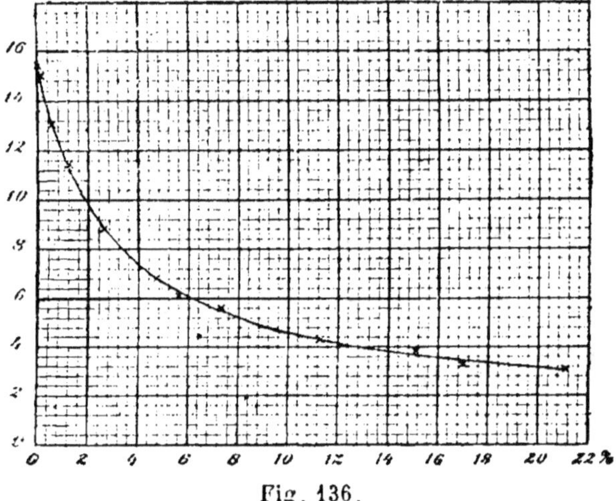

Fig. 136.

L'appareil employé pour ces expériences se composait
de deux gazomètres, l'un contenant l'acétylène, l'autre,
le gaz d'éclairage. Deux conduites très courtes, partant
de ces gazomètres, venaient se réunir pour former une
conduite unique, aboutissant au brûleur.

Des robinets permettaient de régler l'écoulement des
deux gaz. Les volumes d'acétylène étaient indiqués par
l'échelle du gazomètre, et les volumes de gaz d'éclairage,
par un compteur d'expériences, placé à la sortie de la
cloche. Des manomètres placés à l'origine des conduites,

permettaient de connaitre la pression d'écoulement de chacun des gaz.

Le tableau fig. 136, fait ressortir l'effet de l'accroissement du taux pour cent d'acétylène ajouté, sur la consommation de gaz de houille par bougie Hefner.

Sur l'axe horizontal ont été portés les taux pour cent d'acétylène successivement ajoutés au gaz de houille, et sur l'axe vertical, les dépenses de gaz de houille correspondantes, pour obtenir une bougie Hefner.

L'examen du tableau montre que le volume de gaz de houille dépensé, pour obtenir une bougie Hefner, décroit très rapidement pour de faibles quantités d'acétylène ajoutées, tant qu'on n'atteint pas de mélanges à pouvoir éclairant très élevé. Ainsi, 1 pour cent d'acétylène diminue la dépense de gaz de houille de 1/5 ; 2 0/0 d'acétylène diminuent la dépense de 1/3 ; 4 0/0 d'acétylène diminuent la consommation de gaz de houille de moitié, ce qui correspond à un pouvoir éclairant double.

Lorsque le mélange gazeux formé devient très riche, l'action de l'acétylène est beaucoup plus lente ; ainsi, en portant de 10 0/0 à 20 0/0 la quantité d'acétylène ajoutée, on ne diminue la dépense de gaz de houille que de 4,1 à 3,1 litres, c'est-à-dire d'un quart environ.

Cette observation démontre qu'on pourra enrichir le gaz de houille en y ajoutant de très faibles quantités d'acétylène, ne dépassant pas 5 à 6 0/0, si l'on trouve de l'économie à le faire, mais qu'il ne faudrait pas, avec ce procédé, atteindre des pouvoirs éclairants très élevés.

1, 18 0/0 d'acétylène, ajouté à un gaz de houille produisant 26.6 bougies Hefner, pour un débit de 393,5 litres, élève le pouvoir éclairant, au même brûleur, à 34,2 bougies Hefner, donnant un accroissement de pouvoir éclairant de 8,6 bougies Hefner, soit de 1/3 environ.

2,64 0/0, ajoutés au gaz de houille, produisent un accroissement des 4/5 du pouvoir éclairant ; 4 0/0 d'acétylène, ajoutés à du gaz de houille, doublent le pouvoir éclairant.

En adoptant le chiffre de 1 0/0 d'acétylène, pour enrichir le gaz de houille de 1 candle, ou 1,25 bougie Hefner, en supposant le carbure de calcium à 300 fr. la tonne, avec un rendement de 300 mètres cubes d'acétylène, la carburation coûterait un centime par mètre cube de gaz de houille.

*Comparaison du prix de revient de la carburation du gaz d'éclairage, par l'acétylène et le benzol.* — Supposons qu'il s'agisse d'obtenir 1000 mètres cubes de gaz à 16 bougies, en carburant un gaz de houille à 12 bougies, au moyen de l'acétylène, donnant 240 bougies par 141 litres de gaz, soit un pouvoir éclairant égal à 15 fois le pouvoir éclairant du gaz de houille, ramené à 16 bougies.

On trouve qu'il faut :

982,5 mc. de gaz à 12 bougies,
17,5 mc. d'acétylène.

Pour produire les 17,5 mc. d'acétylène, il faut environ 53,5 kilos de carbure de calcium, qui coûteront, en supposant le prix de 300 fr. la tonne, fr. 16,05.

Pour enrichir de 4 bougies 1000 mc. de gaz de houille par le benzol, il faudrait, en comptant le benzol à 47,50 les 100 kilos, 4 $\times$ 4 kil = 16 kilos, coûtant 7,60 fr.

L'égalité de dépense ne s'obtiendrait qu'avec un prix de 142 fr. la tonne de carbure de calcium.

Voici, à titre de comparaison, le coût d'enrichissement du gaz de houille de 1 candle par mètre cube, **par** divers procédés usités en Angleterre :

1° Par le cannel, pour 1 candle. . . . .      1ᶜ par mᶜ.
2° Par l'essence de pétrole (procédé Clark) 2 centimes
3° Par le gaz d'huile de Young. . . . .     1/2 centime
4° Par l'acétylène. . . . . . . . . . . .    1/3 centime

C'est donc vers le prix de 50 centimes le mètre cube, que l'acétylène pourrait entrer dans la pratique des usines à gaz.

*Dessication et carburation du gaz de houille.* — **M.** Wilson a fait breveter un procédé pour employer le carbure de calcium à dessécher et à accroître le pouvoir éclairant du gaz. Ce procédé repose sur la propriété du carbure de calcium d'être très hygrométrique, et sur ce que l'eau absorbée par cette substance, donne lieu à un dégagement correspondant d'acétylène.

L'affinité du carbure pour l'eau est si grande, qu'un courant de gaz chargé de vapeur d'eau perd la plus grande partie de cette eau, en passant sur une couche de carbure de calcium. Or, sans rien changer à une usine à gaz de houille, à la sortie du gazomètre, on dispose une série de caisses ressemblant aux caisses d'épuration, et divisées par des claies en plusieurs compartiments superposés.

Le carbure de calcium, en morceaux à peu près de la grosseur d'une noix, est étalé sur les claies, qui sont traversées par le gaz de haut en bas, comme pour les épurateurs ; deux ou plusieurs de ces caisses se suivent, afin que si la première est saturée, on puisse la remplacer par une autre avec du carbure frais.

On atteint le double résultat d'absorber toute la quantité de vapeur d'eau contenue dans le gaz, ce qui rend celui-ci complètement sec, et évite en ville l'importance des condensations d'eau, et sous l'influence d'un fort refroidissement, la formation des cristaux de glace, et d'accroître le pouvoir éclairant du gaz, puisqu'une certaine quantité d'acétylène se sera diffusé dans le gaz d'éclairage, lors de son passage dans les caisses.

En effet, pour les températures très basses, le benzol et autres vapeurs d'hydrocarbures sont séparés en diminuant notablement le pouvoir éclairant du gaz; cette adjonction d'acétylène peut avoir une valeur toute spéciale, car le carburant gazeux ne subit pas l'action du froid.

La teneur en vapeur d'eau du gaz, varie selon la température à laquelle il est exposé dans le gazomètre; entre les limites de — 5° à + 5° C, elle varie entre 3,4 et 6,8 grammes par mètre cube de gaz, ainsi que l'indique le tableau suivant :

| Degrés centigrades | Humidité maxima par mètre cube de gaz | Teneur correspondante en acétylène | |
|---|---|---|---|
| I | II | III | IV |
| — | — | — | — |
| — | grammes | grammes | litres |
| — 5 | 3.36 | 2.43 | 2.10 |
| — 4 | 3.60 | 2 60 | 2.24 |
| — 3 | 3.90 | 2.82 | 2.43 |
| — 2 | 4.20 | 3.03 | 2.61 |
| — 1 | 4.50 | 3.25 | 2.80 |
| ± 0 | 4.89 | 3.53 | 3.04 |
| + 1 | 5.23 | 3.78 | 3.26 |
| + 2 | 5.59 | 4.04 | 3.48 |
| + 3 | 5.98 | 4.32 | 3.72 |
| + 4 | 6.23 | 4.50 | 3.88 |
| + 5 | 6.81 | 4.92 | 4.24 |

Il se forme donc, avec 36 grammes de vapeur d'eau,

26 grammes d'acétylène ou 1 g. 5 d'acétylène par volume de vapeur d'eau.

En calculant, d'après ces rapports, les quantités d'acétylène correspondant à la vapeur d'eau, et le volume de l'acétylène, en prenant pour poids du litre de ce gaz, 1,16 gr., on obtient les valeurs portées dans les colonnes III et IV. Par conséquent, avec une décomposition complète de la vapeur d'eau, il se mélangerait au gaz sortant du gazomètre, selon la température, entre — 5 et + 5° de 0,2 à 0,4 °/₀ d'acétylène ; on voit de suite que, dans ces conditions, l'augmentation du pouvoir éclairant du gaz serait insignifiant. Mais il serait possible d'augmenter à volonté la quantité d'acétylène, par une adjonction voulue de vapeur d'eau, et d'élever ainsi le pouvoir éclairant.

A la température de 10° C, la teneur en vapeur par mètre cube, serait de 9,38 gr. équivalant à 6,80 gr. d'acétylène, soit 0,6 pour 100 ; avec le gaz naturel, qui ne contient que des hydrocarbures plus ou moins éclairants, 5 à 6 0/0 d'acétylène portent le pouvoir éclairant du mélange à 20 candles, et la lumière est belle et brillante.

Au point vue de la dessication du gaz, il reste à savoir si le simple passage du courant gazeux à travers le carbure de calcium, passage qui donne lieu à un contact très court, sera suffisant pour enlever toute humidité.

*Emploi de l'acétylène dans les moteurs.* — L'emploi de l'acétylène semble destiné à jouer un rôle important dans les moteurs à gaz.

D'après MM. Ihéring et Gaby, il faut compter, pour des machines d'une grande puissance, sur 0 k. 180 d'acétylène par cheval heure. Ils ont comparé la consommation d'une machine marine de 1000 chevaux, pendant 25 jours, en employant le charbon ou l'acétylène liquide. Pour fournir la puissance ci dessus, à raison 0 k. 7 de houille par cheval heure, il faudrait 420000 kg. de charbon, représentant un volume de 420 à 430 m³.

Avec l'acétylène liquide, il faudrait 180000 kilos, en prenant pour sa densité à 0° 0,451 ; mais en tenant compte de la température élevée de l'intérieur des navires, et en prenant la densité à 33°,8 = 0,364, il faudrait des récipients d'une capacité de 270 à 300 mc. Examinons quel serait le volume de carbure de calcium nécessaire pour cette même puissance : pour produire 0 k. 18 d'acétylène, il faut 492 grammes de carbure de calcium, ou en chiffres ronds, 0 k. 5, ce qui donne 300000 k. de carbure de calcium ; la densité du carbure étant 2,22, le volume occupé par ces 300 tonnes serait de 131 m.³, ou de 150 m³, en tenant compte des enveloppes métalliques. Comme le carbure de calcium est obtenu à l'état de fusion, il serait peut-être possible de le couler sous forme de cube ou de parallélipipède, de manière à lui faire occuper l'espace le plus restreint.

En résumé, le fonctionnement d'une machine d'une puissance de 1000 chevaux-vapeur, pendant 25 jours, nécessite soit 420 tonnes de charbon, devant occuper un espace de 420 m³.

Soit 108 tonnes d'acétylène liquéfié, représentant 280 m.³ en volume.

Soit, enfin, 300 tonnes de carbure de calcium, représentant un volume de 135 m.³ environ, soit la moitié du volume d'acétylène liquide. Pour produire la même puissance avec le pétrole, il faudrait 274 tonnes, représentant un volume de 322 m. cubes.

A côté de cette comparaison de poids et de volumes, il ne faut pas oublier, comme complément, de tenir compte de l'installation des chaudières que nécessite l'emploi de la vapeur, ou des récipients d'un volume considérable et d'une grande résistance, pour contenir l'acétylène liquide.

Le carbure de calcium peut donc être considéré comme un excellent accumulateur de travail transportable, et présentant de réels avantages sur l'acétylène liquide, qui exige, vu sa haute pression, pour la conservation et le transport, des récipients à la fois lourds et résistants, et des dépenses pour l'entretien en bon état de ces récipients et leur transport à l'usine, dépenses qui viendraient s'ajouter au prix de revient de la liquéfaction du gaz.

Pour ces diverses raisons, il semble que dans le cas des moteurs à gaz, il sera préférable d'employer directement le carbure de calcium dans des générateurs spéciaux, plutôt que l'acétylène liquéfié.

Des essais viennent d'être faits récemment de l'emploi des moteurs à gaz à la traction des tramways et à la navigation ; le gaz comprimé est contenu dans des récipients portés par la voiture ou le bateau. L'acétylène pourra sans doute être utilisé dans les mêmes conditions.


## Emploi du carbure de calcium dans les lampes à incandescence.


D'après le docteur Bollnn, de New-York, il y aurait avantage à substituer le carbure de calcium au charbon

dans les lampes électriques à incandescence, car ce corps.
tout en étant suffisamment conducteur, possède une ré—
sistance bien supérieure à celle du charbon.


*Fabrication des produits chimiques*. — L'acétylène peut
servir à la préparation des carbures aromatiques. La
première réaction importante, c'est sa polymérisation,
sous l'influence de la chaleur et de la pression :
Il donne la réaction classique.

$$3\ C^2H^2 = C^6H^6$$

Cette polymérisation serait obtenue en faisant passer
l'acétylène à travers un tube de fer. chauffé au rouge.
Une tonne de carbure de calcium donnerait 400 k. d'a-
cétylène ou de benzine. De la benzine dérivent la nitro-
benzine, l'aniline et ses nombreux dérivés, l'acide car-
bolique, l'acide picrique, etc.


*Fabrication du diiodoforme*. — L'une des premières applications de l'acétylène a été la fabrication du diiodoforme Taine, préparé depuis deux ans par M. Adrian, sur les
indications de M. L. Maquenne. Cet iodure de carbone
$C^2I^4$ est obtenu en traitant l'acétylène par l'iode, en solution alcaline; il remplace l'iodoforme, dont il a les propriétés physiologiques et presque exactement la composition, sans en avoir l'odeur désagréable. Sous l'action
de l'hydrogène naissant, l'acétylène peut être transformé
en éthylène, puis en éthane; l'éthylène forme par oxydation l'acide oxalique, l'acide formique. L'acétylène
fournit également l'acide prussique, l'aldéhyde employé pour la fabrication des essences et l'argenture des
miroirs. L'acétylène pourrait servir à la fabrication des
cyanures.

*Production artificielle de l'alcool.* — La fabrication industrielle de l'acétylène remet en question la fabrication artificielle de l'alcool. Différentes tentatives ont été déjà faites.

Une tonne de carbure donne, lorsqu'il est pur, 400 k. d'acétylène et 715 kilos d'alcool. Le premier procédé est celui de M. Berthelot, dont nous avons déjà parlé. Ce procédé, très beau en théorie, ne put entrer dans la pratique, car il était très coûteux.

Le deuxième procédé repose sur la transformation de l'acétylène en éthylène, par le protoxyde de chrome ammoniacal. Ce réactif passe peu à peu à l'état de peroxyde ; pour le ramener à l'état de protoxyde, et le mettre à même de transformer une nouvelle quantité d'acétylène, il faut le réduire par le zinc ou le fer, et l'acide sulfurique. L'éthylène, une fois produit et absorbé par l'acide sulfurique chaud, est transformé en alcool, par le procédé Berthelot. Il y a là une amélioration sensible sur le premier procédé, car le plus difficile est de transformer l'acétylène en éthylène.

Nicodème Caro opère autrement : il transforme l'acétylène en biiodure d'éthylène (CII³ CIII²), en le faisant absorber par l'acide iodhydrique. Le biiodure d'éthylène est un liquide bouillant à 175° C.; on le transforme directement en alcool, en le chauffant avec 10 ou 15 fois son poids d'eau, de l'oxyde de zinc et du zinc. Ce chauffage s'effectue sous pression, à la température de 130 à 150° centigrades. Après refroidissement, le liquide contenu dans l'appareil est distillé : il donne de l'alcool pur ; il reste de l'iodure de zinc, que l'on retransforme en acide iodhydrique.

$$2CII^3CIII^2 + 2Zn + 2II^2O = 2C^2II^6O + 2ZnI^2.$$

L'alcool produit par ce moyen est encore trop cher ; on cherche à remplacer l'acide iodhydrique par l'acide chlorhydrique, et le zinc par le fer. L'acétylène additionné d'acide chlorhydrique donnerait un chlorure d'éthylène qui, chauffé avec du fer, donnerait de l'alcool ; tels sont les procédés proposés.

*Application du carbure de calcium et de l'acétylène en métallurgie.* — Des essais ont été tentés en Allemagne pour la carburation de l'acier, dans le convertisseur basique, par le carbure de calcium ; jusqu'à présent, ils n'ont pas été couronnés de succès.

Il s'agissait, pour les métallurgistes, de savoir si le carbure de calcium séparé en ses éléments, ne pourrait pas être employé à la carburation de l'acier dans le convertisseur. Le calcium peut en effet, comme l'aluminium, remplacer le manganèse du spiegleisen et du ferromanganèse, pour les mêmes usages ; d'autre part, le métal du convertisseur prendrait au carbure de calcium le carbone nécessaire à sa carburation. Nous allons indiquer les résultats de quelques essais.

### *Premier essai.*

300 grammes de carbure de calcium concassé ont été mélangés à 136 k. de métal décarburé, pendant que l'on coulait le métal du convertisseur dans le creuset d'essai. Des signes évidents de combustion n'ont été observés que vers la fin de l'expérience.

Avant la carburation, le métal renfermait 0.04 0/0 de carbone ; après l'expérience, la partie supérieure du lingot contenait 0,050 à 0,052 0/0 de carbone, la partie inférieure, 0,052 à 0,050 0/0.

L'essai du métal a donné les résultats suivants :

*Partie supérieure du lingot.*

| | |
|---|---|
| Ténacité par mmq. | 38    kg. 7 |
| Contraction | 50,6 0/0 |
| Dilatation | 23,5 0/0 |

*Partie inférieure du lingot.*

| | |
|---|---|
| Ténacité par mmq. | 38    kg. 7 |
| Contraction | 53,3 0/0 |
| Dilatation | 23,1 0/0 |

*Deuxième essai.*

250 kg. de métal ont été mélangés, pendant la coulée, à 900 gr. de carbure de calcium.

Dans cette deuxième expérience, aucune réaction bien nette n'a été observée.

Avant la carburation, le métal contenait 0,045 0/0 de carbone. Après cette opération, le lingot du nouveau métal obtenu fut laminé. et soumis ensuite à l'analyse, qui donna les nombres suivants :

| | |
|---|---|
| Partie supérieure | 0,065 0/0 de carbone |
| Partie inférieure | 0,065 0/0     » |

Pour la désoxydation, on avait employé du ferro-manganèse.

Les résultats suivants ont été constatés :

*Partie supérieure du lingot.*

| | |
|---|---|
| Ténacité par mmq. | 35 kg. |
| Contraction. | 52 0/0 |
| Dilatation. | 23 0/0 |

*Partie inférieure du lingot.*

| | | |
|---|---|---|
| Ténacité par mmq. | 37 | kg. 1 |
| Contraction. | 61,1 | 0/0 |
| Dilatation. | 26 | 0/0 |

La conclusion de ces essais est que le carbure de calcium n'a pas d'action importante pour la carburation de l'acier. Il semble, au contraire, que le calcium mêlé mécaniquement au fer aurait une action plutôt nuisible. De ce que du calcium soit resté mélangé mécaniquement au fer dans les essais, il faut conclure qu'il n'y a pas eu de formation de scories. D'autre part, le dégagement d'acétylène qui se produit, remplissant la salle d'expériences, présente de graves inconvénients.

Enfin, M. Otto N. Witt propose l'emploi de l'acétylène pour carburer le fer, et le transformer en acier. On a constaté qu'une plaque de fer, chauffée dans un courant d'acétylène, est transformé en acier dur et sans soufflures Ce serait un procédé de cémentation rapide.

*Rôle géologique du carbure de calcium.* — Nous avons vu qu'aussitôt que la température est assez élevée, le calcium métallique ou ses composés forment avec facilité, au contact du carbone, un carbure ou acétylure, de formule $C^2Ca$.

Cette réaction présentera peut-être quelque intérêt en géologie.

Il est vraisemblable que, dans les premières périodes géologiques, le carbone du règne végétal et du règne animal a existé, sous forme de carbures. La grande quantité de calcium répandu à la surface du sol, sa diffusion dans tous les terrains de formation récente ou ancienne, la facilité de décomposition de son carbure dans l'eau,

peuvent laisser croire qu'il a joué un rôle dans cette im-
mobilisation du carbone, sous forme de composé métallique.

M. Berthelot a déjà indiqué que l'action de la vapeur
d'eau sur les acétylures alcalins, ou alcalino-terreux,
pouvait expliquer très simplement la génération des carbures et des différentes matières charbonneuses. Enfin,
l'action de l'air sur ce carbure de calcium, produisant
au rouge de l'acide carbonique, permettrait d'expliquer
le passage du carbone d'un carbure solide à la forme
gazeuse de l'acide carbonique, qui peut, dès lors, être
assimilé par le règne végétal.

# CHAPITRE VI

## NOTES

### Fabrication du carbure de calcium, à l'usine de Froges

La force motrice est fournie par trois turbines à axe horizontal, et à arrivée d'eau intérieure : deux de 300 chevaux, et la troisième de 100 chevaux.

Sur l'arbre de chacune des grosses turbines, est montée une dynamo Brown à 6 pôles, à excitation séparée, d'une puissance de 300 kilowatts. Chacune de ces dynamos, qui ont 3 mètres de diamètre extérieur, et tournent à la vitesse de 180 tours par minute, peut donner un courant de 6000 ampères, à la tension de 60 volts. La petite turbine, qui fait 400 tours par minute, commande directement une dynamo Shunt-Brown, type Manchester, de 73 kilowatts, fournissant 65 ampères et 110 volts. La plus grande partie du courant, soit 55 ampères environ, est employée à l'excitation des grosses dynamos d'électrolyse.

Les deux pôles de chacune des deux dynamos d'électrolyse sont réunis, par deux gros câbles nus, à une sorte de socle en bois, placé à côté de la machine, et portant deux plaques de connexion, ainsi qu'un ampèremètre indiquant le débit total de la dynamo. Les fours sont reliés directement aux dynamos, sans intermédiaire d'aucun interrupteur. Chaque dynamo peut alimenter trois fours, placés à 5 mètres en arrière.

Sur les plaques de connexion positive et négative de la dynamo, sont fixés à demeure, par une de leurs extrémités, trois gros conducteurs en cuivre nu, dont l'autre extrémité est laissée libre, et n'est reliée aux fours que lorsque ceux-ci vont être mis en marche. Chaque conducteur se compose de six câbles, de 25 mm. de diamètre. Les conducteurs négatifs sont conduits aux fours à travers un caniveau en bois, posé sur le sol ; les conducteurs positifs sont simplement suspendus en l'air, et attachés à la charpente du bâtiment par des liens en cordage.

Actuellement, trois fours seulement sont utilisés, et il n'y en a jamais plus de deux en marche, actionnés chacun par une dynamo spéciale.

Quelquefois même, on ne fait fonctionner qu'un seul four, et par conséquent, qu'une seule dynamo.

Les fours employés pour la fabrication du carbure de calcium sont ceux qui servaient à la fabrication de l'aluminium.

Le four représenté fig. 137, se compose d'un creuset ou bloc de graphite, de forme parallélipipédique, de 1,80 m. $\times$ 1,50 $\times$ 1,50, muni d'un revêtement extérieur en fonte, et portant une cavité intérieure $d$, qui communique à sa partie supérieure avec une ouverture de chargement E, et à sa partie inférieure avec un orifice de coulée B, en face duquel est placée la cuve C, destinée à recueillir la matière fondue. La masse du four, qui forme la matière de l'électrode négative de l'appareil, est isolée du sol par les roulettes. Les câbles I du

conducteur négatif, sont fixés par des boulons *f* sur la
paroi d'arrière du four A. L'électrode positive est constituée par une tige de charbon D, de 20 centimètres de
côte, sérrée par quatre griffes M de la mâchoire K,

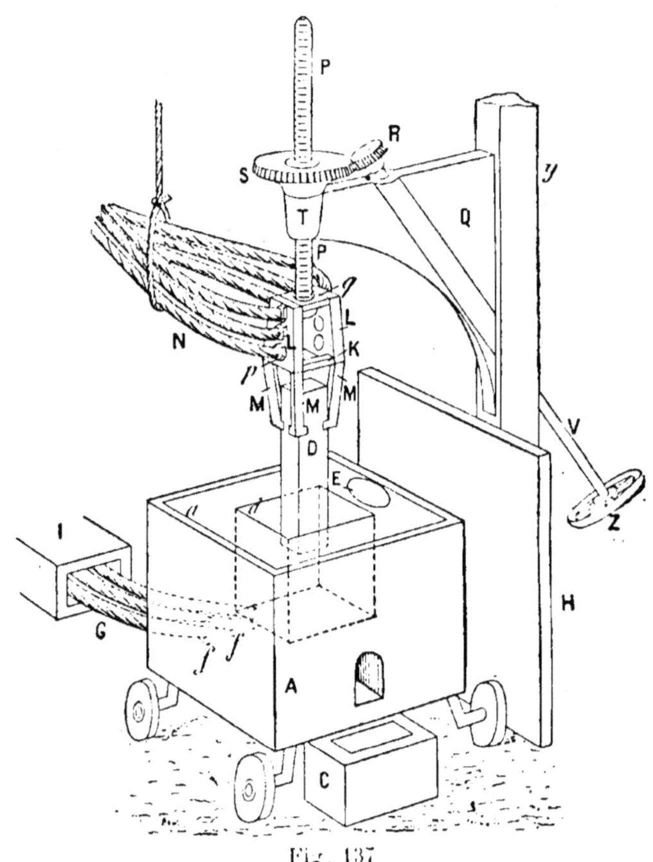


Fig. 137

dont les deux flasques L servent de point d'attache aux
six câbles du conducteur positif N. La mâchoire K est
solidaire d'une tige filetée P', au moyen de laquelle l'é-
lectrode peut être élevée ou abaissée.

A cet effet. la tige P traverse un manchon fileté T, faisant partie d'une potence Q, fixée à la charpente *y* du bâtiment, et passe également au travers d'une roue S, filetée intérieurement,et montée folle sur le manchon T. La roue S engrène avec un pignon R, dont l'arbre V traverse la potence Q, et peut être mise en mouvement par un volant à main Z.

Un ouvrier remplit d'abord le creuset, en versant par l'orifice E un mélange de chaux en poudre et de coke concassé, puis broyé au cylindre. L'ouvrier chargé de la conduite du four, est protégé du rayonnement par un écran II, en mica. Il se tient auprès du volant, en surveillant le voltmètre et l'ampèremètre placés dans le circuit électrique du four. Lorsque le creuset est rempli, il abaisse progressivement l'électrode de charbon D, en tournant le volant Z, de manière à échauffer la masse, et à former ensuite un arc entre le charbon et la matière contenue dans le creuset.

On voit le charbon devenir rouge sur presque toute sa longueur, tandis qu'une grande flamme blanche s'é- chappe par l'orifice de chargement E du four.

L'ouvrier règle la position de l'électrode d'après les indications de l'ampèremètre, et surtout du voltmètre.

Il juge de l'état de la réaction par la grandeur et la couleur de la flamme.

Lorsque la réaction touche à sa fin, un ouvrier dé- bouche le trou de coulée, pendant qu'un autre recharge le creuset, par l'orifice E.

Le carbure fondu s'échappe en jet incandescent, et se rend dans la cuve C. où il se refroidit pendant la coulée.

L'électrode reste plongée dans le creuset, et par con- séquent, le courant n'est pas interrompu. La marche du four est donc continue, mais on procède par char-

ges et coulées successives. On fait une coulée toutes les
40 minutes environ. Les électrodes en charbon employées dans les fours électriques étant portées au rouge
s'usent très vite, et entrent dans une certaine proportion dans le prix de revient.


# NOTE II

## Description et fonctionnement des fours de l'Usine du Niagara (1).


Dans les fours de l'usine des chutes du Niagara (fig.
138, 139), la sole est formée par un wagonnet en fer,
mobile sur rails, et dans lequel se forme le carbure ; ce
dernier peut être retiré du four par une porte après l'opération, et remplacé par un wagonnet vide. On abaisse de
nouveau le crayon de charbon, jusqu'à ce qu'il touche
le fond du wagonnet, et on recommence l'opération :
Le fond du wagonnet est recouvert d'une couche de
charbon de 9 c. à 20 c. Après la sortie du four, on laisse
refroidir, de 6 à 12 heures, le contenu du wagonnet, qui
est alors renversé sur une grille retenant le bloc de carbure de calcium, tandis que les matières non réduites passent à travers cette grille, pour être utilisées dans une
opération suivante. Le mélange de chaux et de coke est
introduit dans le wagonnet par deux conduites latérales,
à l'intérieur desquelles se trouvent deux hélices à quatre branches, animées de mouvements, et destinées à
distribuer le mélange de cabure et de coke. Le wagonnet est fixé à une barre de fer, traversant la paroi pos-

_Industries and Iron_ du 24 avril 1895.

térieure du four, qui est destinée à lui communiquer
vingt fois par minute un déplacement d'avant en arrière,
de 5 centimètres ; ce déplacement a pour but d'empêcher la localisation de l'arc au même point pendant un

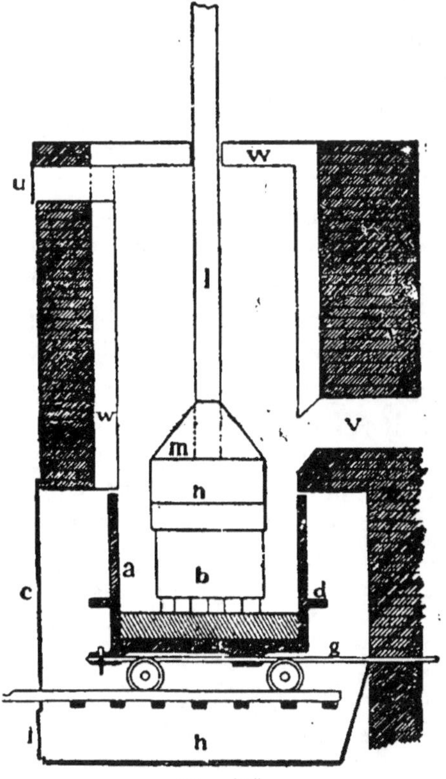

Fig. 138.

temps trop long. Ce mouvement imprimé au wagonnet permet donc d'utiliser d'une manière plus uniforme
toute l'intensité de l'arc, sur tous les points du mélange introduit dans le four.

Le crayon de charbon est composé de 12 charbons ; le manchon qui les supporte est fixé à une tige formée elle-même de trois tiges. La tige intérieure est en cuivre, de 15 cent. 25, sur 3 cent. 80 ; les deux autres tiges extérieures sont en fer, de 15 cent. sur 2 c. 54. Le wagonnet forme une des électrodes ; il est rolié aux câbles inférieurs par une pince articulée, dont le bras inférieur est fixe, et le bras supérieur mobile ; cette pince vient serrer un bourrelet, saillant du fond du wagonnet, par l'intermédiaire d'une vis.

L'opération commencée, on ferme la porte du four, en laissant ouverte une petite porte située au sommet de celui-ci, jusqu'à ce que l'oxyde de carbone ait remplacé complètement l'air du four (afin d'éviter les explosions qui pourraient se produire), ce que l'on reconnaît, lorsque les flammes commencent à sortir par la petite porte ; celle-ci est alors fermée, et les gaz s'échappent par la cheminée, placée au niveau supérieur du wagonnet. Le porte-crayon et la tige ne se trouvent pas dans le courant des gaz chauds. De plus, la partie supérieure du four est constamment refroidie par un courant d'air froid, appelé de l'extérieur par une cheminée, et circulant dans une double enveloppe le long des parois intérieures du four.

On abaisse alors le crayon, de façon à établir le contact avec la sole du four ; on lance le courant, et on charge le mélange de chaux et de coke, de façon à ce que l'arc soit recouvert à une hauteur de 30 cent. 5 autour des cylindres, par le mélange. Il est nécessaire de remuer de temps en temps, pour faciliter le dégagement des gaz. On continue l'alimentation du four pendant plusieurs heures.

Si l'ouvrier chargé du réglage des charbons s'aperçoit de la diminution du nombre de volts, il soulève le charbon ; si l'arc vient à se rompre, le nombre d'ampères est réduit à zéro, et par contre, le nombre de volts augmente. Dans ce cas, l'ouvrier abaisse le charbon.

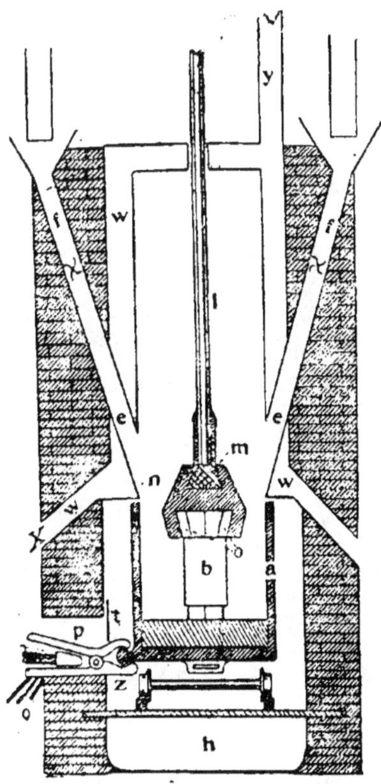

Fig. 139.

Après l'arrêt du courant, il faut laisser refroidir le four pendant deux ou trois heures avant de le vider. Le bloc de carbure se présente sous la forme d'un cône élargi à la base, et d'une hauteur de 76 cent.

Le bloc de carbure a un diamètre inférieur à celui

du four, et il est entouré d'une gaîne, composée d'un mélange de chaux et de coke, mauvaise conductrice de la chaleur, qui protège les parois contre l'action calorifique de l'arc.

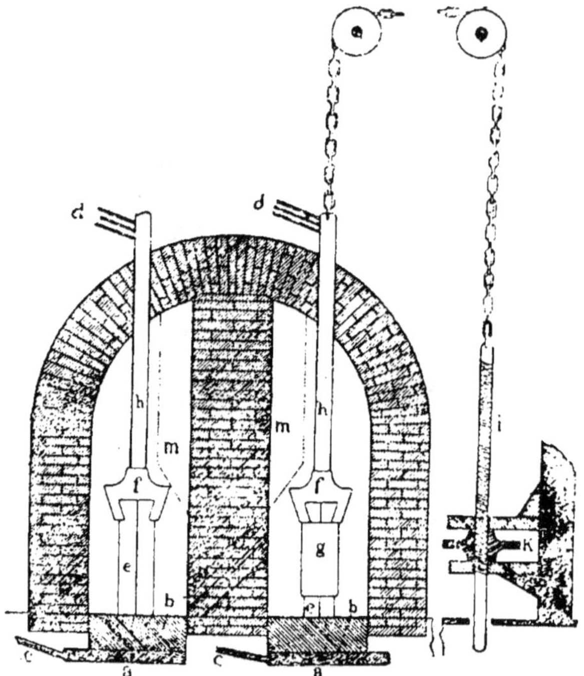

Fig. 140.

Les blocs de carbure séparés de leur enveloppe, restent cependant recouverts d'une couche très mince, mais plus épaisse au sommet du bloc de carbure, qui est composée en grande partie de charbon, de chaux et de carbure de calcium pauvre. Cette couche de matière est de nouveau utilisée. Elle peut donner, par kilo, de 31 à 124 litres de gaz. En somme, cette matière est de peu d'importance.

Si le mélange est bien fait, cette enveloppe ne doit pas excéder en poids de 8 à 13 k. 6, sur un bloc de carbure de 136 à 181 kilos. Le carbure est cristallin, et c'est surtout à la partie supérieure que les cristaux sont particulièrement bien développés. La cristallisation est plus parfaite lorsqu'on emploie un excès de charbons, un faible voltage, et qu'on laisse refroidir lentement le carbure de calcium produit.

Le carbure de qualité moyenne, donnant 312 litres par kilo, a souvent une couleur rougeâtre, surtout s'il a été produit avec un courant de haut voltage. Le carbure de calcium de qualité inférieure est plutôt grisâtre ou noirâtre, et l'on remarque sur ce carbure des traces de graphite, mais il a été démontré qu'il était plus économique de produire un carbure donnant 310 litres de gaz.

La partie supérieure du bloc de carbure est souvent plus pure que la partie inférieure.

Le coke à employer ne doit pas donner beaucoup de cendres ; celui que l'on emploie aux usines du Niagara en contient environ 7 0/0. Le carbure obtenu avec un coke renfermant 10 0/0 de cendres, était de qualité notablement inférieure ; et l'on a reconnu l'impossibilité de produire une bonne qualité de carbure avec un coke donnant 27 0/0 de cendres.

Le coke doit être réduit en très petits morceaux, les plus gros pouvant passer à travers un crible de dix mailles. La chaux n'a pas besoin d'être broyée aussi finement, mais si l'on emploie pour le mélange une chaux grossièrement broyée, on obtient une qualité inférieure de carbure.

La chaux vive, parfaitement broyée, est préférable à la chaux éteinte.

La chaux enployée au Niagara, contient 1 1/2 0/0 de
magnésie, et 1 0/0 d'autres impuretés. La chaux anhydre ne doit pas renfermer plus de 5 0/0 d'impuretés, et
doit contenir, par conséquent, 95 0/0 de chaux. La présence de la magnésie dans la chaux, est particulièrement nuisible à la production du carbure de calcium.

Il est impossible d'obtenir une bonne qualité de carbure de calcium, avec une chaux dont la composition
est la suivante : *Matières insolubles* 0,24 0/0, *silice*
0,80 0/0, *oxyde de fer et alumine* 0,68 0/0 ; *chaux* 92,83 0/0,
et *magnésie* 5, 47 0/0.

D'autres expériences montrent que 2 1/2 0/0 de magnésie dans le mélange, peuvent avoir une influence
marquée sur la qualité du carbure de calcium, car la
magnésie ne peut s'unir ni avec la chaux, ni avec le
charbon.

La chaux et le charbon doivent être parfaitement mélangés. Les matières qui entourent le bloc de carbure
doivent être additionnées d'une nouvelle quantité de
charbon, pour être utilisées dans une opération suivante.

Les crayons de charbon doivent être entretenus avec
soin, afin d'éviter l'usure. Si le mélange renferme une
quantité suffisante de charbon, ils ne sont que peu attaqués ; leur longueur diminue d'environ 0,25 cent. par
heure de travail.

Dans le four que nous avons décrit, les charbons sont
entourés de gaz réducteurs, ce qui les empêche de
se détériorer rapidement.

Dans les fours ouverts de Spray (fig. 140), les charbons
sont entourés d'un manchon en fer, qui enveloppe leur
partie supérieure, et se termine à 10 centimètres de l'ex-

trémité inférieure. Cette enveloppe est fixée au porte-crayon par des fils de fer.

L'espace libre entre l'enveloppe et les charbons, est rempli par un mélange de coke et de goudron. Dans un four ouvert à fonctionnement discontinu, un crayon de charbon peut durer en moyenne 100 heures, avec un courant de 1.700 à 2.000 ampères ; le nombre de volts n'a pas d'influence notable sur les résultats ; avec un courant de 1.700 ampères et de 100 volts, et une force motrice de 225 chevaux-vapeur, la production de carbure peut être évaluée par heure à 38.155 kilogr., et par conséquent, un crayon de charbon peut servir à la production de 3.855 kil. de carbure, même dans un four ouvert.

Si le four fonctionne sans arrêt, les charbons peuvent durer de 200 à 300 heures.

Dans ce cas, la dépense des charbons reviendrait à 5 fr. par tonne de carbure.

Il ne faut pas dépasser, pour les blocs de carbure, une hauteur de 76 cent., car au-dessus de cette hauteur, la résistance du carbure diminuera la quantité de la production.

Nous rappellerons que les résultats obtenus avec la chaux vive ont été bien supérieurs à ceux obtenus avec la chaux éteinte ; cette différence provient, sans doute, d'une perte d'énergie, occasionnée par la décomposition de la chaux hydratée.

De plus, les mélanges renfermant de la chaux vive, se refroidissent beaucoup plus lentement que ceux renfermant de la chaux éteinte.

Le seul inconvénient de la chaux vive, est qu'elle doit être broyée ; les mélanges doivent être remués souvent, lorsqu'ils sont introduits dans le four.

Le mélange à employer doit, en moyenne, contenir 100 parties de chaux et de 64 à 65 parties de charbon, pour un carbure devant dégager environ 312 litres par kilo ; si le nombre de volts est égal à 100, il est préférable de prendre plus de charbon (100 parties de chaux et 66 à 67 de charbon) ; si le voltage est de 65, on prendra de 63 à 64 parties de charbon.

Il n'est pas nécessaire d'élever le nombre d'ampères au-desus de 2.000, si l'on ne se sert que de 6 charbons de 100 cq. ; plus le nombre d'ampères est élevé, plus la perte en volts est grande. Les charbons auront une plus longue durée, si le nombre d'ampères n'est pas très considérable.

Il est probable que la chaleur produite par un arc de 100 volts et de 1700 à 2.00 ampères, est à peu près la plus grande que l'on puisse utiliser, d'une manière avantageuse, pour la fabrication du carbure de calcium, dans un four avec 6 charbons, analogue à celui qui fonctionne à Spray.

Différentes variétés de carbone ont été essayées l'anthracite, le charbon de bois, la poix, le goudron ; le charbon de bois fournit un carbure très pur, mais il présente plusieurs inconvénients : il est d'un prix élevé ; de plus, il est entraîné par les gaz qui s'échappent du four ; il faudra en employer un excès de 5 à 10 0/0 ; avec l'anthracite, les résultats obtenus ont été bien inférieurs à ceux obtenus avec le coke.

# TABLE DES MATIÈRES

## Première partie

## L'INCANDESCENCE PAR LE GAZ, LE PÉTROLE, ETC.

---

## Deuxième partie

# L'ACÉTYLÈNE